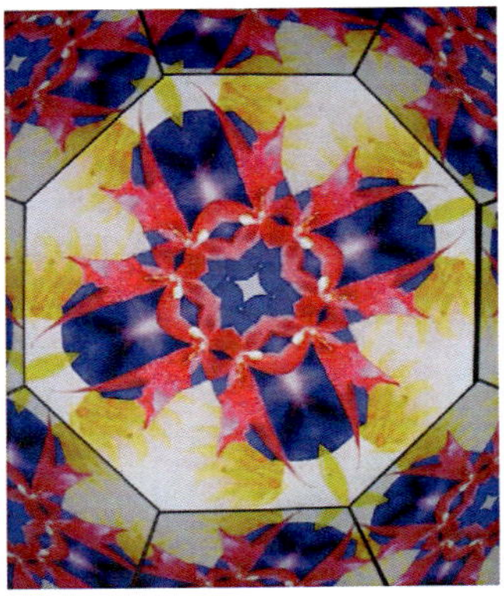

图 1　上海世博会万花筒
——光的反射原理

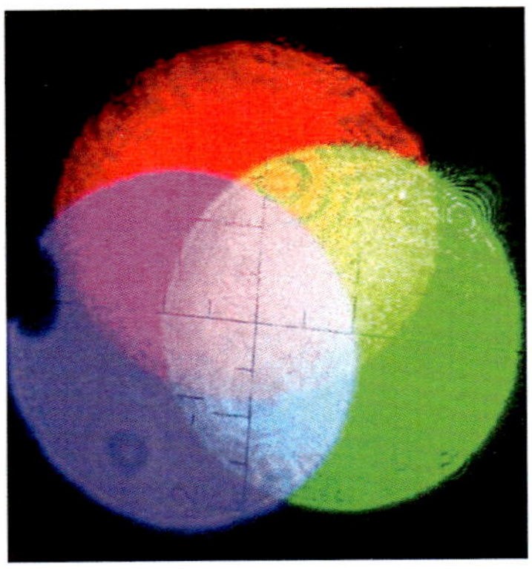

图 2　光的独立传播与红绿蓝
三色光非相干叠加

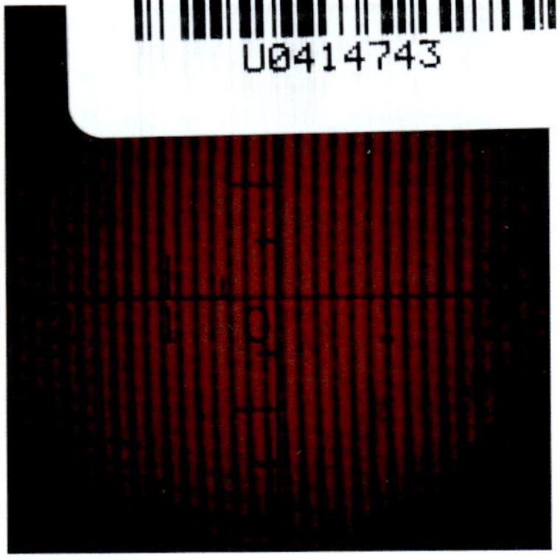

图 3　光纤的双缝干涉实验

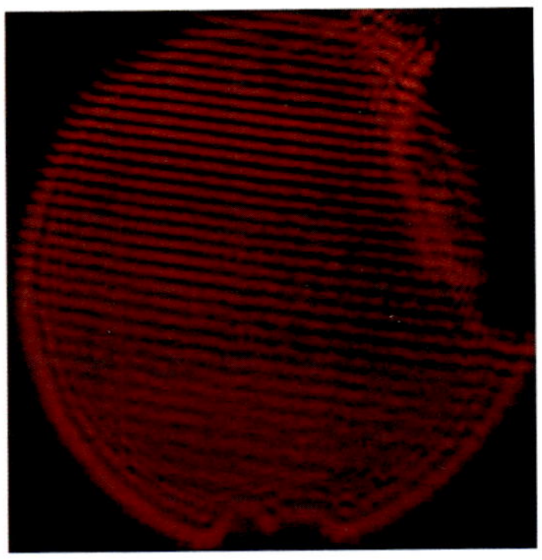

图 4　菲涅耳双面镜实验

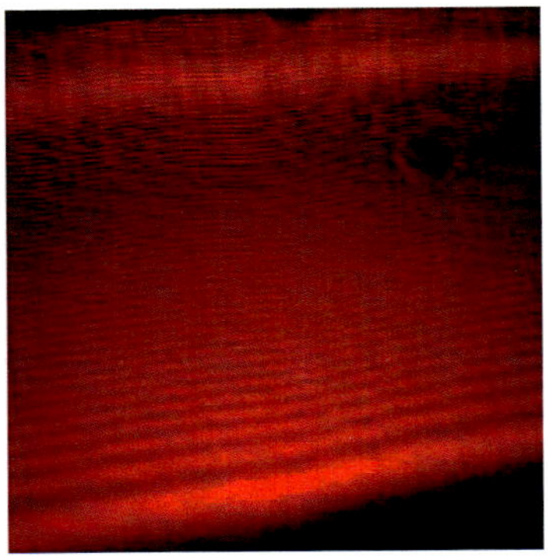

图 5　劳埃德镜实验

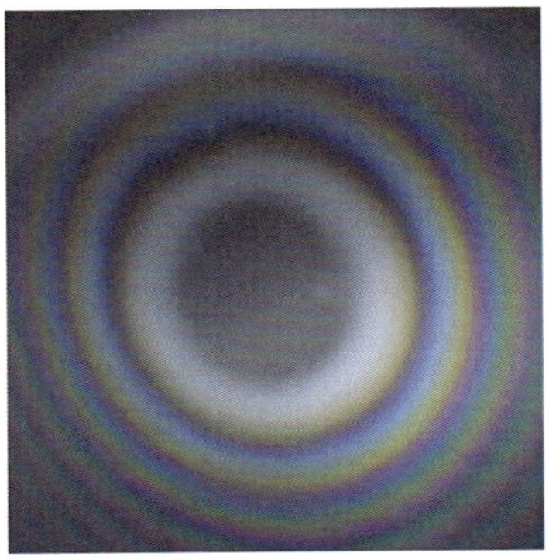

图 6　彩色牛顿环

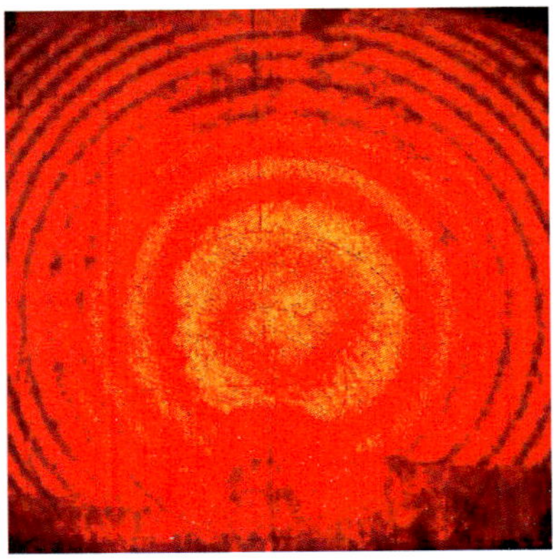

图 7　迈克耳孙干涉——等倾
干涉实验
（He－Ne 激光波长 632. 8nm）

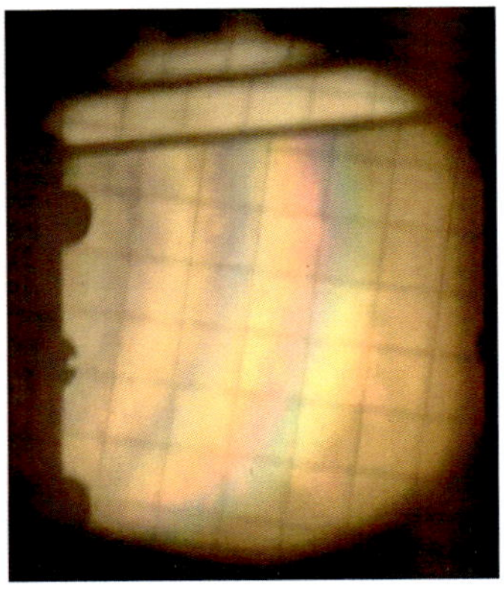

图 8　迈克耳孙干涉——零光程
差处彩色条纹

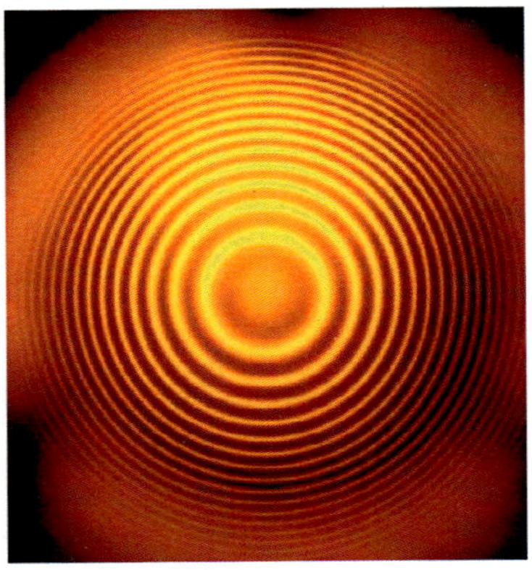

图 9　多光束干涉（F－P
干涉）实验
（钠光灯波长 589. 3nm）

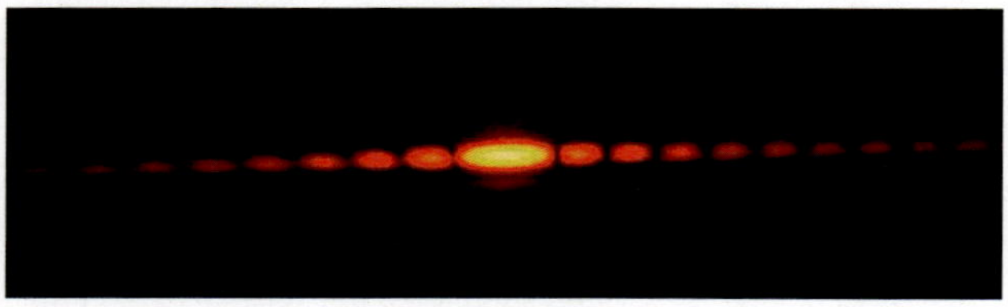

图 10　单缝夫琅禾费衍射

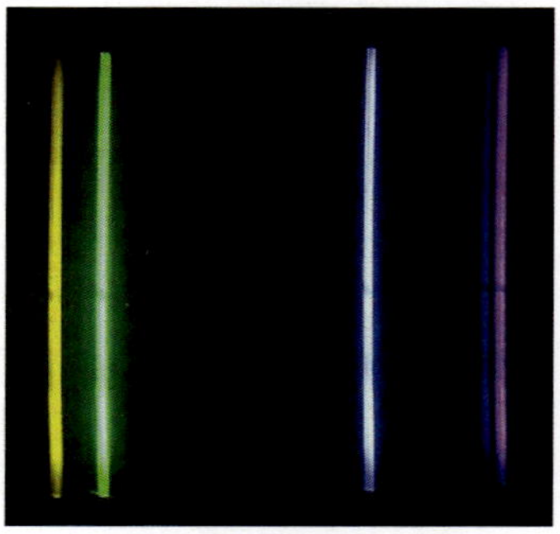

图 11　汞光源的光栅衍射光谱
（波长为 579. 1/577. 0/546. 1/435. 8/406. 7nm）

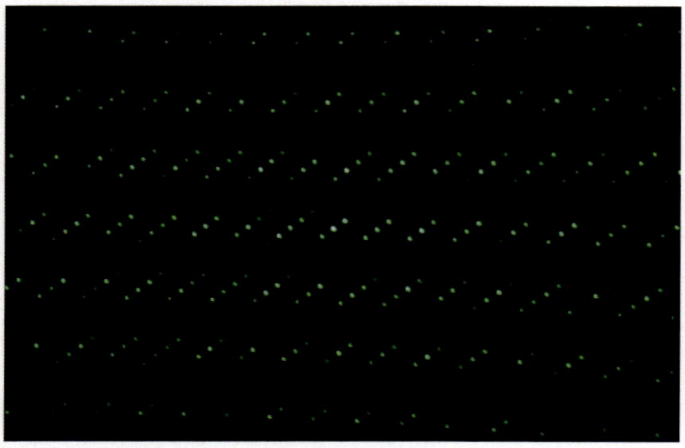

图 12　一维光栅 + 正交光栅衍射

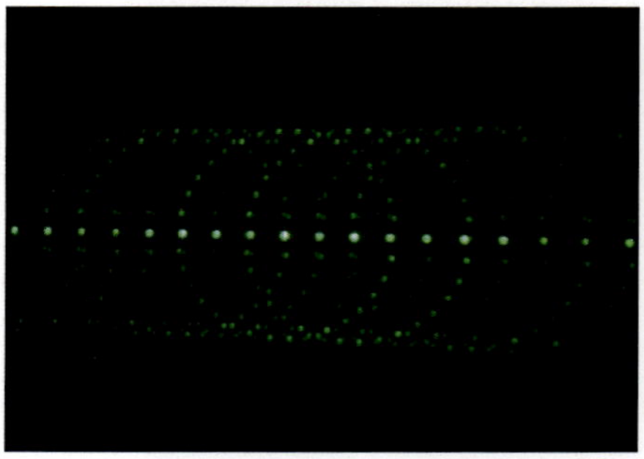

图 13　一维光栅 + 环形光栅衍射

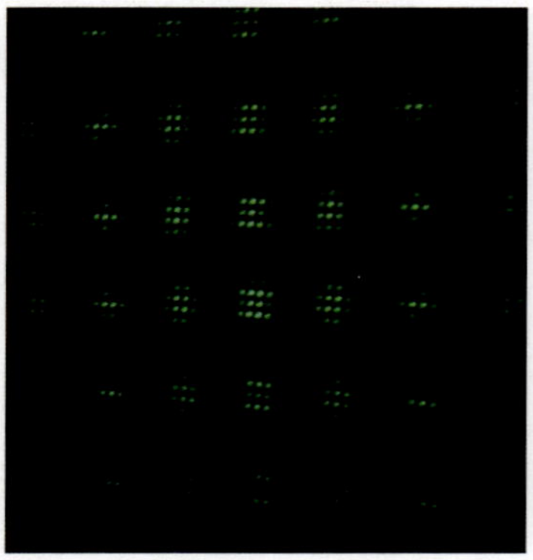

图 14　二维光栅 + 正交光栅衍射

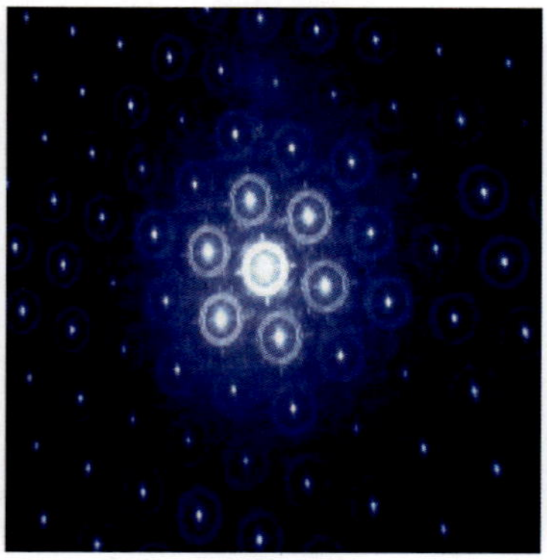

图 15　六角密排光栅的衍射

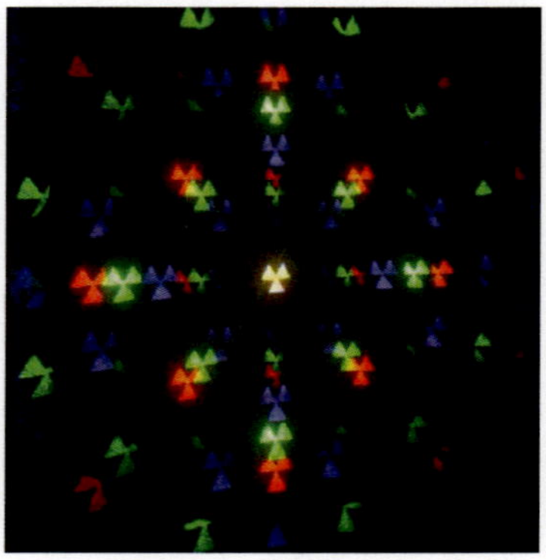

图 16　正交光栅的衍射光谱
（半导体激光波长 630/532/405nm）

大学物理教程

（少学时适用）

龚勇清　张大华　陈小玲　主　编
易江林　乐淑萍　程小金　副主编
赵莉萍　陈学岗　黄　彦

電子工業出版社
Publishing House of Electronics Industry
北京·BEIJING

内容简介

本书是以物理学为基础，根据高等院校工科类专业大学物理的理论和知识要求，在总结编者长期从事物理教学经验的基础上编写的。全书共12章，主要包括力学与狭义相对论基础、电磁学、振动和波动光学、气体动理论和热力学基础、量子物理基础以及激光的基本原理。每章后附有习题供读者系统训练，书后附有参考答案。

本书可作为工科大学各专业的大学物理少学时公共课程的教材，也可作为大专院校相关专业师生的参考书。

图书在版编目（CIP）数据

大学物理教程/龚勇清等主编.—北京：电子工业出版社，2015.2
ISBN 978-7-121-24718-7

Ⅰ.①大…　Ⅱ.①龚…　Ⅲ.①物理学-高等学校-教材　Ⅳ.①O4

中国版本图书馆CIP数据核字（2014）第260382号

责任编辑：韩同平
印　　刷：北京虎彩文化传播有限公司
装　　订：北京虎彩文化传播有限公司
出版发行：电子工业出版社
　　　　　北京市海淀区万寿路173信箱　邮编 100036
开　　本：787×1092　1/16　印张：14.5　字数：410千字　彩插：2
版　　次：2015年2月第1版
印　　次：2022年1月第12次印刷
定　　价：35.00元

凡所购买电子工业出版社图书有缺损问题，请向购买书店调换。若书店售缺，请与本社发行部联系，联系及邮购电话：（010）88254888。

质量投诉请发邮件至 zlts@phei.com.cn，盗版侵权举报请发邮件至 dbqq@phei.com.cn。

服务热线：（010）88258888。

前　　言

物理学是研究物质的基本结构和基本运动规律的科学。物理学的基本概念和基本规律具有极大的普遍性,它为很多自然科学、工程技术提供了理论基础和实验技术。物理学是自然科学中最具有活力的带头学科,是自然科学和工程技术的基础,也是高新技术发展的源泉和先导。物理学的思想和方法,对自然科学的研究和工程技术的发展具有指导作用。

“大学物理”是工科学生必修的公共基础理论课,是对学生进行科学思维方法、科学素质教育和知识创新教育的重要基础课。学习“大学物理”有利于促进大学生学习能力的发展,有利于提高大学生的科学研究能力和工程技术素质,有利于激发大学生的创造力。学习“大学物理”,一方面为大学生构建必备的科学知识基础,为其专业教育提供坚实的理论基础;另一方面也为其“终身学习”建立扎实的理论根基。

本教材的教学参考学时数为48~96学时,在本书的编排上对物理学基础知识做了适当的优化与调整。全书共12章:第1章至第4章主要介绍质点运动学和牛顿定律、动量守恒和能量守恒定律、刚体力学基础、狭义相对论基础;第5章至第7章是电磁学部分,包括静电场和电介质、稳恒磁场和磁介质、电磁感应和变化的电磁场;第8章、第9章为机械振动和机械波、波动光学;第10章为气体动理论和热力学基础;第11章为量子物理基础;第12章为激光的基本原理。

本教材第1、4、8、9章和第12章由龚勇清编写,第5、6、7章由张大华编写,第2、3章由陈小玲编写,第10章和第11章以及习题部分分别由易江林、乐淑萍编写,程小金、赵莉萍、陈学岗、黄彦和万雄等在本书插图和编写过程中做了大量工作,在此表示感谢。全书由龚勇清统稿,并设计实验加拍了16幅彩色图片。由于作者水平有限,加之本书编写时间仓促,书中难免存在不妥之处,恳切希望读者批评指正。

编　者

2014年12月

目　录

第 1 章　质点运动学与牛顿定律

物理学是研究物质的基本结构、基本运动形式、相互作用及其转化规律的科学,是在人类探索自然奥秘的过程中形成的,是自然科学与现代工程技术的基础。它的基本理论渗透到自然科学的各个领域,应用于生产和工程技术的各个方面。物理学最初是在对力学运动规律的研究中发展起来的,后来又研究包括热现象、电磁现象、光现象以及波辐射的规律。

自然界的一切物质都处在永不停息的运动之中,物理学就是研究物质运动中最普遍、最基本运动形式的规律,而运动形式又是多种多样、千变万化的,机械运动是其中一种最简单、最常见的运动形式。

经典力学就是研究机械运动规律及其应用的学科。在力学中,研究物体的位置随时间变化规律的称为运动学,研究物体的运动与物体间相互作用的内在联系和规律的称为动力学。而静力学主要研究物体的受力平衡问题。

质点力学是力学研究的基础,主要包括运动学、动力学和静力学,即

$$\boldsymbol{r} = \boldsymbol{r}(t) \qquad \boldsymbol{F} = m\boldsymbol{a} \qquad \sum \boldsymbol{F} = 0$$

分析力学问题,一般从运动学开始,在这方面已有很多讨论。本章主要讨论机械运动的基本特征及描述方法,通常采用微积分和矢量运算处理。主要解决的问题分两类:第一,描述物体运动的状态,即建立物体的运动学方程,为质点的运动学问题;第二,运用牛顿定律研究物体运动状态的变化,为质点的动力学问题。

1.1　位置矢量和质点的运动学方程

1.1.1　参考系

运动是物质存在的形式,是物质的固有属性,这便是运动的绝对性。然而,要描述物体的运动状态一定要选择一个参考系,它是用来描述物体运动而选作参考的物体。常用的参考系有太阳、地心、质心、地面或实验室参考系。如图 1-1 所示,卫星绕地球运动,若以地心为参考系,卫星做圆周运动;如图 1-2 所示,若以太阳为参考系,同样是卫星绕地球运动,其轨迹却是长螺旋线,实际为卫星绕地球旋转和地球绕太阳公转的运动叠加。

图 1-1　卫星绕地球运动

图 1-2　“嫦娥”一号卫星图

所以,这就是运动描述的相对性。为了明确描述一个物体的运动,从而确定物体运动的状态,需要在参考系中选定一个坐标系。坐标系为参考系的数学抽象,可用固结在参考系上的一组有刻度的射线、曲线或角度来表示。常用的有自然坐标系、球极坐标系、柱坐标系等,而最常用的坐标系是直角坐标系。

1.1.2 质点模型

1. 质点

质点是力学中最简单、最常用的物理模型。

当某一物体的形状和尺寸大小可以忽略(就所研究的问题,大小和形状几乎不起作用),可认为质量集中到一个点(质心)上时,该物体可视作质点。地球虽大,但在研究其绕太阳公转时,即可视作质点;电子虽小,但在研究电子自旋时,却不能视作质点。即使同一物体在某个力学问题中可视作质点,而在另一个力学问题中却不一定视作质点。

2. 质点系

如果所研究的物体不能当作质点处理,则可以将它分割成许多小质元,先分析单个质元的情况,再进一步讨论质元的组合问题。数学中常用求和或积分的方法。

在第 3 章中讨论的刚体,就是一个质点系问题,只不过将它视作一个不发生形变的物体(刚体模型)。

1.1.3 位矢和位移

1. 位矢

位矢是用以确定某时刻质点所处位置矢量的简称,即任一时刻质点所处空间的位置。如图 1-3 所示,矢量 $\boldsymbol{OP}$ 为直角坐标系中的点 $P(x,y,z)$ 的位矢。

空间(三维坐标):$\boldsymbol{r}=x\boldsymbol{i}+y\boldsymbol{j}+z\boldsymbol{k}$

平面(二维坐标):$\boldsymbol{r}=x\boldsymbol{i}+y\boldsymbol{j}$

直线(一维坐标):$\boldsymbol{r}=x\boldsymbol{i}$

显然,在直角坐标系中位矢的大小为

$$|\boldsymbol{r}|=\sqrt{x^2+y^2+z^2}$$

位矢的方向余弦,可由下式确定:

$$\cos\alpha=\frac{x}{|\boldsymbol{r}|},\ \cos\beta=\frac{y}{|\boldsymbol{r}|},\ \cos\gamma=\frac{z}{|\boldsymbol{r}|}$$

2. 运动学方程

质点的运动学方程,即讨论位矢与时间的函数关系。

$$\boldsymbol{r}=\boldsymbol{r}(t)=x(t)\boldsymbol{i}+y(t)\boldsymbol{j}+z(t)\boldsymbol{k} \tag{1-1}$$

写成分量形式:

$$x=x(t),y=y(t),z=z(t) \tag{1-2}$$

表示质点的空间运动可以视作质点在 x、y 和 z 轴上同时参与三个直线运动。

3. 位移

(1) 直线运动中的位移

图 1-4 为质点在曲线运动中的位移。某质点从点 P_1(t 时刻)沿任一曲线运动到点 P_2($t+$

Δt 时刻)，用 $\Delta \boldsymbol{r}$ 表示该质点位置矢量的移动。$\Delta \boldsymbol{r}$ 即称作质点在这段时间内的位移。$\boldsymbol{P}_1\boldsymbol{P}_2$ 即为初位置指向末位置的有向线段。

$$\Delta \boldsymbol{r} = \boldsymbol{r}(t + \Delta t) - \boldsymbol{r}(t) \tag{1-3}$$

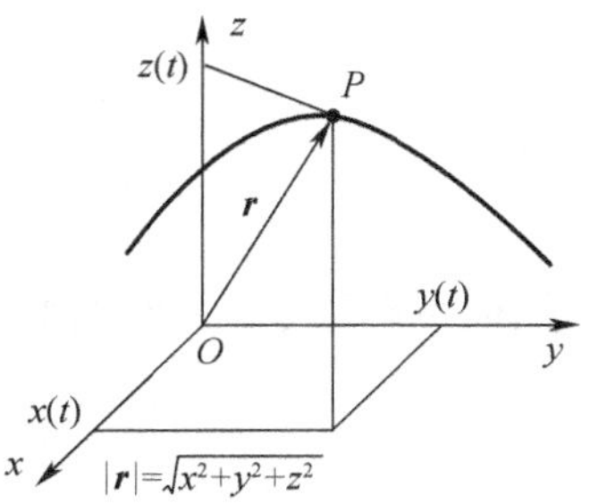

图 1-3　直角坐标系中的位矢

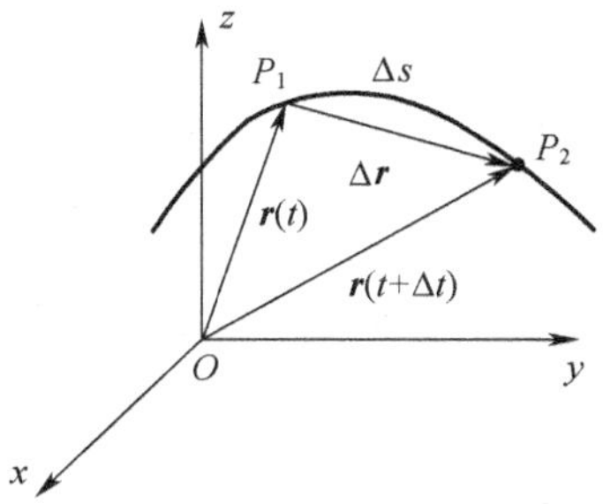

图 1-4　直角坐标系中的位移和路程

在直角坐标系中，有

$$\Delta \boldsymbol{r} = \Delta x\boldsymbol{i} + \Delta y\boldsymbol{j} + \Delta z\boldsymbol{k} = (x_2 - x_1)\boldsymbol{i} + (y_2 - y_1)\boldsymbol{j} + (z_2 - z_1)\boldsymbol{k} \tag{1-4}$$

(2) 讨论

位移的两个含义：一个是指质点位置的变更(即距离)；另一个是强调质点位置变更的方向(位移矢量性)。它表示一段时间后，终点与初始点间的距离以及终点在初始点的什么方向。

这样，质点运动变更后的位置，只与质点运动的始末位置有关，而与运动的轨迹无关。

4. 路程

路程是指质点从点 P_1 到点 P_2 沿曲线运动轨迹所经历的实际路程的长度，用 Δs 表示，它是一标量。

5. 讨论

(1) 利用数学“无穷小”的概念，可抽象得到“无穷小位移”的概念。“位移”与“路程”之间的关系：

① 位移 $\Delta \boldsymbol{r}$，是矢量，有大小和方向；

② 路程 Δs，是标量，有大小、无方向，且总为正值。

③ 位移和路程的国际单位均为米(m)。

如图 1-5 所示，总位移等于各段位移的矢量和，即

$$\Delta \boldsymbol{r} = \Delta \boldsymbol{r}_1 + \Delta \boldsymbol{r}_2 + \Delta \boldsymbol{r}_3 \tag{1-5}$$

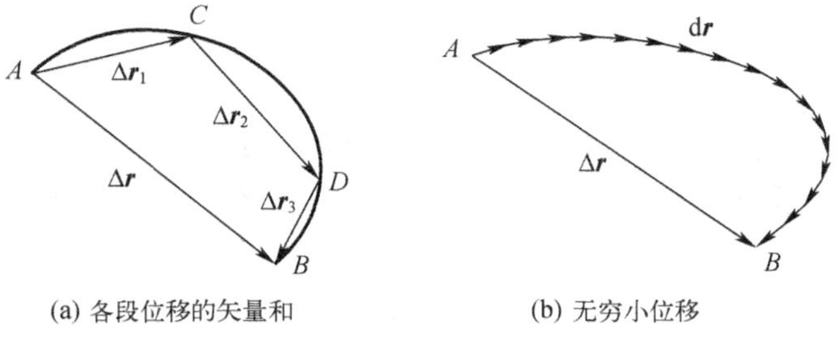

图 1-5　位移

若把这段时间细分为无穷个很短的时间间隔 $\mathrm{d}t$，就得到在 $\mathrm{d}t$ 时间内的无穷小位移 $\mathrm{d}\boldsymbol{r}$，$\mathrm{d}\boldsymbol{r}$

的大小等于$|d\boldsymbol{r}|$。

（2）一般情况下，$|\Delta \boldsymbol{r}| \neq \Delta s$，但在 dt 时间内（$\Delta t \to 0$ 时），有 $|d\boldsymbol{r}| = ds$。$d\boldsymbol{r}$ 的方向是沿质点运动轨道的切线，指向质点向前的方向。理解无穷小位移的含义，就能够很好地理解后面要介绍的速度和速率。

1.2　速度和加速度

速度和加速度是描述质点运动的重要物理量。速度描述的是位矢对时间的变化率，而加速度描述的是速度对时间的变化率。

1.2.1　速度

1. 平均速度

如图 1-4 所示，将做曲线运动质点的位移 $\Delta \boldsymbol{r}$ 与其相应的时间 Δt 的比值称为 Δt 时间内质点的平均速度，即

$$\bar{\boldsymbol{v}} = \Delta \boldsymbol{r}/\Delta t \tag{1-6}$$

上式实际描述的是单位时间位移的变化率。那么，显然有平均速率

$$\bar{v} = \Delta s/\Delta t \tag{1-7}$$

可见，平均速度是矢量，其方向与位移 $\Delta \boldsymbol{r}$ 的方向相同。平均速率是标量，其大小为相应的 Δt 内质点所运动的路程。

平均速度与平均速率均与 Δt 有关，即时间段取值不同，平均速度或平均速率的值也不尽相同。因此，这种对质点运动的描述不够精确。

2. 瞬时速度

要得到对质点运动更精确的描述，Δt 的取值越小越好，从数学的角度取 $\Delta t \to 0$，即以平均速度的极限来表述，则应用数学中导数的概念：

$$\lim_{\Delta t \to 0} \bar{\boldsymbol{v}} = \lim_{\Delta t \to 0} \frac{\Delta \boldsymbol{r}}{\Delta t} = \frac{d\boldsymbol{r}}{dt}$$

$\Delta t \to 0$ 时，$t + \Delta t \to t$，所以质点在 t 时刻的瞬时速度简称为速度。

$$\boldsymbol{v} = d\boldsymbol{r}/dt \tag{1-8}$$

表明质点在 t 时刻附近无限短时间内位移对时间的瞬时比值。显然，瞬时速率（简称速率）可表示为

$$v = ds/dt \tag{1-9}$$

3. 讨论

速度是描述运动质点在某一瞬时位置矢量变化的物理量，$\boldsymbol{v}$ 的方向与无穷小位移 $d\boldsymbol{r}$ 方向相同。而速率是描述运动质点在某一瞬时运动快慢的物理量，即速度的大小。因为 $\Delta t \to 0$ 时，有 $|d\boldsymbol{r}| = ds$，则

$$|d\boldsymbol{r}/dt| = ds/dt \tag{1-10}$$

即速度的大小 $|\boldsymbol{v}| = v$。速度和速率的单位均为米每秒（m/s）。

结论：瞬时速度的大小在任一时刻都与瞬时速率相等，但速度的方向是沿运动轨道切线指向质点前进的方向。

4. 直角坐标系中速度的表示

以二维平面运动为例,由运动学方程:

$$\boldsymbol{r}(t)=x(t)\boldsymbol{i}+y(t)\boldsymbol{j}$$

$$\boldsymbol{v}=\frac{\mathrm{d}x}{\mathrm{d}t}\boldsymbol{i}+\frac{\mathrm{d}y}{\mathrm{d}t}\boldsymbol{j}=v_x\boldsymbol{i}+v_y\boldsymbol{j} \tag{1-11}$$

$$v_x=\mathrm{d}x/\mathrm{d}t,\quad v_y=\mathrm{d}y/\mathrm{d}t$$

式(1-11)可推广到三维坐标系:

$$\boldsymbol{v}=v_x\boldsymbol{i}+v_y\boldsymbol{j}+v_z\boldsymbol{k}$$

所以,在直角坐标系中速度的大小(即速率)表示为

$$v=\sqrt{v_x^2+v_y^2} \tag{1-12}$$

方向用$\boldsymbol{v}$与 x 轴正向夹角 α 表示,则

$$\tan\alpha=v_y/v_x \tag{1-13}$$

直线运动的速度积分形式为

$$x=x_0+\int_{t_0}^{t}v_x\mathrm{d}t \tag{1-14}$$

上式也可扩展到三维坐标系。

若 $t_0=0$,且 v 为恒量,则为匀速直线运动,有

$$x=x_0+vt$$

1.2.2 加速度

1. 平均加速度和瞬时加速度

如图 1-6 所示,设 t 时刻质点在点 P_1,$(t+\Delta t)$时刻,质点到达点 P_2。显然,Δt 时间内速度的增量

$$\Delta\boldsymbol{v}=\boldsymbol{v}_2-\boldsymbol{v}_1$$

故平均加速度为

$$\overline{\boldsymbol{a}}=\Delta\boldsymbol{v}/\Delta t \tag{1-15}$$

与速度的数学表达类似

$$\boldsymbol{a}=\lim_{\Delta t\to 0}\frac{\Delta\boldsymbol{v}}{\Delta t}=\frac{\mathrm{d}\boldsymbol{v}}{\mathrm{d}t} \tag{1-16}$$

称作质点在 t 时刻的瞬时加速度,简称加速度,表示质点在 t 时刻附近,无限短时间内速度矢量对时间的变化率。

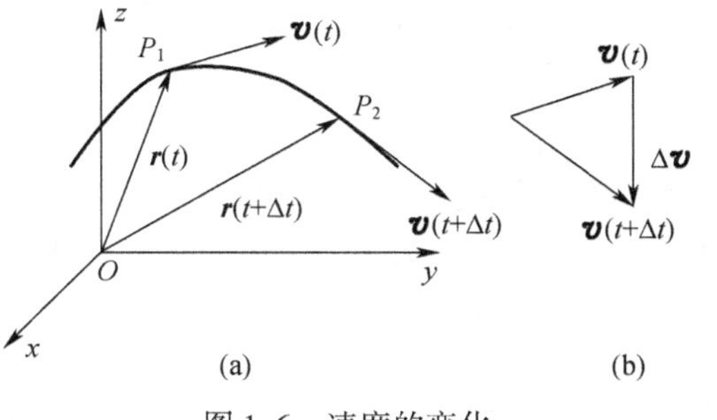

图 1-6 速度的变化

2. 加速度在直角坐标系中的分量

由式(1-11)两边对时间求导,得

$$\boldsymbol{a}=\frac{\mathrm{d}v_x}{\mathrm{d}t}\boldsymbol{i}+\frac{\mathrm{d}v_y}{\mathrm{d}t}\boldsymbol{j}=a_x\boldsymbol{i}+a_y\boldsymbol{j} \tag{1-17}$$

上式也可推广到三维坐标系。

所以,在二维直角坐标系中加速度的大小和方向分别表示为

$$a=\sqrt{a_x^2+a_y^2} \tag{1-18}$$

$$\tan\alpha = a_y / a_x \tag{1-19}$$

α 表示 $\boldsymbol{a}$ 与 x 轴正向的夹角。

3. 讨论

(1) 加速度也是矢量,即描述质点运动速度的大小和方向随时间变化的物理量,加速度的方向为速度增量的方向。加速度的单位为米每二次方秒(m/s^2)

(2) 加速度与位置矢量关系式,扩展到三维空间坐标:

$$a_x = dv_x/dt = d^2x/dt^2, \quad a_y = dv_y/dt = d^2y/dt^2, \quad a_z = dv_z/dt = d^2z/dt^2 \tag{1-20}$$

(3) 积分式:对一维匀变速直线运动

$$v = v_0 + \int_{t_0}^{t} a\,dt \tag{1-21}$$

若 $t_0 = 0$,且 a 为恒量,则可得匀加速直线运动,这是中学物理的常用公式,即

$$v = v_0 + at$$

$$x = x_0 + \int_0^t (v_0 + at)\,dt = x_0 + v_0 t + \frac{1}{2}at^2$$

消去时间 t 可得:

$$v^2 = v_0^2 + 2a(x - x_0)$$

1.2.3 运动学两类问题

已知质点的运动学方程,可以通过对位置矢量求一阶导数的方法得到速度矢量,通过对速度矢量求一阶导数(或对位置矢量求二阶导数)的方法得到加速度矢量。而已知质点运动的速度或加速度以及初始条件,可以通过数学积分的方法得到质点的运动学方程。

$$\boldsymbol{r}(t) \underset{\text{积分}}{\overset{\text{求导}}{\rightleftharpoons}} \boldsymbol{v}(t), \boldsymbol{a}(t)$$

例 1-1 一质点做直线运动,运动学方程为

$$x = 1 + 2t - t^2\,(\text{SI})$$

求质点的速度表达式、速率表达式和加速度(用 SI 表示国际单位制)。

解 由题意,质点是做 x 轴方向的直线运动,只有 x 方向的速度,即

$$v_x = dx/dt = 2 - 2t\,(\text{SI})$$

$$\boldsymbol{v} = v_x \boldsymbol{i}$$

因此,该质点做速率随时间变化的变速直线运动:$t < 1s$ 时,$v_x > 0$,质点沿 x 轴正方向运动;$t > 1s$ 时,$v_x < 0$,质点沿 x 轴负方向运动。速率表达式可写为

$$v = |v_x| = \begin{cases} 2 - 2t\,(\text{SI}) & (t \leqslant 1) \\ 2t - 2\,(\text{SI}) & (t > 1) \end{cases}$$

加速度为

$$\boldsymbol{a} = a_x \boldsymbol{i} = -2\boldsymbol{i}\,(\text{SI})$$

例 1-2 一质点沿 x 轴运动,其加速度 $a = 4t$(SI),已知 $t = 0$ 时,质点位于 $x_0 = 10m$ 处,初速度 $v_0 = 0$。试求其位置和时间的关系式。

解 由题意 $a = dv/dt = 4t$,则 $dv = 4t\,dt$;

由 $\int_0^v dv = \int_0^t 4t\,dt$,得 $v = 2t^2$。

又 $v = dx/dt = 2t^2$,即 $dx = 2t^2 dt$;

则 $\int_{x_0}^{x} dx = \int_0^t 2t^2 dt$,可得 $x = 2t^3/3 + x_0$(SI)。

1.3 圆周运动

1.3.1 法向加速度与切向加速度

曲线运动通常用自然坐标系表示，自然坐标系建立在质点上，运动方向作为切向坐标轴AT，法向坐标轴AN指向运动轨迹的凹侧。

1. 质点做匀速率圆周运动

由讨论加速度同样的方法，质点做匀速率圆周运动的向心加速度即法向加速度 $\boldsymbol{a}_n$，其大小为

$$a_n = v^2/R \tag{1-22}$$

其方向指向圆心。

可以认为，在匀速圆周运动中，法向加速度是矢量，它既有大小又有方向，表示的是速度方向随时间变化的快慢。若用直角坐标系表示，$\boldsymbol{a}_n$ 是变矢量；而用自然坐标系表示，$\boldsymbol{a}_n$ 是恒矢量，即方向恒为法向。可见，采用不同的坐标系描述，质点运动的矢量表示可不同，圆周运动用自然坐标系表示可使问题简化。

2. 质点做变速率圆周运动

质点做变速率圆周运动，除法向加速度 $\boldsymbol{a}_n$ 外，还有切向加速度 $\boldsymbol{a}_\tau$，表示的是速度大小随时间变化的快慢，其大小为

$$a_\tau = \mathrm{d}v/\mathrm{d}t \tag{1-23}$$

方向沿圆周运动切线方向。

故质点做圆周运动总的加速度为

$$\boldsymbol{a} = \boldsymbol{a}_n + \boldsymbol{a}_\tau \tag{1-24}$$

质点做变速率圆周运动时，$\boldsymbol{a}$ 总是变化的，如图1-7所示。

3. 讨论

(1) 法向加速度描述的是质点运动的速度方向随时间的变化率，而切向加速度描述的是质点运动的速度大小随时间的变化率。总加速度大小、方向为

$$a = \sqrt{a_\tau^2 + a_n^2} = \left[\left(\frac{\mathrm{d}v}{\mathrm{d}t}\right)^2 + \left(\frac{v^2}{R}\right)^2\right]^{1/2} \tag{1-25}$$

$$\tan\phi = a_n/a_\tau \tag{1-26}$$

式中，ϕ 表示 $\boldsymbol{a}$、$\boldsymbol{v}$ 之间的夹角。

(2) 注意，同一时刻，$\boldsymbol{a}$ 与 $\boldsymbol{v}$ 的方向一般不相同，如抛体运动中的重力加速度与初速度方向不同。

质点做匀速率圆周运动时，$a_\tau = 0$，$a = a_n$，$\boldsymbol{a}$ 与 $\boldsymbol{v}$ 的方向垂直；

质点做直线运动时，$a_n = 0$，$a = a_\tau$，$\boldsymbol{a}$ 与 $\boldsymbol{v}$ 的方向夹角为0°或180°。

因此，对平面内一般曲线运动，自然坐标系中的加速度可表示为

$$\boldsymbol{a} = a_\tau \boldsymbol{\tau}_0 + a_n \boldsymbol{n}_0 = \frac{\mathrm{d}v}{\mathrm{d}t}\boldsymbol{\tau}_0 + \frac{v^2}{\rho}\boldsymbol{n}_0 \tag{1-27}$$

式中，ρ 为质点运动轨迹的曲率半径。

由此可见,自然坐标系是与曲线上的各点固结在一起的,一系列由该点的切线和法线构成的坐标轴。在自然坐标系中,坐标轴的方向是随着质点运动轨迹的变化而变化的,如图 1-8 所示,ρ_1、ρ_2 分别为 P_1、P_2 点处曲线轨迹的曲率半径。

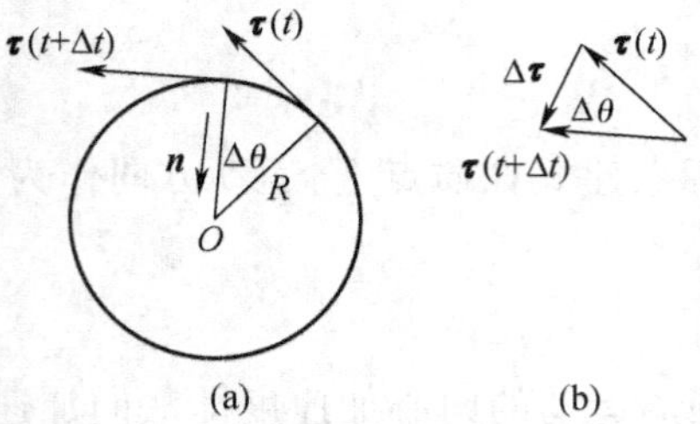

图 1-7 变速率圆周运动

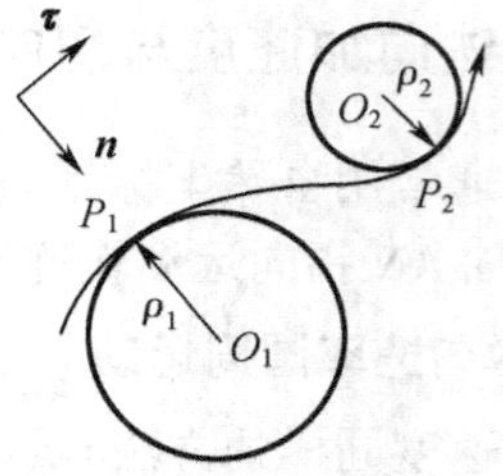

图 1-8 平面内一般曲线运动

1.3.2 圆周运动的角量描述

如图 1-9 所示,质点的位置还可用角位置或角坐标 $\theta=\theta(t)$ 表示,角位移则为 $\Delta\theta$。

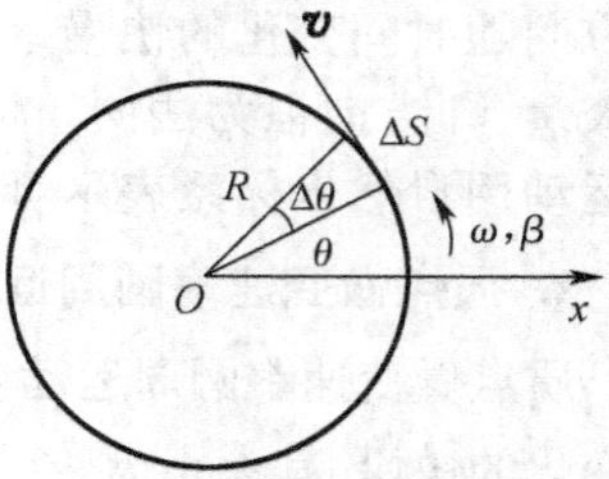

图 1-9 圆周运动的角量描述

1. 匀速率圆周运动

$$\theta=\omega t,\quad \omega=\mathrm{d}\theta/\mathrm{d}t(\text{恒量}),\quad \beta=\mathrm{d}\omega/\mathrm{d}t=0 \tag{1-28}$$

匀速率圆周运动的线速度:

$$v=R\omega \tag{1-29}$$

切向加速度 $$a_\tau=\mathrm{d}v/\mathrm{d}t=0 \tag{1-30}$$

法向加速度(亦称向心加速度)

$$a_n=v^2/R=R\omega^2 \tag{1-31}$$

2. 变速率圆周运动

角速度 $$\omega(t)=\mathrm{d}\theta(t)/\mathrm{d}t \tag{1-32}$$

角加速度 $$\beta=\mathrm{d}\omega(t)/\mathrm{d}t=\mathrm{d}^2\theta(t)/\mathrm{d}t^2 \tag{1-33}$$

注意角加速度与向心加速度的区别:角加速度是圆周运动的角量描述;向心加速度是圆周运动在自然坐标系中的表示。变速率圆周运动的角量与线量的关系一般服从矢量法则,将在第 3 章刚体力学基础中描述。角位移的单位为弧度(rad),角速度的单位为弧度每秒(rad/s),角加速度的单位为弧度每二次方秒(rad/s²)。

3. 讨论

质点在平面内运动,在直角坐标系中有式(1-17),即

$$\boldsymbol{a}=a_x\boldsymbol{i}+a_y\boldsymbol{j}$$

在自然坐标系中有式(1-27),即

$$\boldsymbol{a}=a_\tau\boldsymbol{\tau}_0+a_n\boldsymbol{n}_0$$

可以证明加速度的大小

$$\sqrt{a_x^2+a_y^2}=\sqrt{a_\tau^2+a_n^2}$$

结论:尽管同一矢量对不同坐标系有不同的分量,但最终的计算结果是相一致的,与坐标系的选择无关。

质点做匀变速率圆周运动时,其角加速度 β 视为常数,与中学物理匀变速直线运动的一组公式类比可得

$$\omega = \omega_0 + \beta t$$

$$\theta = \theta_0 + \omega_0 t + \frac{1}{2}\beta t^2$$

$$\omega^2 = \omega_0^2 + 2\beta(\theta - \theta_0)$$

例 1-3 一飞轮半径为 1.5m，初速为 60/π 转/分，角加速度为 10rad/s^2，在 $t = 2\text{s}$ 时，飞轮边缘一点的加速度大小为多少？

解

$$\omega = \omega_0 + \beta t = \frac{2\pi \cdot 60/\pi}{60} + 10 \times 2 = 22\text{rad/s}$$

又因为

$$a_n = R\omega^2 = 1.5 \times 22^2 = 726\text{m/s}^2$$

$$a_\tau = R\beta = 1.5 \times 10 = 15\text{m/s}^2$$

所以

$$a = \sqrt{a_n^2 + a_\tau^2} = 726.2\text{m/s}^2$$

1.4 牛顿运动定律

1.4.1 牛顿第一定律

1. 表述

任何物体都要保持其静止或匀速直线运动状态，直到外力迫使它改变运动状态为止。

即物体没有受到外力作用时，其要么静止，要么保持匀速直线运动状态，$\boldsymbol{v}$ = 恒矢量。反之，要改变其运动或静止状态，物体一定要受到力的作用。这就是牛顿第一定律，亦称为惯性定律。

2. 讨论

(1) 牛顿第一定律阐明了以下两个重要的力学基本概念：

① 任何物体都具有保持其运动状态不变的性质，这个性质叫做惯性。惯性是物质的固有属性，它是物体与运动不可分离的反映，也反映了物体改变运动状态的难易程度。

② 正是由于物体具有惯性，所以要使物体的运动状态发生变化，一定要有其他物体对它作用，这种作用叫做力。

力是一个物体对另一个物体的作用；力是使物体运动状态发生变化，即使物体产生加速度的原因，但并不是维持速度的原因。

(2) 惯性参考系(惯性系)的概念。在这种参考系中观察，一个不受合外力作用的物体将保持静止和匀速直线运动状态不变。所谓惯性系，简言之就是牛顿第一定律成立的参考系。

1.4.2 牛顿第二定律

1. 表述

物体受到外力作用时，物体的动量 $\boldsymbol{p} = m\boldsymbol{v}$ (式中：m 为物体的质量；$\boldsymbol{v}$ 为物体的速度) 随时间的变化率大小与合外力的大小成正比，动量变化率的方向与合外力的方向相同。其表达式为

$$\boldsymbol{F} = \mathrm{d}\boldsymbol{p}/\mathrm{d}t = \mathrm{d}(m\boldsymbol{v})/\mathrm{d}t \tag{1-34}$$

用质点的动量对时间的变化率表述牛顿第二定律更具一般性，有关动量的具体概念下一章将详细分析。

2. 用加速度表示的牛顿第二定律

当宏观物体在低速情况下运动,即 $v \ll c$ 时,式(1-34)可写成

$$\boldsymbol{F} = m\frac{\mathrm{d}\boldsymbol{v}}{\mathrm{d}t} = m\boldsymbol{a} \tag{1-35}$$

这就是经典的牛顿第二定律表达式,对质量一定的物体,其加速度与其所受合外力成正比。牛顿第二定律也称为加速度定律,但它是有局限性的,而式(1-34)则具有普遍性。

3. 惯性质量

由牛顿第二定律可知,欲使物体获得相同的加速度,质量越大,所需合外力越大。质量大的物体抵抗运动变化的性质强,也就是它的惯性大。所以,质量是物体惯性大小的量度。因此,牛顿第二定律中的质量为惯性质量。

4. 讨论

(1) 牛顿第二定律说明力的瞬时效应。力和加速度同时产生、同时变化、同时消失,无先后之分。

(2) $\boldsymbol{F}$ 应理解为质点所受合外力,满足矢量叠加原理。

(3) 求解力学问题时,在三维直角坐标系中常用分量形式:

$$F_x = ma_x, \quad F_y = ma_y, \quad F_z = ma_z \tag{1-36}$$

(4) 牛顿第二定律只适用于质点问题,而且只适用于惯性系。

1.4.3 牛顿第三定律

1. 表述

两个物体之间的作用力和反作用力,沿同一直线,大小相等、方向相反,分别作用在两个物体上。牛顿第三定律亦称为作用力与反作用力定律。

2. 表达式

$$\boldsymbol{F} = -\boldsymbol{F}' \tag{1-37}$$

3. 讨论

作用力和反作用力的特点:

(1) 作用力 $\boldsymbol{F}$ 和反作用力 $\boldsymbol{F}'$ 总是成对出现,同时存在、同时消失,任何一方都不能孤立地存在。

(2) 作用力和反作用力是分别作用在两个物体上的,不能相互抵消。

(3) 作用力和反作用力是属于同种性质的力。

1.5 牛顿定律的应用

1.5.1 应用牛顿定律解题的步骤

1. 认真分析题意,确定研究对象

要弄清楚题目要求,确定研究对象,分析已知条件。明确物理关系,弄清物理过程。进行运动分析,即分析对象的运动状态,包括它的轨迹、速度和加速度。涉及几个物体时,还要找出

它们的速度或加速度之间的关系。

2. 隔离研究对象,进行受力分析

找出研究对象所受的所有外力,采用"隔离体法"对其进行正确的受力分析,画出受力分析图。所谓"隔离体法",就是把研究对象从与之相联系的其他物体中"隔离"出来,再把作用在此物体上的力一个不漏地画出来,并正确地标明力的方向。

3. 选取合适坐标系,正确列出方程

依据题目具体条件选好坐标系,然后把上面分析出的质量、加速度和力用牛顿运动定律联系起来,列出每一隔离体的运动方程的矢量式和分量式,以及其他必要的辅助性方程,所列方程总数应与未知量的数目相匹配。

4. 求解所列方程,讨论所得结果

解方程时,一般先进行物理量的代数运算,然后代入具体数据得出结果,最后进行必要的讨论,判断结果是否合理。

1.5.2 牛顿运动定律的应用

1. 牛顿运动三定律小结

(1) 牛顿第一运动定律:任何物体都保持静止或匀速直线运动状态,直至其他物体的作用力迫使它们改变这种状态为止。

一个假想的惯性观察者使用的参考系叫惯性参考系。惯性参考系就是使惯性定律严格成立的参考系,即是相对静止或匀速直线运动的参考系。严格意义上的惯性系只是一种物理模型。

(2) 牛顿第二定律:某时刻质点动量对时间的变化率等于该时刻作用在质点上所有力的合力。

$$\boldsymbol{F} = \sum_i \boldsymbol{f}_i = \frac{\mathrm{d}(m\boldsymbol{v})}{\mathrm{d}t} = m\boldsymbol{a}$$

(3) 牛顿第三定律:两质点1、2相互作用时,作用力和反作用大小相等、方向相反且总在同一直线上。它们分别作用于不同的质点,总是同时出现、同时消失,且属于同种性质的力。

$$\boldsymbol{F}_{12} = -\boldsymbol{F}_{21}$$

2. 牛顿运动定律的适用范围

(1) 仅适用于惯性参考系,对非惯性系并不适用。

(2) 一般仅适用于宏观低速运动的物体。

(3) 仅适用于实物,不完全适用于场。

3. 质点动力学问题的三种应用情况

(1) 已知质点所受合力,求其加速度及运动情况。

(2) 已知质点加速度或运动情况,求质点所受合力。

(3) 已知质点某些运动情况及其受力,求质点运动情况与所受力的另一些未知方面。

1.5.3 动力学两类问题

1. 两种性质

质点运动学描述的是质点的位置矢量 $\boldsymbol{r}$、速度 $\boldsymbol{v}$、加速度 $\boldsymbol{a}$ 等随时间变化的情况而不涉及具体成因；质点动力学阐明的则是物体运动状态发生变化的原因，只适用于处理质点问题，刚体并不适用，且只适用于惯性系。

2. 两类问题

第一类：已知质点加速度 $\boldsymbol{a}$ 或质点的运动学方程（或通过求导的方法可得 $\boldsymbol{a}$），求质点所受的合力 $\boldsymbol{F}$；

第二类：已知质点所受的合力 $\boldsymbol{F}$，求其加速度，通过积分的方法和初始条件可得质点运动的速度和运动学方程。

而联系动力学这两类问题的“桥梁”就是牛顿第二定律，即式(1-35)。在直角坐标系中其分量形式为式(1-36)，在自然坐标系中为式(1-38)。

$$f_\tau = ma_\tau = m\frac{\mathrm{d}\boldsymbol{v}}{\mathrm{d}t},\quad f_n = ma_n = m\frac{v^2}{R} \tag{1-38}$$

例 1-4 光滑水平桌面上有两个物体靠在一起，质量分别为 $m_A = 3\mathrm{kg}$，$m_B = 2\mathrm{kg}$。如图 1-10 所示，今施以水平力 $F = 4.9\mathrm{N}$，向右作用于物体 A 上，求它们的加速度及其相互作用力。

解 根据牛顿定律的解题步骤：隔离物体、具体分析、选定坐标系、列运动方程。分别对物体 A、B 做受力分析，可得

$$\begin{cases} F - f = m_A a & (1) \\ N_A - m_A g = 0 & (2) \\ f' = m_B a & (3) \\ N_B - m_B g = 0 & (4) \\ f' = f & (5) \end{cases}$$

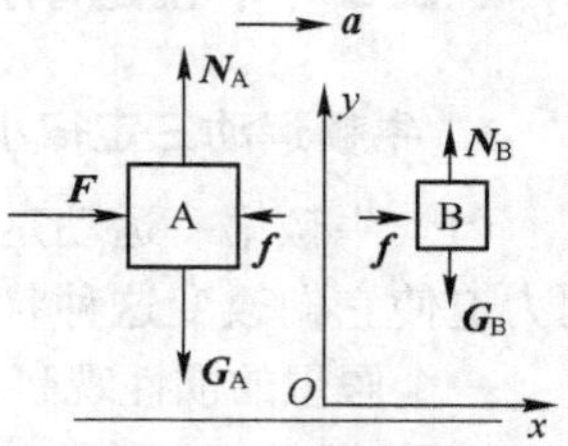

图 1-10 例 1-4 的图

联立方程式(1)～(5)，可分别解出两物体的共同加速度及其相互作用力。所以

$$a = \frac{F}{m_A + m_B} = 0.98\mathrm{m}\cdot\mathrm{s}^{-2},\quad f = \frac{m_B}{m_A + m_B}F = 1.96\mathrm{N}$$

例 1-5 一艘正在沿直线行驶的游艇，在发动机关闭后，其加速度方向与速度方向相反，大小与速度平方成正比，即 $\mathrm{d}v/\mathrm{d}t = -Kv^2$，式中 K 为常量。试证明游艇在关闭发动机后又行驶 x 距离时的速度为 $v = v_0\mathrm{e}^{-Kx}$。式中，v_0 为发动机关闭时的速度。

证明 由题意，分离变量

$$\frac{\mathrm{d}v}{\mathrm{d}t} = \frac{\mathrm{d}v}{\mathrm{d}x}\cdot\frac{\mathrm{d}x}{\mathrm{d}t} = v\frac{\mathrm{d}v}{\mathrm{d}x} = -Kv^2$$

所以

$$\mathrm{d}v/v = -K\mathrm{d}x$$

$$\int_{v_0}^{v}\frac{1}{v}\mathrm{d}v = -\int_0^x K\mathrm{d}x,\quad 即\quad \ln\frac{v}{v_0} = -Kx$$

所以

$$v = v_0\mathrm{e}^{-Kx}$$

1.5.4 300 年来一桶水

牛顿发现著名的运动定律后，转而思考一个基本问题：物体的运动是相对于何者而言？此问题不解决，运动学定律就是无本之木。为此牛顿做了一个木桶实验：随着木桶的快速旋转，桶里的水面变凹，这是由于摩擦力使得桶中水随木桶而转，旋转之水受到离心力作用从中

心向桶壁运动,使水面变凹。

牛顿自问:水是相对于何者而转?基于常识的回答是:相对于地球而转。但牛顿并不满足于此,他设想如果不是在地球上,而是在太空中做同样的实验,这时桶中水又是相对于何者而转?思之再三,牛顿得到的答案是:绝对空间,即一切运动之恒定框架,古希腊先哲称之为"以太"。

德国著名哲学家、数学家莱布尼兹不同意牛顿的"绝对空间说",他指出:空间只是物体位置之间的关系,去掉物体,何来空间?就好比去掉字母,何来语句?莱布尼兹的这一思想极其深刻,甚至触及300年后物理学之最前沿。

由于牛顿之盛名,几百年来除莱布尼兹外,鲜有人对绝对空间进行质疑。直到19世纪,奥地利著名科学家马赫对牛顿的旋转之水反复思考,提出不同意见:太空中水桶里的水并非相对于绝对空间转,而是相对于宇宙中所有的星体转。他指出:如果宇宙中除水桶外空无一物,桶中水根本转不起来。牛顿与马赫之争涉及空间及离心力之本质,触及物理学之根本。牛顿认为,在除旋转水桶之外空无一物的虚拟太空中离心力仍在;马赫认为,离心力不复存在。牛、马两派各执一词,又不可能再做实验加以判定,只好悬置。

时光流转到20世纪,科学家爱因斯坦在1905年发表的狭义相对论中否定了"以太"的存在,牛顿的绝对空间随之破灭。狭义相对论将时间与空间结合起来定义了时空连续统,可以认为桶中水相对于绝对时空而转,所以牛顿并未全输。

狭义相对论建立后,爱因斯坦开始探讨广义相对论,他从马赫之旋转水桶说得到启发。1917年,爱因斯坦在一篇文章中将马赫原理列为广义相对论三大基本思想之一:一个物体的惯性来自宇宙中所有其他物质的共同影响(马赫原理)。在有众多星体的真实宇宙中,牛顿认为桶中水相对于绝对空间而转,马赫则认为是相对于宇宙中所有的星体,广义相对论采用了马赫的观点,并为遥远星体对桶中水如何施加影响提供了物质基础——引力场。

1.6 相对运动

1. 描述运动的相对性

在牛顿力学范围内,时间与空间的测量与参考系的选取无关,这就是时间的绝对性和空间的绝对性。

在牛顿力学范围内,运动质点的位移、速度和运动轨迹则与参考系的选取有关,即运动的描述具有相对性。相对运动指的是在不同参考系中观察同一物体运动所给出的运动描述之间的关系问题。例如,不同的参考系中的观察者观察同一运动的结果并不相同。

2. 速度关系

如图1-11所示,设有两个参考系,一个为S系(即$Oxyz$坐标系),另一个为S'系(即$O'x'y'z'$坐标系)。$t=0$时,这两个参考系相重合。有一个质点在S系中位于A点,而在S'系中位于A'点。

在Δt时间内,S'系以恒定的速度$\boldsymbol{u}$相对于S系运动的同时,质点由A点运动到B点。在这段时间内,S'系相对于S系的位移$\Delta \boldsymbol{r}_0=\boldsymbol{u}\Delta t$。

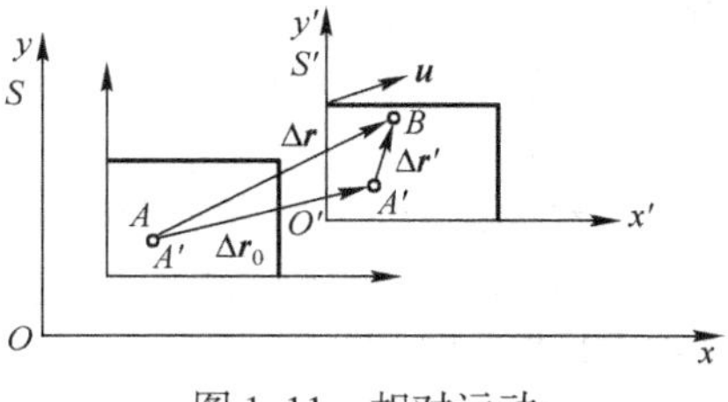

图1-11　相对运动

S系:质点从$A\to B$,其位移为$\Delta \boldsymbol{r}$;S'系:质点由$A'\to B$,其位移为$\Delta \boldsymbol{r}'$;则

$$\Delta \boldsymbol{r} = \Delta \boldsymbol{r}' + \boldsymbol{u}\Delta t$$

由位移的相对性及时间的绝对性 $\Delta t = \Delta t'$，可得出速度的相对性。用时间 Δt 除以上式，有

$$\frac{\Delta \boldsymbol{r}}{\Delta t} = \frac{\Delta \boldsymbol{r}'}{\Delta t} + \boldsymbol{u}$$

取 $\Delta t \to 0$ 时的极限值，得

$$\frac{\mathrm{d}\boldsymbol{r}}{\mathrm{d}t} = \frac{\mathrm{d}\boldsymbol{r}'}{\mathrm{d}t} + \boldsymbol{u}$$

即

$$\boldsymbol{v} = \boldsymbol{v}' + \boldsymbol{u} \tag{1-39}$$

式中，$\boldsymbol{v}$ 为质点在 S 系中的速度，称为绝对速度；$\boldsymbol{u}$ 为 S' 系相对于 S 系的速度，称为牵连速度；$\boldsymbol{v}'$ 为质点在 S' 系中的速度，称为相对速度。

3. 加速度关系

由式(1-39)对时间求导，可得

$$\boldsymbol{a}_{绝对} = \boldsymbol{a}_{相对} + \boldsymbol{a}_{牵连} \tag{1-40}$$

因牵连速度 $\boldsymbol{u}$ 为恒定速度，故上式中 $\boldsymbol{a}_{牵连}$ 为零。

习　题

一、选择题

1. 某质点做直线运动的运动学方程为 $x = 3t - 5t^3 + 6$ (SI)，则该质点做(　　)。

(A) 匀加速直线运动，加速度沿 x 轴正方向　(B) 匀加速直线运动，加速度沿 x 轴负方向

(C) 变加速直线运动，加速度沿 x 轴正方向　(D) 变加速直线运动，加速度沿 x 轴负方向

2. 一质点做直线运动，某时刻的瞬时速度 $v = 2\text{m/s}$，瞬时加速度 $a = -2\text{m/s}^2$，则 1s 后质点的速度(　　)。

(A) 等于零　(B) 等于 -2m/s　(C) 等于 2m/s　(D) 不能确定

3. 质点沿半径为 R 的圆周做匀速率运动，每 T 秒转一圈。在 $2T$ 时间间隔中，其平均速度大小与平均速率大小分别为(　　)。

(A) $2\pi R/T$, $2\pi R/T$　(B) 0, $2\pi R/T$　(C) 0, 0　(D) $2\pi R/T$, 0

4. 在相对地面静止的坐标系内，A、B 两船都以 2m/s 速率匀速行驶，A 船沿 x 轴正向，B 船沿 y 轴正向。今在 A 船上设置与静止坐标系方向相同的坐标系(x、y 方向单位矢用 $\boldsymbol{i}$、$\boldsymbol{j}$ 表示)，那么在 A 船上的坐标系中，B 船的速度(以 m/s 为单位)为(　　)。

(A) $2\boldsymbol{i} + 2\boldsymbol{j}$　(B) $-2\boldsymbol{i} + 2\boldsymbol{j}$　(C) $-2\boldsymbol{i} - 2\boldsymbol{j}$　(D) $2\boldsymbol{i} - 2\boldsymbol{j}$

5. 在升降机天花板上拴有轻绳(见图 P1-1)，其下端系一重物，当升降机以加速度 a_1 上升时，绳中的张力正好等于绳子所能承受的最大张力的 1/2，升降机以多大加速度上升时，绳子刚好被拉断？(　　)。

(A) $2a_1$　(B) $2(a_1 + g)$　(C) $2a_1 + g$　(D) $a_1 + g$

二、填空题

1. 一质点沿 x 方向运动，其加速度随时间变化关系为 $a = 3 + 2t$ (SI)，如果初始时质点的速度 $v_0 = 5\text{m/s}$，则当 $t = 3\text{s}$ 时，质点的速度 $v =$ ________。

2. 质点沿半径为 R 的圆周运动，运动学方程为 $\theta = 3 + 2t^2$ (SI)，则 t 时刻质点的法向加速度 $a_n =$ ________；角加速度 $\beta =$ ________。

3. 一物体做如图 P1-2 所示的斜抛运动，测得在轨道 A 点处速度 $\boldsymbol{v}$ 的大小为 v，其方向与水平方向夹角成 30°。则物体在 A 点的切向加速度 $a_t =$ ____________，轨道的曲率半径 $\rho =$ ________。

4. 质量为 m 的小球，用轻绳 AB、BC 连接，如图 P1-3 所示，其中 AB 水平。剪断绳 AB 前后的瞬间，绳 BC 中的张力比 $T:T' =$ ________。

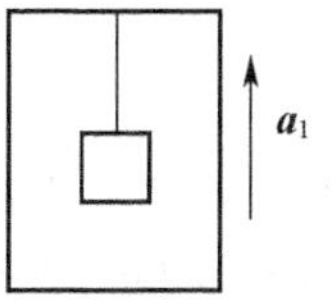

图 P1-1

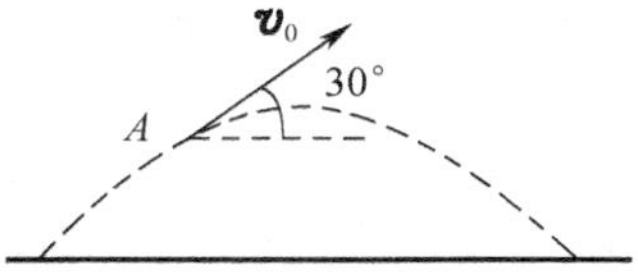

图 P1-2

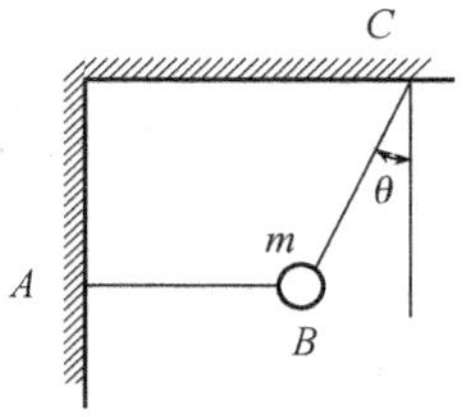

图 P1-3

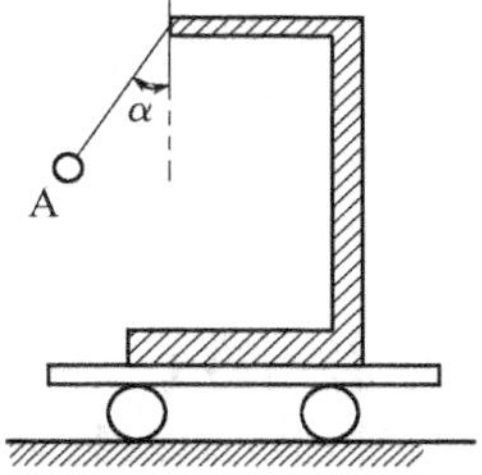

图 P1-4

三、计算题

1. 一质点沿 x 轴运动，其加速度 a 与位置坐标 x 的关系为 $a=2+6x^2$（SI），如果质点在原点处的速度为零，试求其在任意位置处的速度。

2. 有一质点沿 x 轴做直线运动，t 时刻的坐标为 $x = 4.5t^2 - 2t^3$（SI）。试求：（1）第 2s 内的平均速度；（2）第 2s 末的瞬时速度；（3）第 2s 内的路程。

3. 如图 P1-4 所示，质量为 m 的摆球 A 悬挂在车架上。求在下述各种情况下，摆线与竖直方向的夹角 α 和线中的张力 T。（1）小车沿水平方向做匀速运动；（2）小车沿水平方向做加速度为 a 的运动。

4. 一艘正在沿直线行驶的电艇，在发动机关闭后，其加速度方向与速度方向相反，大小与速度平方成正比，即 $\mathrm{d}v/\mathrm{d}t=-Kv$，式中 K 为常量。试求电艇在关闭发动机后又行驶 x 距离时的速度 v。设 v_0 为发动机关闭时的速度。

5. 转速为 4000 转/分的飞轮，制动后 5 分钟停转，飞轮的角加速度大小为多少？

6. 质量为 $m=4\text{kg}$ 的重物，由一根轻的绳索系住在竖直方向上提升。开始时静止，$T_0=90\text{N}$，在重物被提升的过程中拉力随重物升高而减小，每上升 1m 减小 14.8N，试求重物被提升 2m 时所具有的速度。

7. 在离水面高度为 h 的岸边，有人用绳子拉船靠岸，收绳速率是恒定的 v_0，当船离岸边距离为 s 时，试求船的速率与加速度。

8. 质量为 5000kg 的直升飞机吊起 1500kg 的物体，以 0.6m/s^2 的加速度上升，求：(1) 空气作用在螺旋桨上的升力为多少？(2) 吊绳中的张力为多少？

9. 质量为 m 的质点在恒力 F_0 的作用下，一直沿 x 轴运动，当 $t=0$ 时，质点具有初速度 V_0，现将质点速度增加到 V_0 的 n 倍时，需多长时间？

10. 甲船以 10km/h 的速度向东，乙船以 5km/h 的速度向南同时出发航行，从乙船看，甲船的速度是多少？方向如何？如果从甲船看，乙船的速度是多少？方向如何？

第 2 章　动量守恒和能量守恒定律

前面第 1 章中描述了牛顿运动定律及其应用的范围。但在有些问题中,如宏观物体的碰撞、冲击问题或微观粒子的散射问题等,人们往往只重视作用过程中力的作用效果,即始、末状态之间的关系,而对过程的细节不感兴趣,甚至有些复杂过程的细节问题尚不清楚。因此,对物体之间的相互作用过程,人们关注的是力对时间和空间的积累效果。

对于物体的平动问题,力在时间上的积累效果反映在冲量上,其改变的是物体的动量;对于物体的转动问题,力在时间上的积累效应体现在冲量矩上,引起的是物体角动量的变化。而对于力在空间上的积累效应,则体现在做功过程中,它使得物体的动能发生变化。

2.1　动量、冲量和动量定理

2.1.1　动量

人们是通过对两个物体之间的碰撞现象的研究而发现动量守恒基本定律的。在物体的碰撞中,会发生机械运动的转移现象,人们逐步认识到一个物体对其他物体的冲击效果,与这个物体的速度以及质量都有关系。所以,把物体的质量和其速度的乘积,定义为该物体的动量。

$$\boldsymbol{p} = m\boldsymbol{v} \tag{2-1}$$

动量在运动变化中遵守一系列的规律。动量 $\boldsymbol{p}$ 为矢量,它的方向与速度 $\boldsymbol{v}$ 相同。$\boldsymbol{p}$ 的单位是 kg · m/s。

有了动量的概念,可以用动量来描述力的概念和牛顿第二定律。一个质点的动量对时间的变化率在量值上等于该质点所受到的合外力,由式(1-34),即

$$\boldsymbol{F} = \frac{\mathrm{d}(m\boldsymbol{v})}{\mathrm{d}t} = m\frac{\mathrm{d}\boldsymbol{v}}{\mathrm{d}t} + \frac{\mathrm{d}m}{\mathrm{d}t}\boldsymbol{v}$$

不考虑相对论效应,$\mathrm{d}m/\mathrm{d}t = 0$,所以

$$\boldsymbol{F} = m\frac{\mathrm{d}\boldsymbol{v}}{\mathrm{d}t} \tag{2-2}$$

这就是牛顿第二定律。可见,力是矢量,满足力的叠加原理:一质点所受合力等于对其作用力的矢量和。

在讲到动量守恒定律后,考察两质点的相互作用,在时间间隔 Δt 内,质点 1 增加的动量正好等于质点 2 所失去的动量。因此,单位时间内两质点交换的动量

$$\Delta\boldsymbol{p}_1/\Delta t = -\Delta\boldsymbol{p}_2/\Delta t$$

上式两边取极限 $\Delta t \to 0$,有

$$\mathrm{d}\boldsymbol{p}_1/\mathrm{d}t = -\mathrm{d}\boldsymbol{p}_2/\mathrm{d}t \tag{2-3}$$

由上述力的概念

$$\boldsymbol{F}_{12} = \frac{\mathrm{d}\boldsymbol{p}_1}{\mathrm{d}t} = \frac{\mathrm{d}(m_1\boldsymbol{v}_1)}{\mathrm{d}t}$$

$$\boldsymbol{F}_{21} = \frac{\mathrm{d}\boldsymbol{p}_2}{\mathrm{d}t} = \frac{\mathrm{d}(m_2\boldsymbol{v}_2)}{\mathrm{d}t}$$

得
$$\boldsymbol{F}_{12} = -\boldsymbol{F}_{21} \tag{2-4}$$

式(2-4)即牛顿第三定律：当两个质点相互作用时，作用在一个质点上的力，与作用在另一个质点上的力大小相等、方向相反，且在同一直线上。

2.1.2　动量定理

1. 冲量

在研究碰撞、冲击之类的问题时，物体间相互作用力的量值很大，作用时间又极短，这种冲力一般为变力，且随时间的变化关系比较复杂，因而难以确定。这类问题用牛顿第二定律解决往往是困难的，如图 2-1 所示。在极短的时间间隔内，由式(2-2)得 $\boldsymbol{F}\mathrm{d}t = \mathrm{d}\boldsymbol{p}$，对时间积分，得

$$\int_{t_1}^{t_2} \boldsymbol{F}\mathrm{d}t = \int_{p_1}^{p_2} \mathrm{d}\boldsymbol{p} = \boldsymbol{p}_2 - \boldsymbol{p}_1$$

用 $\boldsymbol{I} = \int_{t_1}^{t_2} \boldsymbol{F}\mathrm{d}t$ 来表示在该时间间隔内作用在质点上力的冲量，它描述的是外力在这段时间内的累积量。

所以，在某段时间间隔内物体所受合外力的冲量等于此时间间隔内该物体动量的增量，即动量定理

$$\boldsymbol{I} = \int_{t_1}^{t_2} \boldsymbol{F}\mathrm{d}t = \boldsymbol{p}_2 - \boldsymbol{p}_1 \tag{2-5}$$

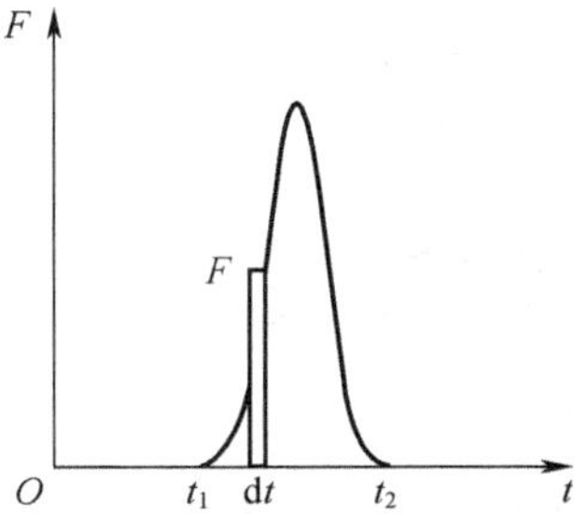

图 2-1　冲力随时间的变化曲线

2. 讨论

(1) 动量定理的矢量性。冲量 $\boldsymbol{I}$ 的方向与 $\Delta\boldsymbol{p} = \boldsymbol{p}_2 - \boldsymbol{p}_1$ 的方向一致，且(在直角坐标系中描述)有分量表达式：

$$I_x = \int_{t_1}^{t_2} F_x \mathrm{d}t = mv_{2x} - mv_{1x} \tag{2-6a}$$

$$I_y = \int_{t_1}^{t_2} F_y \mathrm{d}t = mv_{2y} - mv_{1y} \tag{2-6b}$$

$$I_z = \int_{t_1}^{t_2} F_z \mathrm{d}t = mv_{2z} - mv_{1z} \tag{2-6c}$$

作用在物体上某一方向的合外力的冲量，会导致物体在该方向上动量的增量，即哪个方向上的冲量不为零，哪个方向的动量就发生变化。

(2) 平均冲力。

$$\overline{\boldsymbol{F}} = \frac{\boldsymbol{p}_2 - \boldsymbol{p}_1}{t_2 - t_1} = \frac{\Delta\boldsymbol{p}}{\Delta t} \tag{2-7}$$

所以
$$\Delta\boldsymbol{p} = \overline{\boldsymbol{F}}\Delta t \tag{2-8}$$

例如在易碎物品的包装盒里使用一些泡沫，就是在其动量改变一定的情况下，增大缓冲时间，以降低对物品的平均冲击力。

(3) 动量定理的微分形式和积分形式。对质量为 m 的质点，动量定理的微分形式和积分形式为

$$\boldsymbol{F}\mathrm{d}t = \mathrm{d}\boldsymbol{p} \tag{2-9a}$$

$$\boldsymbol{I} = \int_{t_1}^{t_2} \boldsymbol{F}\mathrm{d}t = m\boldsymbol{v}_2 - m\boldsymbol{v}_1 \tag{2-9b}$$

（4）动量的相对性与动量定理的不变性。因为速度具有相对性，故动量也有相对性。不同的惯性系，同一质点动量不同，但动量定理的形式保持不变。动量定理对所有惯性系成立。

2.1.3 质点系的动量定理

对于质点系，设 $\boldsymbol{F}_i$ 为第 i 个质点受的合外力，$\boldsymbol{f}_{ij}$ 为第 i 个质点受第 j 个质点的内力。图 2-2 所示为质点系所受合外力和内力示意图。

对第 i 个质点 $\quad (\boldsymbol{F}_i + \sum_{j\neq i} \boldsymbol{f}_{ij})\mathrm{d}t = \mathrm{d}\boldsymbol{p}_i$

对质点系 $\quad \sum_i (\boldsymbol{F}_i + \sum_{j\neq i} \boldsymbol{f}_{ij})\mathrm{d}t = \sum_i \mathrm{d}\boldsymbol{p}_i$

由牛顿第三定律有 $\quad \sum_i \sum_{j\neq i} \boldsymbol{f}_{ij} = 0$

令 $\sum_i \boldsymbol{F}_i = \boldsymbol{F}_{外}$，$\sum_i \boldsymbol{p}_i = \boldsymbol{P}$，则

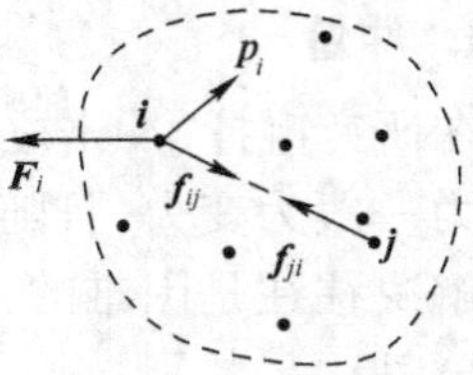

图 2-2　质点系所受合外力和内力示意图

$$\boldsymbol{F}_{外} = \mathrm{d}\boldsymbol{P}/\mathrm{d}t \tag{2-10a}$$

上式为质点系动量定理的微分形式，表示质点系的总动量对时间的变化率等于系统所受外力的矢量和，式中 $\boldsymbol{P}$ 为某时刻质点系的总动量。

$$\int_{t_1}^{t_2} \boldsymbol{F}_{外} \cdot \mathrm{d}t = \boldsymbol{P}_2 - \boldsymbol{P}_1 \tag{2-10b}$$

上式为质点系动量定理的积分形式，表示质点系所受合外力的冲量等于质点系总动量的增量。式中 $\boldsymbol{P}_1$ 为 t_1 时刻质点系的总动量，$\boldsymbol{P}_2$ 为 t_2 时刻质点系的总动量。

2.2 动量守恒定律

2.2.1 动量守恒定律的表述

动量定理说明了一个物体在所受外力作用下动量改变的情况。现在来进一步讨论两个物体（质点）在相互作用过程中什么物理量是守恒的，如图 2-3 所示。

设 m_1、m_2 两球在同一直线上运动，发生相互碰撞，则 m_1、m_2 组成的系统除在碰撞的瞬间彼此受到冲力以外，不受其他外力的作用，按动量定理，则 m_1 和 m_2 在碰撞前后动量的变化分别为

$$\boldsymbol{F}_1 \Delta t = m_1 \boldsymbol{v}_1 - m_1 \boldsymbol{v}_{10}$$
$$\boldsymbol{F}_2 \Delta t = m_2 \boldsymbol{v}_2 - m_2 \boldsymbol{v}_{20}$$

由牛顿第三定律，$\boldsymbol{F}_1 = -\boldsymbol{F}_2$，在 $t_2 - t_1 = \Delta t$ 内，m_1、m_2 的作用力与反作用力大小相等、方向相反，则

$$m_1 \boldsymbol{v}_1 - m_1 \boldsymbol{v}_{10} = -(m_2 \boldsymbol{v}_2 - m_2 \boldsymbol{v}_{20})$$

或
$$m_1 \boldsymbol{v}_1 + m_2 \boldsymbol{v}_2 = m_1 \boldsymbol{v}_{10} + m_2 \boldsymbol{v}_{20} \tag{2-11a}$$

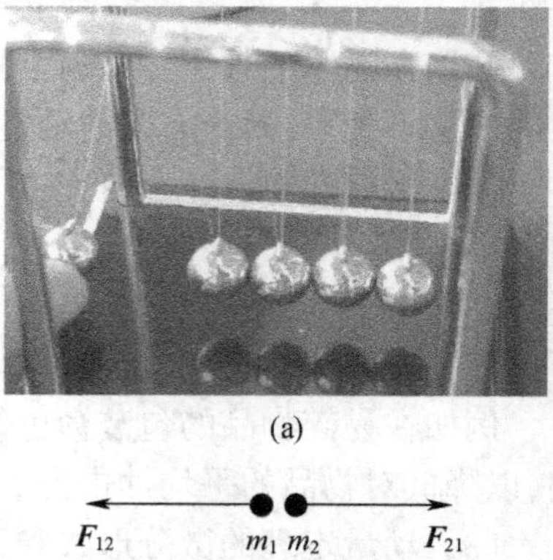

图 2-3　两球碰撞

一个由两个质点组成的系统，如果这两个质点只受到它们之间的相互作用，则系统的总动量保持恒定，这就是动量守恒定律。

$$\boldsymbol{p}_1 + \boldsymbol{p}_2 = \text{常矢量} \tag{2-11b}$$

$\boldsymbol{p}_1$、$\boldsymbol{p}_2$ 分别表示质点系统在 t_1和 t_2时刻的总动量。

讨论：(1) 孤立系统是指只存在质点各自之间的相互作用，而不与其他物体相互作用的质点系。若系统内各物体间的相互作用远大于其他物体的相互作用，而其他物体的相互作用可忽略不计(或其他物体相互作用抵消)，这样的系统可视为孤立系统。

(2) 动量守恒定律是物理学中基本的普适原理之一，微观粒子和宏观系统均无例外。而且，对于多个质点组成的孤立系统，动量定理仍然适用。

$$m_1\boldsymbol{v}_1 + m_2\boldsymbol{v}_2 + \cdots + m_n\boldsymbol{v}_n = \text{常矢量} \tag{2-12}$$

(3) 质点系动量守恒是指总动量守恒(矢量守恒)，因而每个坐标分量也守恒。动量可以在系统内部质点间传递，而其总动量不变。

2.2.2 质点系动量守恒的条件

如果把两物体作为一个系统，除了相互作用的内力外，不受其他外力的作用，则碰撞前后(两物体作用前后)该系统的总动量保持不变，即有式(2-11b)成立。

将上述结论推广到由几个物体组成的系统，可以推知：系统内各物体相互作用的内力不会引起系统总动量的改变，系统总动量的变化完全由合外力的冲量决定。

在这一过程中，若系统不受外力作用或系统所受外力的矢量和为零，即在满足 $\sum \boldsymbol{F}_i = 0$ 的条件下，则质点系的总动量不随时间改变。

$$\boldsymbol{p} = \sum_i \boldsymbol{p}_i = \boldsymbol{p}_1 + \boldsymbol{p}_2 + \cdots + \boldsymbol{p}_n = \text{常矢量} \tag{2-13}$$

即一个孤立质点系的总动量是守恒的。

$$\boldsymbol{F} = \mathrm{d}\boldsymbol{p}/\mathrm{d}t = 0$$

则有式(2-13)成立。只要系统所受的外力的某个分量等于零，总动量相应的分量就守恒。

质点系动量守恒的几点说明：

(1) 动量定理及动量守恒定律只适用于惯性系。

(2) 在牛顿力学中，因为力与惯性系的选择无关，故动量若在某一惯性系中守恒，则在其他任何惯性系中均守恒(这样的结论并非对所有守恒定律都适用，能否适用要看其守恒条件的成立是不是依赖于惯性系的选择)。

(3) 若某个方向上合外力为零，则该方向上的分动量守恒，尽管总动量可能并不守恒。

(4) 在一些实际问题中，当外力远小于内力，且作用时间极短时(如两物体的碰撞)，往往可以略去外力的冲量，而认为动量守恒。

(5) 在牛顿力学的理论体系中，动量守恒定律是牛顿定律的推论。但动量守恒定律是比牛顿定律更普遍、更基本的定律，它在宏观和微观领域、低速和高速范围均适用。

2.2.3 火箭飞行原理

火箭是动量守恒定律的重要应用之一，它是靠其燃烧室燃料燃烧时喷出的气体持续的反冲作用推动箭体前进的。由于火箭不依靠空气提供的推升力，因而可以在没有空气的外层空间飞行。作为一个例子，假定火箭运行在远离地球引力作用的外层空间，重力和空气阻力可以忽略，设 M 为火箭及所携带燃料在某一时刻的质量，u 为喷出的气体相对于火箭箭体的速率，并始终保持为一常量,试求火箭在其后任一时刻的速度。

在任一时刻,把火箭设为由即将喷出的气体 dm 和余下的箭体(包括未燃的燃料)(M - dm)两部分组成,因该系统在外层空间不受外力作用,动量守恒定律成立。如图 2-4(b)所示,相对于某惯性系 K 系,有

$$Mv=(M-\mathrm{d}m)(v+\mathrm{d}v)+\mathrm{d}m[(v+\mathrm{d}v)-u]$$

化简,得

$$M\mathrm{d}v=u\mathrm{d}m$$

(a) “长征”系列火箭模型

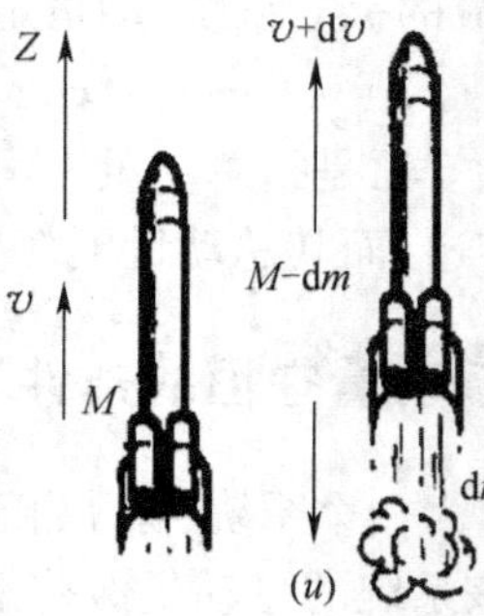

(b) 火箭飞行原理

图 2-4　火箭模型和飞行原理

箭体速度的变化 dv 与火箭在 dt 内喷出的气体 dm 及 u 有关,且因喷出的质量等于箭体质量的减少量,应有 dm = - dM,所以

$$M\mathrm{d}v=-u\mathrm{d}M$$

整理并取积分

$$\int_{v_0}^{v}\mathrm{d}v=-\int_{M_0}^{M}u\frac{\mathrm{d}M}{M}$$

得

$$v-v_0=-u\ln\frac{M}{M_0}$$

即

$$v=v_0+u\ln\frac{M_0}{M} \tag{2-14}$$

式中,v_0 与 M_0 分别为 t_0 时刻火箭的速度和质量,v 为火箭最终能达到的速度。

火箭所能达到的速度 v 与两个因素有关,一是喷气速度 u,二是质量比 M_0/M。

实际运用时,单级火箭最大速度仅为约 5.8km/s,达不到发射人造地球卫星的要求,故可采用多级火箭技术。

最终速度

$$v=v_0+\sum_i u\ln N_i=v_0+u\ln(N_1N_2N_3\cdots)$$

式中,N_i 为每级火箭的质量比。

当然火箭的飞行原理还远不只这么简单,发射时、运行时及返回时情况都不一样。

2.3　变力的功和保守力的功

2.3.1　功

功实际上是一种力的空间累积量,功在量值上等于力和位移的标积,与物体运动的过程有

关。而能量是指物体处在一定的状态，就具有一定的能量，能量只与物体的状态有关。功却是物体能量变化的一种量度。功与能的转换关系主要有功能原理和机械能守恒定律。

1. 恒力的功

恒力的功，等于力在作用点位移方向的分量和位移大小的乘积。

$$A = F|\Delta \boldsymbol{r}|\cos\alpha$$

即

$$A = \boldsymbol{F} \cdot \Delta \boldsymbol{r} \tag{2-15}$$

可见，功为标量，即力与其作用点的位移标积，如图2-5(a)所示。

2. 变力的功

一般情况下，$\boldsymbol{F}$ 为变力，质点又是沿曲线运动，则可将曲线轨道分为许多的细小段 $\Delta \boldsymbol{r}_i$，如图2-5(b)所示。考虑到在小位移 $\Delta \boldsymbol{r}_i$ 上，$\boldsymbol{F}$ 可近似为不变的力，故在小位移 $\Delta \boldsymbol{r}_i$ 内所做的功为

$$\Delta A_i = \boldsymbol{F}_i \cdot \Delta \boldsymbol{r}_i$$

(1) 元功：在无穷小位移 $\mathrm{d}\boldsymbol{r}$ 上，$\boldsymbol{F}$ 所做的功 $\mathrm{d}A$，即元功

$$\mathrm{d}A = \boldsymbol{F} \cdot \mathrm{d}\boldsymbol{r} = F|\mathrm{d}\boldsymbol{r}|\cos\alpha = F\mathrm{d}S\cos\alpha \tag{2-16}$$

(2) 积分：对元功沿路径积分，即可得力沿路径曲线的积分

$$A = \int \mathrm{d}A = \int_L \boldsymbol{F} \cdot \mathrm{d}\boldsymbol{r} \tag{2-17}$$

显然，变力 $\boldsymbol{F}$ 所做的功为无限多个元功之和。

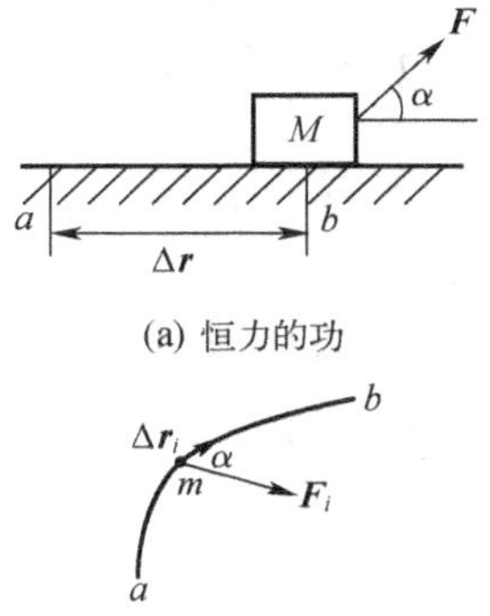

(a) 恒力的功

(b) 变力的功

图2-5 功

3. 讨论

(1) 在直角坐标系中，为便于计算，功可写为

$$A = \int_L F\mathrm{d}S\cos\alpha = \int_a^b (F_x\mathrm{d}x + F_y\mathrm{d}y + F_z\mathrm{d}z) \tag{2-18}$$

(2) 若质点同时受到几个力的作用

$$\boldsymbol{F} = \boldsymbol{F}_1 + \boldsymbol{F}_2 + \cdots + \boldsymbol{F}_n$$

则

$$A = \int_L \boldsymbol{F} \cdot \mathrm{d}\boldsymbol{r} = \int_a^b \boldsymbol{F}_1 \cdot \mathrm{d}\boldsymbol{r} + \int_a^b \boldsymbol{F}_2 \cdot \mathrm{d}\boldsymbol{r} + \cdots + \int_a^b \boldsymbol{F}_n \cdot \mathrm{d}\boldsymbol{r}$$
$$= A_1 + A_2 + \cdots + A_n \tag{2-19}$$

即合力的功等于各分力所做功的代数和。

(3) 功为标量，$A > 0$，为正功；$A < 0$，为负功。功和能量的单位均为焦耳(J)。

摩擦力一般做负功，但也可做正功。例如，传送带运送物体，摩擦力与传送物体运动方向相同，摩擦力就做正功；又如蹬自行车，后轮做正功，前轮（滚动摩擦力）做负功。

(4) 示功图。如图2-6所示，当力随路程 S 的变化关系已知时，可用图解法来计算功，总功即为变力曲线与 S 轴所围面积。目前，汽车行业也普遍使用功率、扭矩曲线图表示其与发动机转速之间的关系。

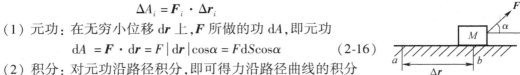

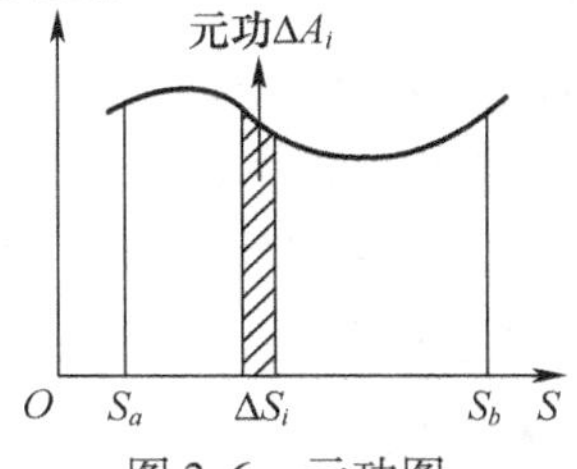

图2-6 示功图

2.3.2 功率

考虑力在单位时间内所做的功，即做功的快慢，要用到功率的概念。

1. 平均功率

设 Δt 时间内力所做的功为 ΔA，则平均功率表示为

$$\overline{P} = \Delta A/\Delta t \tag{2-20}$$

2. 瞬时功率

当 $\Delta t \to 0$ 时，即 $\mathrm{d}t$ 时间内力所做元功为 $\mathrm{d}A$，则

$$P = \frac{\mathrm{d}A}{\mathrm{d}t} = \frac{\boldsymbol{F} \cdot \mathrm{d}\boldsymbol{r}}{\mathrm{d}t} = \boldsymbol{F} \cdot \boldsymbol{v} = Fv\cos\alpha \tag{2-21}$$

式中，$v = |\boldsymbol{v}|$ 为速率；α 为 $\boldsymbol{F}$ 与 $\boldsymbol{v}$ 的夹角。

由上式可见，瞬时功率等于力在速度方向的分量与速度大小的乘积。功率的单位为瓦特(W)，简称瓦。

2.3.3 保守力的功

下面在计算重力、弹力和万有引力对运动质点做功的基础上，引入保守力和非保守力的概念。

1. 弹性力的功

取轻质弹簧在无形变状态时物体所在位置为原点，建立一维坐标系，如图2-7所示。设伸长方向向右为正，讨论弹性力做功情况，由胡克定律

$$F_x = -kx$$

式中，k 为弹簧的倔强系数(或称劲度)；负号"$-$"表示 $\boldsymbol{F}$ 的方向总是指向平衡位置。

当质点由 $a \to b$ 过程中，元功为

$$\begin{aligned} \mathrm{d}A &= F_x \mathrm{d}x = (-kx)\mathrm{d}x \\ A &= \int \mathrm{d}A = \int_{x_a}^{x_b} (-kx)\mathrm{d}x \\ &= -\left(\frac{1}{2}kx_b^2 - \frac{1}{2}kx_a^2\right) \end{aligned} \tag{2-22}$$

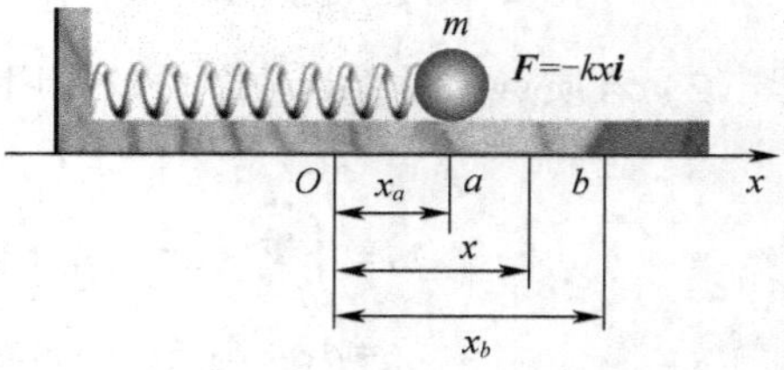

图 2-7　弹性力的功

分析：如图 2-7 所示，取 $x_b > x_a$，$A < 0$，为负功。可见，弹性力对质点从 x_a 运动到 x_b 的过程中所做的是负功；若在原点左边，$|x'_a| < |x'_b|$ 时，从 x'_a 运动到 x'_b 的过程中，弹性力也做负功。

引申：物体在远离原点的过程中，弹性力总是做负功；物体在向原点运动的过程中，弹性力所做的是正功。从式(2-22)可知，弹性力所做功的大小只与质点运动的始末位置有关，而与过程无关。

2. 重力的功

设质点质量为 m，在力的作用下从 $\boldsymbol{a}$ 运动到 $\boldsymbol{b}$，求此过程中重力所做的功。

如图 2-8 所示，建立一个三维直角坐标系，则元功可表示为

$$\mathrm{d}A = \boldsymbol{G} \cdot \mathrm{d}\boldsymbol{r}$$

考虑到直角坐标系中重力 $\boldsymbol{G}$ 只有 z 分量：

$$\boldsymbol{G} = (-mg)\boldsymbol{k}$$

所以由式(2-18)，得

$$A = \int_L \mathrm{d}A = \int_{z_a}^{z_b} F_z \mathrm{d}z = \int_{z_a}^{z_b} (-mg)\mathrm{d}z = -(mgz_b - mgz_a) \tag{2-23}$$

分析：质点在 $a \to b$ 过程中，$z_b > z_a$，$A < 0$，即重力 $\boldsymbol{G}$ 做负功（或有其他的力在做正功）；反之，在 $b \to a$ 过程中，重力 $\boldsymbol{G}$ 做正功。可见，重力所做功只与质点运动的始末位置有关，与过程无关。对一般抛体运动，只有重力 $\boldsymbol{G}$ 做功，且式(2-23)也成立。当然，抛体运动的轨迹由质点的初速度等初始条件决定。

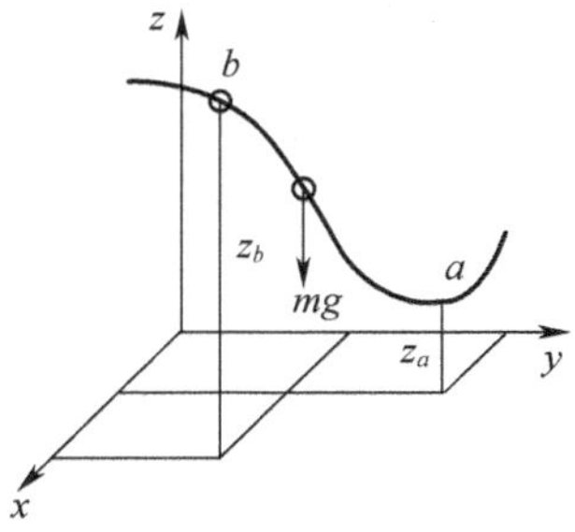

图 2-8　重力的功

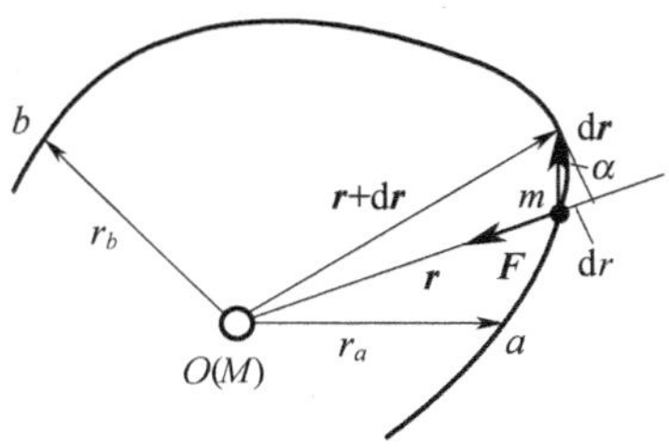

图 2-9　万有引力的功

3. 万有引力的功

如图 2-9 所示，质点 M 和 m 之间的万有引力 $\boldsymbol{F}$ 与位置矢量 $\boldsymbol{r}$ 方向相反。

$$\boldsymbol{F} = -G\frac{Mm}{r^3}\boldsymbol{r}$$

式中 G 为万有引力常数 $6.674 \times 10^{-11}(\mathrm{m^3kg^{-1}s^{-2}})$。

由图 2-9 可以看出　　$\boldsymbol{r} \cdot \mathrm{d}\boldsymbol{r} = \boldsymbol{r}|\mathrm{d}\boldsymbol{r}|\cos\alpha = r\mathrm{d}r$

所以

$$A = \int_L \boldsymbol{F} \cdot \mathrm{d}\boldsymbol{r} = -\int_a^b G\frac{Mm}{r^3}\boldsymbol{r} \cdot \mathrm{d}\boldsymbol{r} = -GMm\int_{r_a}^{r_b}\frac{1}{r^2}\mathrm{d}r$$

$$= GMm\left(\frac{1}{r_b} - \frac{1}{r_a}\right) \tag{2-24}$$

由此可以看出，万有引力做功也只与质点运动的始末位置有关，与质点所经历的路径无关。由式(2-24)可以看出，当质点相互靠近时，万有引力做正功；当质点彼此远离时，万有引力做负功。

4. 保守力与非保守力概念

由弹力、重力、万有引力做功的共同特点，对运动质点所做功仅由质点的始末位置决定，而与路径无关。具有这种特性的力称为保守力。如静电力也属于保守力，而摩擦力属于非保守力。

可以看出，保守力做功的特点可用数学式表达：

$$\oint_L \boldsymbol{F}_{保} \cdot \mathrm{d}\boldsymbol{r} = 0 \tag{2-25}$$

即保守力沿闭合路径的功恒等于零。满足此式的力即为保守力，否则称为非保守力。

例 2-1　一人从 10m 深的井中提水，起始时桶中装有 10kg 的水，桶的质量为 1kg，由于水桶漏水，每升高 1m 要漏去 0.2kg 的水。求水桶匀速地从井中提到井口，人所做的功。

解　选竖直向上为 y 轴的正方向，井中水面处为原点。

由题意知，人匀速提水最省力，所以人所用的拉力 F 等于水桶的重量，即

$$F = p_0 - ky = mg - 0.2gy = 107.8 - 1.96y(\mathrm{SI})$$

人的拉力所做的功为

$$A = \int dA = \int_0^H F dy = \int_0^{10} (107.8 - 1.96y) dy = 980(\text{J})$$

例 2-2 设作用在质量为 m 的物体上的力 $F = bt$，b 为常量，如果物体从静止出发沿直线运动，求在 T 秒内，此力所做的功。

解 按题意，力是时间的函数，为变力，因此计算时得用积分式。

$$A = \int_a^b \boldsymbol{F} \cdot d\boldsymbol{r} = \int_a^b \boldsymbol{F} \cdot d\boldsymbol{x} = \int_a^b F dx$$

但本题，力是 t 的函数，不是 x 的函数，不能直接用，必须首先把自变量的微分 dx 转变成 dt，而 $dx = v dt$。其中 v 可从 a 来求：

$$a = \frac{dv}{dt} = \frac{F}{m} = \frac{bt}{m}$$

分离积分变量

$$\int_0^v dv = \int_0^t \frac{bt}{m} dt$$

可得

$$v = \frac{b}{2m} t^2$$

所以

$$A = \int_0^x F dx = \int_0^T bt \cdot \frac{b}{2m} t^2 dt = \int_0^T \frac{b^2}{2m} t^3 dt = \frac{b^2}{8m} T^4$$

2.4 动能定理

2.4.1 质点的动能定理

1. 动能

物体处在一定的状态，就具有一定的能量。能量也表示一个物体做功的能力，一个物体能够做功，这个物体就具有能量。运动着的物体所具有的做功本领，称为动能。

$$E_k = \frac{1}{2} m v^2$$

2. 质点的动能定理

质点的动能定理，即讨论由于外力做功对物体运动状态的影响。可得出结论，在有限路径上，合力对质点所做的功，在数量上等于质点在该路径上的始末动能的增量。

对恒力做功，质点做直线运动的简单形式，由中学物理知识

$$F \cdot s = ma \cdot s = \frac{1}{2} m (v^2 - v_0^2)$$

对变力做功，可由牛顿第二定律入手推导。如图 2-5(b)所示，做曲线运动的质点 m 所受合力为 $\boldsymbol{F}$，$\boldsymbol{F}$ 使质点在无穷小位移内所做元功为

$$dA = \boldsymbol{F} \cdot d\boldsymbol{r} = F\cos\alpha |d\boldsymbol{r}| = m \frac{dv}{dt} |\boldsymbol{v}| dt = mv dv$$

由于 $|d\boldsymbol{r}| = |\boldsymbol{v}| dt$。对上式积分可得质点的动能定理

$$A = \int_L \boldsymbol{F} \cdot d\boldsymbol{r} = \int_{v_0}^v mv dv = \frac{1}{2} m v^2 - \frac{1}{2} m v_0^2 \tag{2-26}$$

3. 讨论

（1）质点的动能定理表示，作用于质点的合外力在某一路径上对质点所做功等于质点在该路径始、末状态动能的增量。所以，功与机械运动过程有关，功是能量变化的一种量度。

（2）功和动能均为标量，动能的单位也为 J。$A>0$ 时，质点的动能就增加；$A<0$ 时，质点的动能就减小。

（3）质点的动能 $E_k=\frac{1}{2}mv^2$ 仅是速度的函数，故动能为状态函数。

（4）对不同的惯性参考系，功与动能具有相对性，但动能定理的微分形式具有不变性。

$$\mathrm{d}A=\mathrm{d}E_k,\quad \mathrm{d}A'=\mathrm{d}E_k'$$

但是两个惯性系有相对运动时

$$\mathrm{d}E_k\neq\mathrm{d}E_k'$$

至此，我们看到，一个质点的机械运动状态可用两个物理量来表征，一个是动能$\frac{1}{2}mv^2$（标量），另一个是动量 $m\boldsymbol{v}$（矢量）。那么，动能和动量孰是机械运动的真正量度？

机械运动确实存在两种量度，但每一种量度都有各自明确的适用范围。若运动的变化只局限于运动的范围内，即运动是以机械运动的方式传递时，则动量作为机械运动的量度是适用的。但若超出了这个范围，当机械运动向其他运动形式（如热或电磁的运动形式等）发生转化时，则以动能去量度机械运动的量的变化。所以，$m\boldsymbol{v}$ 是以运动来量度机械运动的，$\frac{1}{2}mv^2$ 是以运动转化为一定量的其他形式的运动的能力来量度机械运动的。

2.4.2 质点系的动能定理

1. 内力和外力

对若干个质点（两个以上）组成的系统，称为质点系。内力指质点系内各质点的相互作用力；外力指外界物体对质点系内质点的作用力。质点系的动能指系统内所有质点动能的总和，称为质点系的动能。

$$E_k=\frac{1}{2}m_1v_1^2+\frac{1}{2}m_2v_2^2+\cdots+\frac{1}{2}m_nv_n^2=\sum_{i=1}^{n}\left(\frac{1}{2}m_iv_i^2\right)\tag{2-27}$$

2. 质点系的动能定理

把质点系作为一个整体来研究，外力所做功的代数和为 A_e，内力所做功的代数和为 A_{in}，质点系的初动能为 E_{k0}，质点系的末动能为 E_k。

从质点动能定理出发，可以证明

$$A_i=\frac{1}{2}m_iv_i^2-\frac{1}{2}m_iv_{i0}^2$$

$$A_e+A_{in}=\sum_{i=1}^{n}\left(\frac{1}{2}m_iv_i^2\right)-\sum_{i=1}^{n}\left(\frac{1}{2}m_iv_{i0}^2\right)=E_k-E_{k0}\tag{2-28}$$

可见，作用于质点系的外力与内力做功的代数和等于该质点系动能的增量，显然，当 $A_e+A_{in}>0$ 时，系统动能 E_k 增加，反之，E_k 减少。

2.5 机 械 能

2.5.1 机械能与保守力场

1. 动能和势能的含义

机械能包括动能和势能,它们均具有做功的本领。换言之,要使机械能发生变化,外界必须对系统做功。

动能是指物体由于运动,具有速度而具备的做功本领;势能是指由于物体间存在相互作用力,导致物体间相互吸引或相互排斥的趋势,这种趋势也具有做功的潜在本领。势能的大小决定于物体之间的相互作用和相对位置。如山顶的石块,其重力势能就属于重物与地球组成的重力系统。这里要注意,势能属于相互作用的物体所组成的系统,而不是属于某一个物体的。

2. 保守力场

把做功只与质点的始末位置有关、与路径无关的力称为保守力。保守力做功的特点之一是保守力沿闭合路径所做的功恒为零。由式(2-25)

$$\oint_L \mathrm{d}A = \oint_L \boldsymbol{F} \cdot \mathrm{d}\boldsymbol{l} = 0$$

质点所受保守力作用的空间分布就称为保守力场。而把做功多少取决于路径,即沿闭合路径做功不为零的力称非保守力。

2.5.2 势能

在保守力场中,由质点系中质点间相对位置决定的能量,即为势能。每一种保守力有一种与之对应的势能。

1. 重力势能

重力势能是地球与处于其表面空间引力场中的物体间的相互作用能。重力是地球与物体组成的系统内的保守力或保守内力。由式(2-23)重力所做的功可表示为

$$A = -(mgy_2 - mgy_1) = -\Delta E_p \tag{2-29}$$

零势能点的选取:由于势能是由相对位置决定的,需选取空间某一位置(高度)为参考零点。如零势能点选在 $y_1=0$ 的位置,则重力势能为 $E_p=mgy$。

2. 弹性势能

包括弹簧在内的物体系统因弹簧形变而具有的势能称为弹性势能。而弹性力是弹簧与振子组成的系统内的保守力。由式(2-22)弹性力所做的功可表示为

$$A = -\left(\frac{1}{2}kx_2^2 - \frac{1}{2}kx_1^2\right) = -\Delta E_p \tag{2-30}$$

如零势能点选在 $x_1=0$ 的平衡位置,则弹性势能为

$$E_p = \frac{1}{2}kx^2$$

3. 万有引力势能

由式(2-24),万有引力所做的功可表示为

$$A = GMm\left(\frac{1}{r_2}-\frac{1}{r_1}\right) = -\left[\left(-G\frac{Mm}{r_2}\right)-\left(-G\frac{Mm}{r_1}\right)\right] = -\Delta E_p \tag{2-31}$$

设 $r_1 \to \infty$ 处为零势能点,则引力势能为

$$E_p = -G\frac{Mm}{r}$$

4. 结论

(1) 保守力做功的另一个特点是,系统内保守内力所做的功 A_{ic},在数量上等于相应势能增量的负值(或相应势能的减少量)。

$$A_{ic} = -(E_{p2}-E_{p1}) = -\Delta E_p \tag{2-32}$$

即保守力做正功,相应势能减少;保守力做负功,相应势能增加。

(2) 抛开系统则无势能可言。

(3) 势能具有相对性。欲确定势能的值须选定零势能点,尤其是多个质点同时存在时,通常选取同一势能零点。因此,势能也是状态函数。

(4) 只有保守力场中才能引入势能,非保守力场中不能引入势能。所以,没有对应势能的力也称为耗散力。

5. 势能曲线

势能曲线描述的是势能 E_p 随空间位置变化的曲线,如图 2-10 所示。

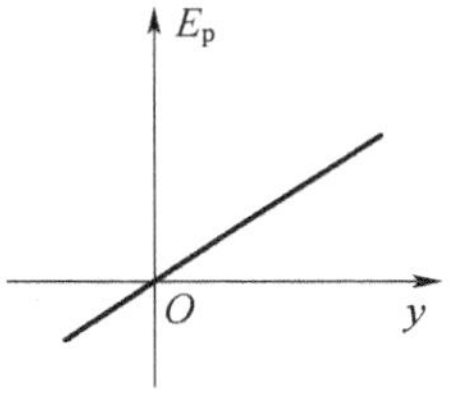

(a) 重力势能

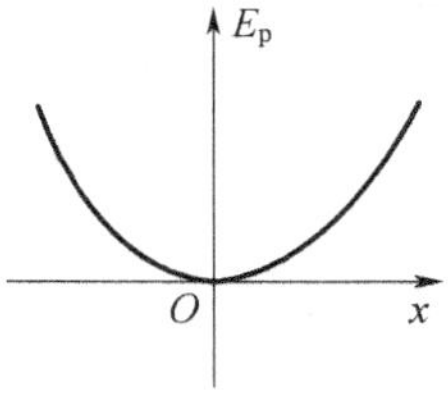

(b) 弹性势能

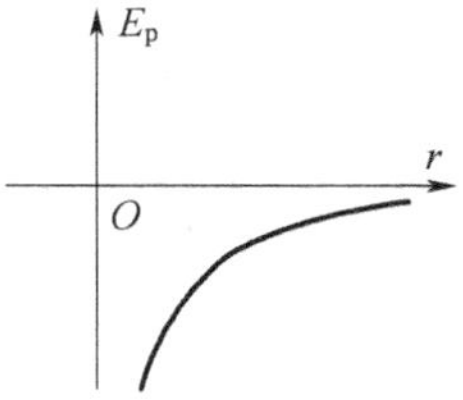

(c) 引力势能

图 2-10　势能曲线

2.6　质点系的功能原理和机械能守恒定律

本节从质点系的动能定理和系统所受的力做功入手,讨论功与能之间的联系。

2.6.1　质点系的功能原理

由质点系的动能定理式(2-28),系统的力做功分为外力做功和内力做功

$$A_e + A_{in} = E_{k2} - E_{k1}$$

其中,内力做功又分为保守力做功 A_{ic} 和非保守力做功 A_{id},利用式(2-32),得

$$A_{in} = A_{ic} + A_{id} = -(E_{p2}-E_{p1}) + A_{id}$$

由以上两式,整理后得

$$A_e + A_{id} = (E_{k2}-E_{k1}) + (E_{p2}-E_{p1}) = \Delta E_k + \Delta E_p \tag{2-33a}$$

或 $$A_e + A_{id} = (E_{k2} + E_{p2}) - (E_{k1} + E_{p1}) = E_{M2} - E_{M1} \tag{2-33b}$$
式中,E_M 为动能和势能之和,称为机械能。

式(2-33b)的含义：外力做的功与非保守内力做的功之和等于系统机械能的增量。即质点系中,所有外力和非保守内力所做功的代数和,在数量上等于质点系动能和势能的增量,这就是质点系的功能原理。

2.6.2 机械能守恒定律

当一个质点系不与外界交换能量时,称为孤立系统,显然有 $A_e = 0$。倘若一个孤立系统内非保守内力也不做功,或没有受到非保守力作用,即 $A_{id} = 0$,则该系统的机械能保持不变。由式(2-33b),得

$$E_{M2} = E_{M1} \tag{2-34a}$$

即 $$E_{k2} + E_{p2} = E_{k1} + E_{p1} \tag{2-34b}$$

或 $$\Delta E_k = -\Delta E_p \tag{2-35}$$

在力学系统内,当非保守内力和一切外力都不做功时,系统中动能和势能的总和保持不变;或者说,系统的动能和势能之间可以相互转化,系统势能的减少可转为动能的增加,反之亦然。这就是系统的机械能守恒定律。

(1) 若系统只有保守内力做功,系统中各物体的动能和各种势能之间是可以互相转换的。

(2) 一个系统机械能守恒的条件是对惯性系而言的,对非惯性系当然就不成立;且对某个惯性系而言系统的机械能守恒,但不能保证在另一惯性系中该系统的机械能也守恒。

(3) 通过势能可以求保守力的大小,由式(2-32)

$$dA = \boldsymbol{F} \cdot d\boldsymbol{r} = -dE_p$$

在直角坐标系中可表示为

$$F_x dx + F_y dy + F_z dz = -dE_p$$

所以 $$F_x = -\frac{\partial E_p}{\partial x}, \quad F_y = -\frac{\partial E_p}{\partial y}, \quad F_z = -\frac{\partial E_p}{\partial z} \tag{2-36}$$

如重力势能 $E_p = mgy$,则重力

$$F_y = -\frac{\partial E_p}{\partial y} = -mg$$

弹力势能 $E_p = \frac{1}{2}kx^2$,则弹力

$$F_x = -\frac{\partial E_p}{\partial x} = -kx$$

万有引力势能 $E_p = -G\frac{Mm}{r}$,则万有引力

$$F_{万} = -\frac{\partial E_p}{\partial r} = -G\frac{Mm}{r^2}$$

(4) 利用质点系机械能守恒定律解题,可使一些力学问题的分析计算大为简化。

(5) 广义的能量守恒定律：由机械能守恒定律推论,能量既不能消灭也不能创生,只能从一个物体传递给其他物体,或者从一种形式转化为另一种形式。在一个孤立系统内,无论发生

何种变化,各种形式的能量可以相互转换,但它们的总和保持不变。广义的能量守恒定律包括机械能、热能、电磁辐射能、化学能、生物能、核能等。

例 2-3 如图 2-11 所示,一绳索跨过无摩擦的滑轮,系在质量为 10.0kg 的物体上。起初物体静止在光滑的水平面上,若用 50N 的恒力作用在绳索的另一端,使物体向右做加速运动。当系在物体上的绳索与水平面的角度由 30°变成 37°时,该力对物体所做的功是多少?

解 设起初物体静止在 $x_0=0$ 处,当物体运动到 x 处时,绳索与水平面夹角为 α,则

$$x = h\cot 30° - h\cot\alpha$$

所以

$$\mathrm{d}x = \frac{h}{\sin^2\alpha}\mathrm{d}\alpha$$

则

$$A = \int \mathrm{d}A = \int_0^x F\cos\alpha \cdot \mathrm{d}x = \int_{30°}^{37°} F\cos\alpha \cdot \frac{h}{\sin^2\alpha}\mathrm{d}\alpha$$

$$= \int_{\sin 30°}^{\sin 37°} Fh \cdot \frac{\mathrm{d}(\sin\alpha)}{\sin^2\alpha} = 16.7(\mathrm{J})$$

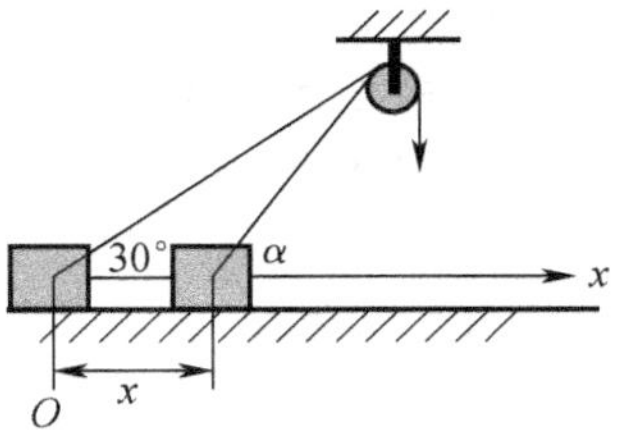

图 2-11 例 2-3 的图

例 2-4 在半径为 R 的光滑半球的顶点 A 上有一石块(见图 2-12),质量为 m,现使石块获得水平初速度 $\boldsymbol{v}_0$,试求:(1)石块脱离半球的顶点时,角度 φ 为多少?(2)初速度 $\boldsymbol{v}_0'$ 为多大时,可使石块在一开始便脱离半球的顶点?

解 (1)设石块脱离半球面时角度为 φ,选半球底部为零势能点,由机械能守恒定律得

$$mgR + \frac{1}{2}mv_0^2 = mgR\cos\varphi + \frac{1}{2}mv^2$$

由牛顿第二定律得 $$m\frac{v^2}{R} = mg\cos\varphi - N$$

由脱离条件 $N=0$,可得 $$v^2 = gR\cos\varphi$$

于是可得 $$\cos\varphi = \frac{2}{3} + \frac{v_0^2}{3gR}$$

所以 $$\varphi = \arccos\left(\frac{2}{3} + \frac{v_0^2}{3gR}\right)$$

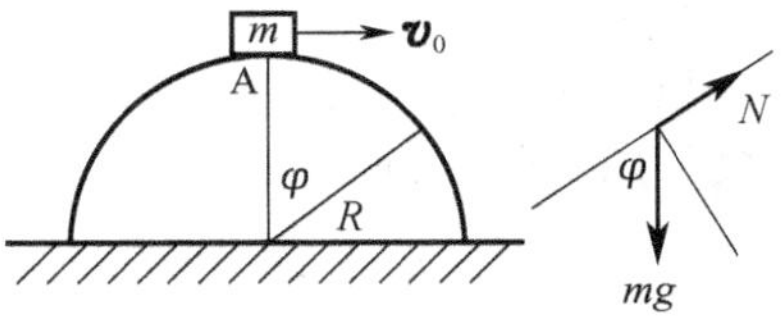

图 2-12 例 2-4 的图

(2)若石块在一开始便脱离半球的顶点,有 $\varphi=0$,令此时的初速度为 v_0',则

$$\cos\varphi = \frac{2}{3} + \frac{(v_0')^2}{3gR} = 1$$

解得 $v_0' = \sqrt{gR}$。

2.7 碰撞问题

当两个物体相互接近时,在较短的时间内,它们的相互作用力使其运动发生了显著变化,即这两个物体发生了碰撞。由于在碰撞过程中,两物体(如小球)之间的相互作用比较强,因而可忽略外力的作用,这样两球组成的系统总动量守恒,即

$$m_1\boldsymbol{v}_{10} + m_2\boldsymbol{v}_{20} = m_1\boldsymbol{v}_1 + m_2\boldsymbol{v}_2 \tag{2-37}$$

牛顿碰撞定律是指碰撞后两球的分离速度($v_2 - v_1$)与碰撞前两球的接近速度($v_{20} - v_{10}$)成正比,且比值由两球材料决定。

$$e=\frac{v_2-v_1}{v_{10}-v_{20}} \tag{2-38}$$

式中，e 为恢复系数。

(1) 对完全弹性碰撞：$e=1$，即 $(v_2-v_1)=(v_{10}-v_{20})$。两球组成的系统不仅总动量守恒，且可以证明系统的总动能也是守恒的。

(2) 对非弹性碰撞：$0<e<1$，$(v_2-v_1)<(v_{10}-v_{20})$。系统的总动量守恒，但系统的总动能不守恒。

(3) 对完全非弹性碰撞：$e=0$，即 $v_2=v_1$。系统的总动量依然守恒，系统的总动能却不守恒，而且此情况下，系统的动能损失最大。

$$\Delta E_k=\frac{1}{2}\cdot\frac{m_1m_2}{m_1-m_2}(v_{10}-v_{20})^2 \tag{2-39}$$

习　题

一、选择题

1. 人造地球卫星绕地球做椭圆轨道运动，地球在椭圆的一个焦点上，则卫星的(　　)。

(A) 动量不守恒，动能守恒　　(B) 动量守恒，动能不守恒

(C) 对地心的角动量守恒，动能不守恒　　(D) 对地心的角动量不守恒，动能守恒

2. 一个质点同时在几个力作用下的位移为

$$\Delta \boldsymbol{r}=4\boldsymbol{i}-5\boldsymbol{j}+6\boldsymbol{k}\,(\mathrm{SI})$$

其中一个力为恒力 $\boldsymbol{F}=-3\boldsymbol{i}-5\boldsymbol{j}+9\boldsymbol{k}$(SI)，则此力在该位移过程中所做的功为(　　)。

(A) −67J　　(B) 17J　　(C) 67J　　(D) 91J

3. 质量为 m 的一艘宇宙飞船关闭发动机返回地球时，可认为该飞船只在地球的引力场中运动。已知地球质量为 M，万有引力恒量为 G，则当它从距地球中心 R_1 处下降到 R_2 处时，飞船增加的动能应等于(　　)。

(A) $\frac{GMm}{R_2}$　　(B) $\frac{GMm}{R_2^2}$　　(C) $GMm\frac{R_1-R_2}{R_1R_2}$　　(D) $GMm\frac{R_1-R_2}{R_1^2}$　　(E) $GMm\frac{R_1-R_2}{R_1^2R_2^2}$

4. 质量 $m=0.5$kg 的质点，在 Oxy 坐标平面内运动，其运动方程为 $x=5t$，$y=0.5t^2$(SI)，从 $t=2$s 到 $t=4$s 这段时间内，外力对质点做的功为(　　)。

(A) 1.5J　　(B) 3J　　(C) 4.5J　　(D) −1.5J

二、填空题

1. 在图 P2-1 中，质量为 m 的小球自高为 y_0 处沿水平方向以速率 v_0 抛出，与地面碰撞后跳起的最大高度为 $1/2y_0$，水平速率为 $1/2v_0$，则碰撞过程中：(1) 地面对小球的竖直冲量的大小为________；(2) 地面对小球的水平冲量的大小为________。

2. 一质量为 m 的物体，原来以速率 v 向北运动，它突然受到外力打击，变为向西运动，速率仍为 v，则外力的冲量大小为________，方向________。

3. 设作用在质量为 1kg 的物体上的力 $F=6t+3$(SI)。如果物体在这一力的作用下，由静止开始沿直线运动，在 0～2.0s 的时间间隔内，这个力作用在物体上的冲量大小为________。

4. 在图 P2-2 中，沿着半径为 R 圆周运动的质点，所受的几个力中有一个是恒力 $\boldsymbol{F}$，方向始终沿 x 轴正向，即 $\boldsymbol{F}_0=F_0\boldsymbol{i}$。当质点从 A 点沿逆时针方向走过 3/4 圆周到达 B 点时，力 $\boldsymbol{F}_0$ 所做的功为________。

5. 一人造地球卫星绕地球做椭圆运动，近地点为 A，远地点为 B，A、B 两点距地心距离分别为 r_1、r_2（见图 P2-3）。设卫星质量为 m，地球质量为 M，万有引力常量为 G。则卫星在 A、B 两点处的万有引力势能之差 $E_{pB}-E_{pA}=$________；卫星在 A、B 两点的动能之差 $E_{kB}-E_{kA}=$________。

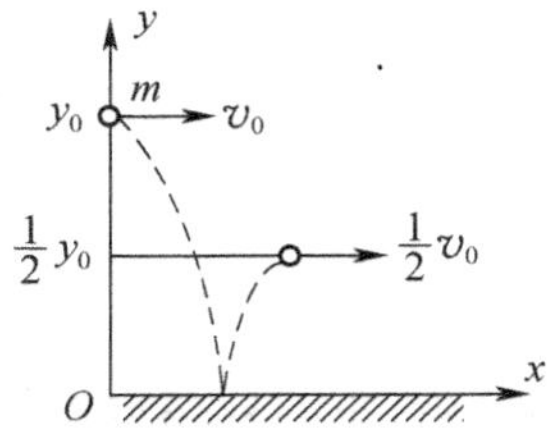

图 P2-1

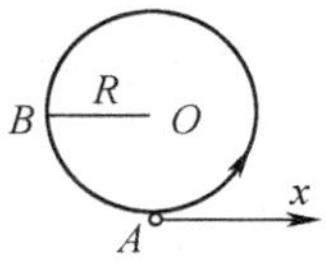

图 P2-2

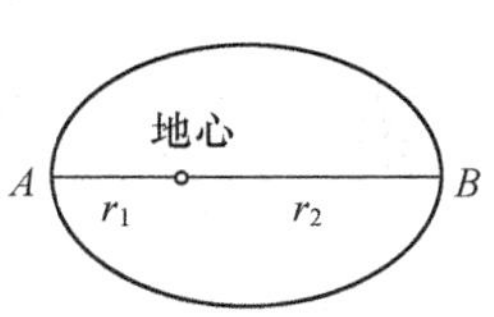

图 P2-3

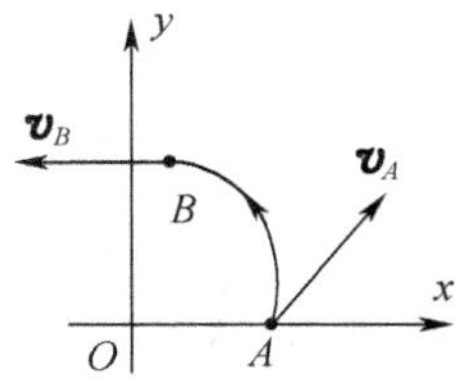

图 P2-4

三、计算题

1. 一质点的运动轨迹如图 P2-4 所示。已知质点的质量为 20g，在 A、B 两位置处的速率都为 20m/s，$\boldsymbol{v}_A$ 与 x 轴成 45°角，$\boldsymbol{v}_B$ 垂直于 y 轴，求质点由 A 点到 B 点这段时间内，作用在质点上外力的总冲量。

2. 一物体按规律 $x=ct^3$ 在流体媒质中做直线运动，式中，c 为常量，t 为时间。设媒质对物体的阻力正比于速度的平方，阻力系数为 k，试求物体由 $x=0$ 运动到 $x=l$ 时，阻力所做的功。

3. 质量 $m=2\text{kg}$ 的物体沿 x 轴做直线运动，所受合外力 $F=10+6x^2$(SI)。如果在 $x=0$ 处时速度 $v_0=0$，试求该物体运动到 $x=4\text{m}$ 处时速度的大小。

4. "嫦娥三号"登月探测飞船沿地月转移轨道从地球飞到月球。试求飞船飞到何处时，地球对飞船的引力和月球对飞船的引力正好相互抵消。月球的质量为 $7.35\times10^{22}\text{kg}$，地球的质量为 $5.98\times10^{24}\text{kg}$，月球的轨道半径(地月平均距离)为 $3.84\times10^8\text{m}$。

5. 将水从面积为 50m^2 的方形地下室里抽到地面上，已知水面到地面的垂直距离为 5m，水的深度为 1.5m，求抽水机需要做多少功？

6. 质量为 60kg 的人以 8km/h 的速度从后面跳上一辆质量为 80kg，速度为 2.9km/h 的小车，试问小车的速度将变为多大？如果此人迎面跳上该小车，结果又怎样？

7. 子弹脱离枪口的速度为 300m/s，在枪管内子弹受力为 $F=400-4\times10^5t/3$(SI)，设子弹到枪口时受力变为零。求：(1)子弹在枪管中的运行的时间；(2)该力冲量的大小；(3)子弹的质量。

8. 质量为 m 的小球从某一高度水平抛出，落在水平桌面上发生弹性碰撞，并在抛出 1s 后，跳回到原来高度，速度大小和方向与抛出时相同。求小球与桌面碰撞中，桌面给小球冲量的大小和方向。

9. 劲度系数为 k 的弹簧下端竖直悬挂着两个物体，质量分别为 m_1 和 m_2；当整个系统达到平衡后，突然去掉 m_2。求 m_1 运动的最大速度。

10. 汽车以 30km/h 的速度直线运行，车上所载货物与底板之间的摩擦系数为 0.25。当汽车刹车时，保证货物不发生滑动，求从刹车开始到汽车静止所走过的最短路程。

11. 质量为 m 的小球在一个半径为 r 的半球形碗的光滑内面以角速度 ω 在水平面内做匀速圆周运动。求该水平面离碗底的高度。

第3章　刚体力学基础

刚体是特殊的质点系,其上各质点间的相对位置保持不变。有关质点系的规律都可用于刚体,而且考虑到刚体的特点,其规律的表示还可较一般的质点系有所简化。

3.1　刚体的基本运动

3.1.1　刚体

前面讨论质点的运动事实上仅代表了物体的平动。实际物体可以做平动、转动甚至更复杂的运动。本章以刚体为研究对象,所谓刚体,只考虑物体的质量和大小,不考虑其形变,它仍是一个理想的物理模型。刚体可定义为:在任何情况下物体的形状和大小都不发生变化,组成物体的所有质点之间的距离均保持不变的质点系。刚体的基本运动包括平动和转动。

1. 平动

在运动过程中,刚体所有质点都沿相互平行的路径运动,即称为平动。显然,刚体平动时,其内部任何一条给定的直线,在运动中始终保持它的方向不变。在质点力学中,把平动物体当质点处理,就基于这个原因。但是,人走路不是刚体的运动。

2. 转动

如果刚体的各个质点在运动过程中始终绕同一直线做圆周运动,即称为转动。这一直线称为转轴,若转轴是固定不动的,称为定轴转动。

若转轴只有一点相对静止,而转轴的方向也在改变,则称为定点转动。不难理解,刚体的复杂运动可看成为平动和转动的叠加。例如,一个车轮的滚动,或钻床上钻头的运动等。

3.1.2　刚体定轴转动的角速度

研究刚体的定轴转动,通常取任一垂直于转轴的平面作为转动平面,可以在转动面内刚体上任取一点,考察该点在转动平面内绕 O 点做圆周运动,这样,就可以用质点做圆周运动的角量来描述。

1. 角位置和角位移

设刚体定轴转动的角位置 $\theta=\theta(t)$,则角位移为 $\Delta\theta$。因此,角速度和角加速度分别可表示为

$$\omega = \mathrm{d}\theta/\mathrm{d}t \tag{3-1}$$

$$\beta = \mathrm{d}\omega/\mathrm{d}t = \mathrm{d}^2\theta/\mathrm{d}t^2 \tag{3-2}$$

为了充分反映刚体转动的情况,既能描述转动的快慢又能说明转轴的方位,用角速度矢量来表示角速度。规定使用右手螺旋法则:四指与刚体转动一致时,拇指在转轴上的指向为角速度矢量正方向,其在转轴上线段的长即代表角速度的大小。刚体定轴转动时,ω 可做标量处理。

如图3-1所示,刚体上任一质点 P 的线速度与角速度大小关系为 $v=r\omega$,该点速度矢量与

角速度矢量关系为

$$\boldsymbol{v}=\boldsymbol{\omega}\times\boldsymbol{r} \tag{3-3}$$

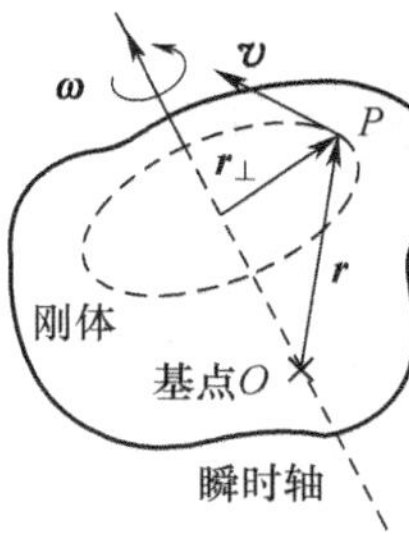

图 3-1　线速度与角速度关系

2. 切向加速度与角速度的关系

$$a_n=v^2/r=r\omega^2 \tag{3-4}$$

$$a_\tau=\frac{\mathrm{d}v}{\mathrm{d}t}=r\frac{\mathrm{d}\omega}{\mathrm{d}t}=r\beta \tag{3-5}$$

当 β 为常数时,有

$$\omega=\omega_0+\beta t \tag{3-6}$$

$$\theta=\theta_0+\omega_0 t+\frac{1}{2}\beta t^2 \tag{3-7}$$

可以看出,以上公式与质点做直线运动的公式有类似形式。

例 3-1　自行车传动机构如图 3-2 所示,一部分是共同以 ω_1 绕 O_1 转动的脚踏曲柄 R_1 和齿轮盘 r_1,另一部分是共同以 ω_2 绕 O_2 转动的后车轮 R_2 和飞轮 r_2。齿轮盘与飞轮用链条连接起来,试求车轮边缘一点的线速度 v_2 与脚踏板中轴线的线速度 v_1 之间的关系。

解　假定自行车后轮被支撑架支住,后轮与地面脱离接触,设齿轮盘边缘一点的线速度为 v,飞轮边缘一点的线速度为 v', 则

$$v=v'$$

又

$$\omega_1=\frac{v}{r_1}=\frac{v_1}{R_1},\quad \omega_2=\frac{v'}{r_2}=\frac{v_2}{R_2}$$

以上三式联立,得 $v_2=\frac{r_1}{r_2}\cdot\frac{R_2}{R_1}v_1$

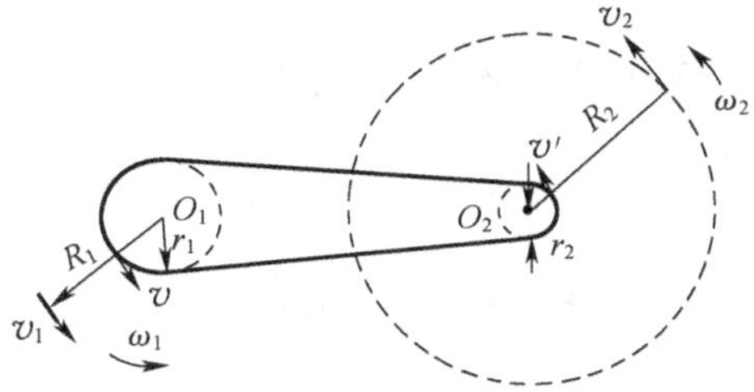

图 3-2　自行车的传动机构

一般有 $r_1/r_2=2.5$,$R_2/R_1=2$,所以,$v_2=5v_1$。

3.2　角动量和角动量守恒定律

3.2.1　质点的角动量

前面介绍了用动量描述质点和质点系的运动规律,例如,一个整体没有移动的质点系,不管它内部是否转动,它的总动量均为零。因此,如何描述其内部质点绕一定点或定轴转动的情况,需要有一个能描述转动状态的物理量。

角动量就是从动力学方面描述质点或质点系转动状态的物理量。角动量守恒定律既适用于宏观上行星绕太阳公转、卫星绕地球运转,又适用于微观的电子绕原子核运动等,这类运动的一个重要特征是质点所受的力总是指向某一固定点,这种力称为有心力。角动量守恒定律也是自然界最普适的守恒定律之一。

为简单计,以质量为 m 的质点所做的圆周运动为例,引入角动量的概念,如图 3-3 所示的定轴转动中,以轴上一点 O 做为参考点,刚体中质点 P 的动量 $\boldsymbol{p}=m\boldsymbol{v}$ 处处和它的矢径 $\boldsymbol{r}$ 相垂直。把动量的大小 p 与矢径的大小 r 的乘积,定义为质点对给定点 O 的角动量的大小:

$$L=mvr \tag{3-8}$$

一般情况下,质点的动量和它对于任意给定点的矢径不一定垂直。设 φ 是 $\boldsymbol{p}$ 和 $\boldsymbol{r}$ 之间的夹角,于是

$$L = mvr\sin\varphi$$

可见,角动量也是矢量,可用矢径 $\boldsymbol{r}$ 和动量 $\boldsymbol{p}$ 的叉积来表示

$$\boldsymbol{L} = \boldsymbol{r} \times \boldsymbol{p} = \boldsymbol{r} \times m\boldsymbol{v} \tag{3-9}$$

$\boldsymbol{L}$ 称为一个质点对参考点的角动量(或称动量矩),且 $\boldsymbol{L}$ 垂直于 $\boldsymbol{r}$ 和 $\boldsymbol{v}$ 构成的平面,并符合右手螺旋法则。如图 3-4 所示,为一陀螺的转动。

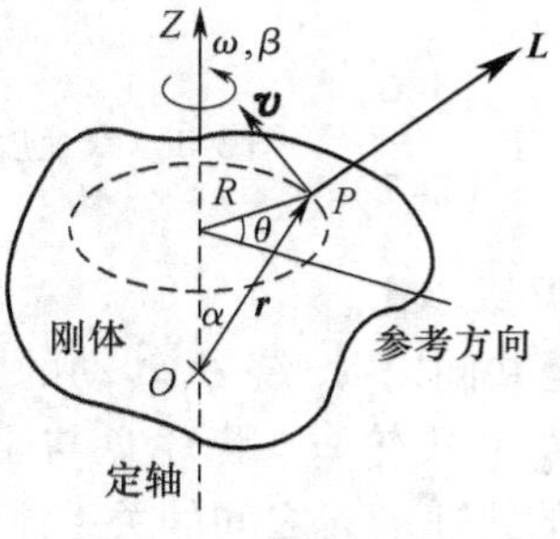

图 3-3　角动量

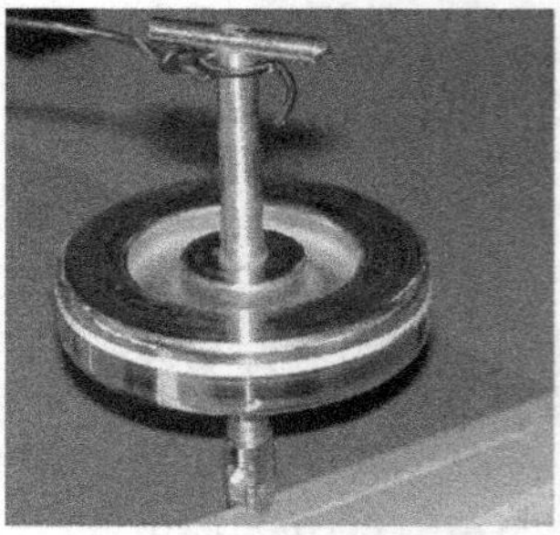

图 3-4　陀螺的转动

3.2.2　质点角动量定理

前面已定义一个质点的动量对时间的变化率等于该质点所受的合外力。

$$\boldsymbol{F} = \mathrm{d}\boldsymbol{p}/\mathrm{d}t = \mathrm{d}(m\boldsymbol{v})/\mathrm{d}t$$

可得质点角动量定理的微分形式

$$\boldsymbol{M} = \mathrm{d}\boldsymbol{L}/\mathrm{d}t \tag{3-10}$$

其中 $\boldsymbol{M}$ 为质点受到的力矩。

证明:由式(3-9)对时间求导

$$\frac{\mathrm{d}\boldsymbol{L}}{\mathrm{d}t} = \frac{\mathrm{d}(\boldsymbol{r} \times \boldsymbol{p})}{\mathrm{d}t} = \frac{\mathrm{d}\boldsymbol{r}}{\mathrm{d}t} \times \boldsymbol{p} + \boldsymbol{r} \times \frac{\mathrm{d}\boldsymbol{p}}{\mathrm{d}t} = \boldsymbol{v} \times m\boldsymbol{v} + \boldsymbol{r} \times \boldsymbol{F}$$
$$= \boldsymbol{r} \times \boldsymbol{F} = \boldsymbol{M}$$

显然,$\boldsymbol{v} \times \boldsymbol{v} = 0$,而 $\boldsymbol{r}$、$\boldsymbol{F}$、$\boldsymbol{M}$ 三者符合右手螺旋法则,$\boldsymbol{r} \times \boldsymbol{F} = \boldsymbol{M}$。若一个质点受到多个力矩的作用,则 $\boldsymbol{M}$ 应为合力矩。可见,一个质点角动量对时间的变化率等于该质点所受合外力矩的矢量和,即

$$\frac{\mathrm{d}\boldsymbol{L}}{\mathrm{d}t} = \boldsymbol{M}_1 + \boldsymbol{M}_2 + \cdots + \boldsymbol{M}_n = \boldsymbol{M} \tag{3-11}$$

类似动量定理,在某段时间间隔内,质点所受合外力的冲量等于该时间间隔内物体动量的增量,即

$$\boldsymbol{I} = \int_{t_1}^{t_2} \boldsymbol{F} \cdot \mathrm{d}t = \boldsymbol{p}_2 - \boldsymbol{p}_1$$

同理,考察在 $t_1 \sim t_2$ 时间内力矩的积累效果,作用于质点的冲量矩等于质点角动量的增量

$$\int_{t_1}^{t_2} \boldsymbol{M} \cdot \mathrm{d}t = \int_{L_1}^{L_2} \mathrm{d}\boldsymbol{L} = \boldsymbol{L}_2 - \boldsymbol{L}_1 \tag{3-12}$$

式(3-12)称为质点的角动量定理的积分形式。

3.2.3　质点角动量守恒定律

将一质量为 m 的小球系在绳的一端,先使小球以 v_1 在水平面内做半径为 r_1 的圆周运动,

然后向下拉绳，使 r_1 减小到 r_2，这时小球的速度增大为 v_2，实验可以证明：

$$mv_2r_2 = mv_1r_1 \tag{3-13}$$

可见，如图 3-5 所示，小球的动量在此过程中时刻在变化，但小球的角动量却保持不变。

图 3-5　质点角动量守恒

若作用在质点上的力对某定点 O 的合外力矩为零，则质点对 O 的角动量在运动过程中保持不变，这就是质点的角动量守恒定律。

即当 $\boldsymbol{M}=0$ 时，有

$$\boldsymbol{M}=\frac{\mathrm{d}\boldsymbol{L}}{\mathrm{d}t}=\frac{\mathrm{d}(\boldsymbol{r}\times\boldsymbol{p})}{\mathrm{d}t}=0$$

$$\boldsymbol{L}_2=\boldsymbol{L}_1=\text{常矢量} \tag{3-14}$$

或

$$\boldsymbol{r}\times\boldsymbol{p}=\text{常矢量}$$

角动量守恒定律是物理学又一重要的基本规律，在研究天体运动或微观粒子运动时，它都起着重要作用。

3.2.4　质点系的角动量

设有一个质点系，系统内的每个质点 i 所受力矩为

$$\boldsymbol{M}_i=\boldsymbol{M}_{i外}+\boldsymbol{M}_{i内} \tag{3-15}$$

把质点系看成一个整体，质点系对某一固定参考点的总角动量就是各质点 i 对 O 点角动量的矢量和，即

$$\boldsymbol{L}=\sum_i \boldsymbol{L}_i$$

所以

$$\sum_i \boldsymbol{M}_i=\sum_i \frac{\mathrm{d}\boldsymbol{L}_i}{\mathrm{d}t}=\sum_i \boldsymbol{M}_{i外}+\sum_i\Big(\sum_{i\neq j}\boldsymbol{M}_{ij}\Big)$$

由牛顿第三定律 $\boldsymbol{F}_{12}=-\boldsymbol{F}_{21}$ 可知，$\boldsymbol{M}_{12}=-\boldsymbol{M}_{21}$，即一对相互作用力对同一点的力矩的矢量和为零。

由此，系统的内力矩之和

$$\sum_i\Big(\sum_{i\neq j}\boldsymbol{M}_{ij}\Big)=0$$

这样

$$\mathrm{d}\boldsymbol{L}/\mathrm{d}t=\boldsymbol{M}_{外} \tag{3-16}$$

一个质点系对惯性参考系中某一固定点 O 的总角动量对时间的变化率，等于作用在该质点系上所有外力对同一点 O 的力矩的矢量和，这就是质点系的角动量定理。

若系统所受的合外力矩为零，$\boldsymbol{M}_{外}=0$，则 $\mathrm{d}\boldsymbol{L}/\mathrm{d}t=0$。

$$\boldsymbol{L}=\sum_i \boldsymbol{L}_i=\text{常矢量} \tag{3-17}$$

该结论就是质点系的角动量守恒定律。只要系统所受总外力矩为零，其总角动量就保持不变。

注意：(1) 以上各式均为矢量关系式，它们对应的各个分量式都是成立的。即若系统合外力矩 $\boldsymbol{M}_e=0$，则在直角坐标系中

$$\mathrm{d}L_x/\mathrm{d}t=0,\quad \mathrm{d}L_y/\mathrm{d}t=0,\quad \mathrm{d}L_z/\mathrm{d}t=0 \tag{3-18}$$

若 $\boldsymbol{M}_e\neq0$，但 $\boldsymbol{M}_z=0$，则只有 $\mathrm{d}L_z/\mathrm{d}t=0$。

(2) 若合外力矩 $\boldsymbol{M}_e=0$，但合外力 $\boldsymbol{F}_e$ 不为0，质点系角动量仍守恒；若合外力 $\boldsymbol{F}_e=0$，但 $\boldsymbol{M}_e\neq0$，如质点系受到一对力偶的作用，则系统的角动量不守恒。

3.3 刚体定轴转动的动能定理

刚体可视作由许多质点(质元)组成的质点系，因此，质点系的动能定理和功能原理都适用于刚体。

由质点系的动能定理

$$A_e+A_{in}=E_k-E_{k0}$$

因为刚体中任意两质点间无相对位移，故刚体的内力不做功，$A_{in}=0$，因此

$$A_e=E_k-E_{k0} \tag{3-19}$$

可见，刚体动能的增量只决定于外力的功。

3.3.1 力矩的功

如图3-6所示，刚体绕定轴转动时，各个质元在自己的转动平面内做圆周运动，因此，垂直于转动平面的力不做功。故可假定作用在任一质元上的力 $\boldsymbol{F}$ 位于转动平面内，当刚体绕固定轴转过一个小角度 $\mathrm{d}\theta$ 时，力 $\boldsymbol{F}$ 对质元 P 所做元功为

$$\mathrm{d}A=\boldsymbol{F}\cdot\mathrm{d}\boldsymbol{r}=F_\tau\mathrm{d}s=F_\tau r\mathrm{d}\theta=M\mathrm{d}\theta$$

所以该力矩对刚体所做的功为

$$A_i=\int_{\theta_0}^{\theta}M_i\mathrm{d}\theta$$

设有若干个外力作用于刚体，M_e 为合外力矩，则 A 就是合外力矩的功

$$A_e=\int_{\theta_0}^{\theta}M_e\mathrm{d}\theta \tag{3-20}$$

只有当 $M_e=0$，才有 $A_e=0$；而 $\sum F=0$，不一定 $A_e=0$。

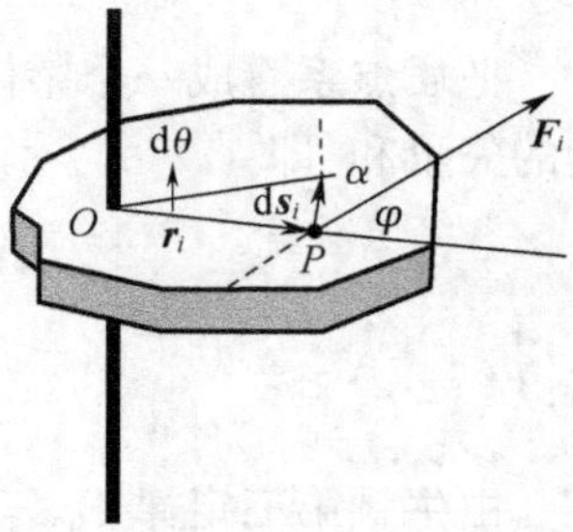

图3-6　力矩的功

3.3.2 刚体转动动能

1. 转动动能

刚体可视作由许多质元组成的质点系

$$E_k=\sum_{i=1}^{N}\left(\frac{1}{2}m_iv_i^2\right)$$

考虑第 i 个质点，$v_i=r_i\omega_i$，所以第 i 个质点的动能为

$$E_{ki}=\frac{1}{2}m_iv_i^2=\frac{1}{2}m_ir_i^2\omega_i^2$$

因为整个刚体的角速度相同，$\omega=\omega_i$，故质点系转动动能

$$E_k = \frac{1}{2}\sum_{i=1}^{N}(m_i r_i^2)\omega^2$$

设
$$J = \sum_{i=1}^{N}(m_i r_i^2) \tag{3-21}$$

则
$$E_k = \frac{1}{2}J\omega^2 \tag{3-22}$$

2. 动能定理

结合式(3-19)、式(3-20)和式(3-22)，可得刚体定轴转动的动能定理

$$\int_{\theta_0}^{\theta} M_e \mathrm{d}\theta = \frac{1}{2}J\omega^2 - \frac{1}{2}J\omega_0^2 \tag{3-23}$$

上式表明，作用于刚体的合外力矩所做的功等于刚体转动动能的增量。

为便于记忆，式(3-23)与

$$\int_{\theta_0}^{\theta} \boldsymbol{F}\cdot \mathrm{d}\boldsymbol{r} = \frac{1}{2}mv^2 - \frac{1}{2}mv_0^2$$

有类似的表达形式，与 m 称为惯性质量类似，将 J 称为转动惯量，它是量度刚体转动时惯性大小的物理量。

3.3.3 转动惯量及其计算

1. 转动惯量

式(3-21)和式(3-22)以转动动能的方式引入转动惯量

$$J = \sum_{i=1}^{N}(m_i r_i^2)$$

式中，J 为刚体绕定轴转动的转动惯量。

由于刚体是连续分布的，$\mathrm{d}m=\rho\mathrm{d}V$，则

$$J = \int_M r^2 \mathrm{d}m \tag{3-24}$$

上式的积分即表示沿刚体质量分布的空间积分。转动惯量的单位为 $\mathrm{kg}\cdot\mathrm{m}^2$。

转动惯量 J 不仅取决于刚体质量相对于转轴的分布情况，还与下列因素有关：

(1) J 与刚体的质量有关。

(2) 即使在质量一定的情况下，J 还与质量的分布有关。

(3) J 与转轴的位置有关。给定的刚体转轴不同，则转动惯量一般不同。

2. 转动惯量计算的两条规律

(1) 平行轴定理

如果此刚体对过质心轴 Z_c 的转动惯量为 J_c，对另外一个与 Z_c 平行的转轴的转动惯量为 J，则可以证明：

$$J = J_c + md^2 \tag{3-25}$$

式中，m 为该刚体的质量；d 为两平行轴之间的距离。$J_c=J_{\min}$ 为最小，如图 3-7 所示。

(2) 垂直轴定理

如图 3-8 所示，若刚体为一薄片，它们相对于 x 轴和 y 轴的转动惯量分别为 J_x 和 J_y，则薄

片对 z 轴的转动惯量为

$$J_z = J_x + J_y \tag{3-26}$$

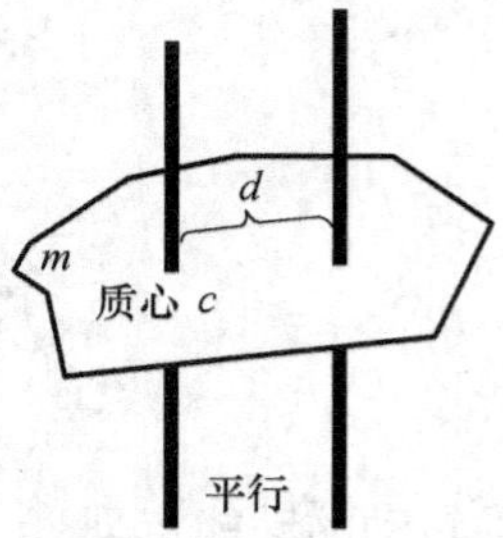

图 3-7　平行轴定理

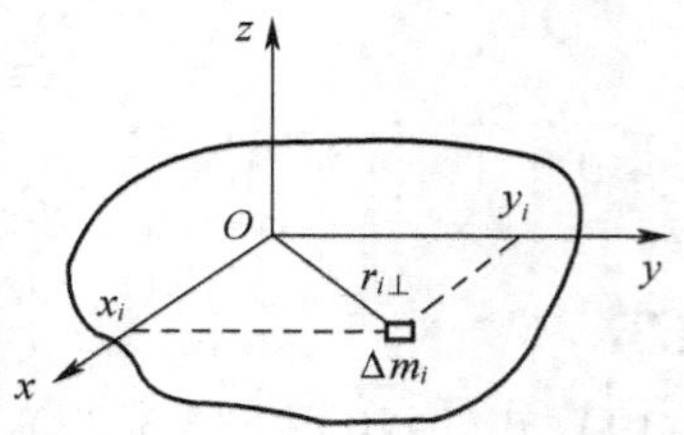

图 3-8　垂直轴定理

引申：对同一转轴而言，物体各部分转动惯量之和等于整个物体的转动惯量。这一规律称为转动惯量的可加性，$J_{总} = \sum J_i$。

如 J_c 表示均质圆盘对质心轴的转动惯量，J_A 表示圆环对圆心轴的转动惯量，两轴均垂直于圆盘或圆环所在的平面，若将环放在盘上，它们具有共同的转轴且垂直通过圆心，则

$$J_{总} = J_c + J_A \tag{3-27}$$

转动惯量的实验正是基于此而设计的。

3. 几种形状简单、对称、质量分布均匀的刚体的转动惯量

(1) 薄圆环

转轴通过几何中心且与环面垂直，质量为 m，半径为 R，其转动惯量为

$$J = mR^2$$

(2) 圆盘或圆柱

转轴为中心轴且垂直于圆平面，质量为 m，半径为 R，其转动惯量为

$$J = \frac{1}{2}mR^2$$

(3) 实心球

转轴沿任一直径，质量为 m，半径为 R，其转动惯量为

$$J = \frac{2}{5}mR^2$$

(4) 球壳

转轴沿任一直径，质量为 m，半径为 R，其转动惯量为

$$J = \frac{2}{3}mR^2$$

(5) 厚圆环或圆筒

转轴沿几何中心轴且垂直于圆平面，质量为 m，半径为 R，其转动惯量为

$$J = \frac{1}{2}m(R_1^2 + R_2^2)$$

例 3-2　求质量为 m、长为 l 的均匀细棒的转动惯量。(1) 假设转轴通过棒的中心并与棒垂直；(2) 假设转轴通过棒的一端并与棒垂直。如图 3-9 所示。

解　(1) 在棒上距离转轴为 x 处任取一微元 dx，设 λ 为均质棒的线密度，则

$$dm = \lambda dx$$

所以 $$J_c = \int r^2 \mathrm{d}m = \int_{-l/2}^{l/2} x^2 \lambda \mathrm{d}x = \frac{1}{12}\lambda l^3$$

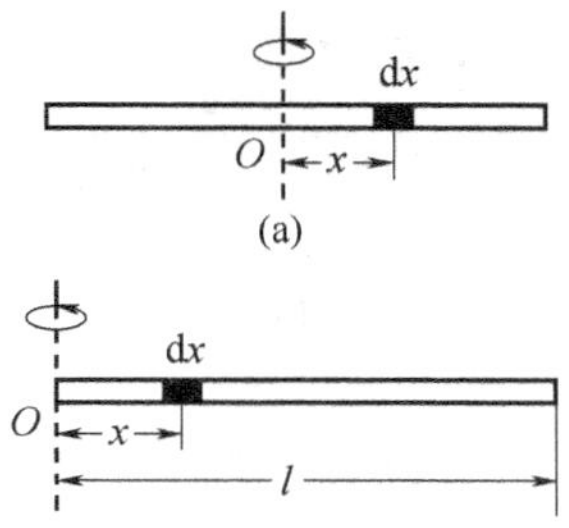

图 3-9　例 3-2 的图

因为 $\lambda = m/l$,所以 $J_c = \frac{1}{12}ml^2$。

（2）由平行轴定理得

$$J = J_c + md^2 = \frac{1}{12}ml^2 + m\left(\frac{l}{2}\right)^2 = \frac{1}{3}ml^2$$

或用积分的方法,也可得到一致的结果：

$$J = \int r^2 \mathrm{d}m = \int_0^l x^2 \lambda \mathrm{d}x = \frac{1}{3}\lambda l^3 = \frac{1}{3}ml^2$$

显然 $J > J_c$,使用细棒时,为了更好地使劲,应抓住棒的端处,请读者思考其中的道理。

例 3-3　如图 3-10 所示,已知一均质薄圆盘的质量为 M、半径为 R,分别求该圆盘相对于：(1)垂直于盘面且通过其中心的轴的转动惯量;(2) 与其一直径重合的轴的转动惯量。

解　(1) 设圆盘厚度为 h,由圆盘的对称性,选一半径为 r、宽为 $\mathrm{d}r$ 的细圆环作为体积元

$$\mathrm{d}V = 2\pi r \mathrm{d}r \cdot h$$

所以 $$J_z = \int r^2 \mathrm{d}m = \int_V r^2 \rho \mathrm{d}V = \int_0^R 2\pi r^3 h\rho \mathrm{d}r = \frac{1}{2}\pi h\rho R^4$$

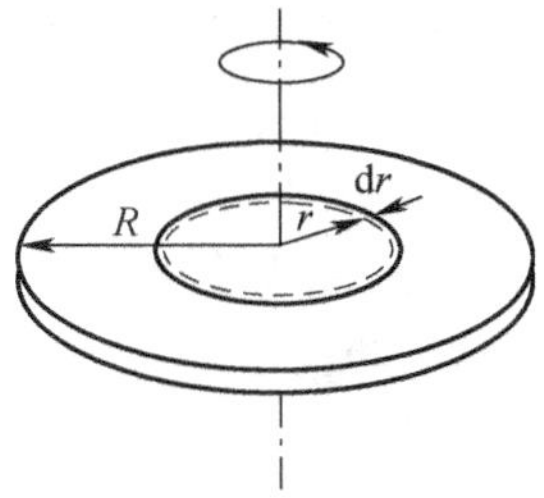

图 3-10　例 3-3 的图

因为 $M = \rho(\pi R^2 h)$,所以 $J_z = \frac{1}{2}MR^2$。

（2）运用垂直轴定理,有

$$J_z = J_x + J_y$$

所以 $$J_x = J_y = \frac{1}{2}J_z = \frac{1}{4}MR^2$$

3.4　刚体定轴转动定律和角动量定理

1. 刚体定轴转动的转动定律

质点力学中已介绍牛顿第二定律 $\boldsymbol{F} = m\boldsymbol{a}$,可知力是使质点运动状态发生变化的原因。那么,在刚体力学中,如果合外力矩 M_e 为零,则合外力矩做功也为零,对于做定轴转动的刚体,由刚体转动动能定理

$$\omega = \omega_0$$

如果作用于刚体上的合外力矩不为零,则合外力矩与转动惯量和因此获得的角加速度之间有类似的关系

$$M_e = J\beta$$

或 $$M_e = J\frac{\mathrm{d}\omega}{\mathrm{d}t} \tag{3-28}$$

这就是刚体定轴转动的转动定律,即刚体在合外力矩的作用下,所获得的角加速度与合外力矩成正比,与转动惯量成反比。当合外力矩一定时,转动惯量越大,角加速度就越小,刚体绕定轴转动的运动状态就难改变。对定轴转动,在 z 轴方向上有

$$M_z = J_z\beta = J_z\frac{\mathrm{d}\omega}{\mathrm{d}t} \tag{3-29}$$

2. 质点系的角动量定理

质点系的角动量定理同样适用于刚体。

$$\boldsymbol{M}_e = d\boldsymbol{L}/dt$$

设刚体的转动轴与 z 轴垂合，则质元 m_i 相对于原点 O 的角动量

$$\boldsymbol{L}_i = \boldsymbol{r}_i \times m_i \boldsymbol{v}_i \tag{3-30}$$

令刚体绕 z 轴转动的角速度为 ω，它对刚体中所有质点的圆周运动来说都是共同的。

$$L = \sum_i L_i = \sum_i (m_i r_i v_i) = \sum_i (m_i r_i^2)\omega = J\omega \tag{3-31}$$

$$M_{ez} = \frac{dL_z}{dt} = \frac{d(J_z\omega)}{dt} = J_z \frac{d\omega}{dt} = J_z\beta \tag{3-32}$$

例 3-4 如图 3-11 所示，体重相同的甲、乙两个小孩，各抓住跨过轻质滑轮的轻绳两端，当他们从同一高度向上爬时，相对于绳子，甲的速率是乙的 2 倍。试问谁先到达顶点？假定忽略绳和滑轮的质量以及绳、滑轮和轴之间的摩擦。

解 考虑甲、乙两个小孩和滑轮组成的系统，由题意，甲、乙两个小孩所受的重力矩大小相等、方向相反

$$\boldsymbol{M} = 0$$

以地面为参考系，设甲、乙两个小孩对地的速率分别是 v_1 和 v_2，由角动量守恒定律

$$L = mRv_1 - mRv_2 = 0$$

所以 $v_1 = v_2$。尽管两人相对于绳子的速率不等，但他们相对于地面的速度大小相等，所以，从同一高度向上爬，两人将同时到达顶点。

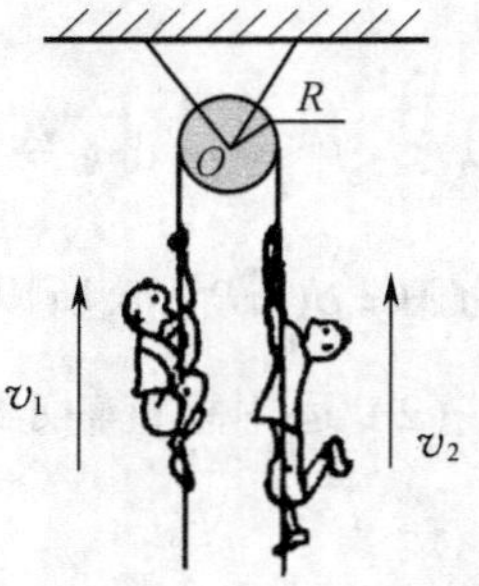

图 3-11 例 3-4 的图

如果两人质量不等，则重力矩不等，系统的角动量不守恒，则需另行求解。

例 3-5 一长为 1m 的均匀直棒可绕过其一端且与棒垂直的水平光滑固定轴转动。抬起另一端使棒向上与水平面成 60°角，然后无初转速地将棒释放（见图 3-12）。已知棒对轴的转动惯量为 $\frac{1}{3}ml^2$，其中 m 和 l 分别为棒的质量和长度。求：(1) 放手时棒的角加速度；(2) 棒转到水平位置时的角加速度。

解 设棒的质量为 m，当棒与水平面成 60°角并开始下落时，根据转动定律有

$$M = J\beta$$

其中

$$M = \frac{1}{2}mgl\sin 30° = mgl/4$$

于是

$$\beta = \frac{M}{J} = \frac{3g}{4l} = 7.35(\text{rad/s}^2)$$

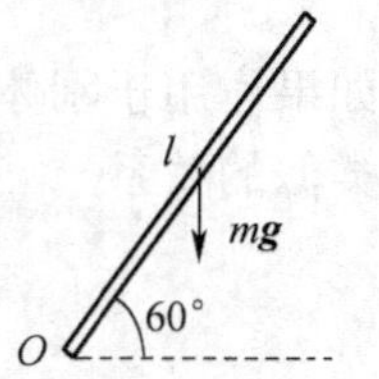

图 3-12 例 3-5 的图

当棒转动到水平位置时，有

$$M = \frac{1}{2}mgl$$

则

$$\beta = \frac{M}{J} = \frac{3g}{2l} = 14.7(\text{rad/s}^2)$$

习　　题

一、选择题

1. 均匀细棒 OA 可绕通过其一端 O 而与棒垂直的水平固定光滑轴转动，如图 P3-1 所示。今使棒从水平位置由静止开始自由下落，在棒摆动到竖直位置的过程中，下述说法哪一种是正确的？（　　）

（A）角速度从小到大，角加速度从大到小　　（B）角速度从小到大，角加速度从小到大

（C）角速度从大到小，角加速度从大到小　　（D）角速度从大到小，角加速度从小到大

2. 关于刚体对轴的转动惯量，下列说法中正确的是（　　）。

（A）只取决于刚体的质量，与质量的空间分布和轴的位置无关

（B）取决于刚体的质量和质量的空间分布，与轴的位置无关

（C）取决于刚体的质量、质量的空间分布和轴的位置

（D）只取决于转轴的位置，与刚体的质量和质量的空间分布无关

3. 花样滑冰运动员绕通过自身的竖直轴转动，开始时两臂伸开，转动惯量为 J_0，角速度为 ω_0。然后将两臂收回，使转动惯量减小为$\frac{1}{3}J_0$。这时其转动的角速度变为（　　）。

（A）$\frac{1}{3}\omega_0$　　（B）$(1/\sqrt{3})\omega_0$　　（C）$\sqrt{3}\omega_0$　　（D）$3\omega_0$

4. 光滑的水平桌面上有长为 $2l$、质量为 m 的匀质细杆，可绕通过其中点 O 且垂直于桌面的竖直固定轴自由转动，转动惯量为$\frac{1}{3}ml^2$，起初杆静止。有一质量为 m 的小球在桌面上正对着杆的一端，在垂直于杆长的方向上，以速率 v 运动，如图 P3-2 所示。当小球与杆端发生碰撞后，就与杆粘在一起随杆转动。则这一系统碰撞后转动的角速度是（　　）。

（A）$\frac{lv}{12}$　　（B）$\frac{2v}{3l}$　　（C）$\frac{3v}{4l}$　　（D）$\frac{3v}{l}$

5. 如图 P3-3 所示，一匀质细杆可绕通过上端与杆垂直的水平光滑固定轴 O 旋转，初始状态为静止悬挂。现有一个小球自左方水平打击细杆，设小球与细杆之间为非弹性碰撞，则在碰撞过程中对细杆与小球这一系统（　　）。

（A）只有机械能守恒　　（B）只有动量守恒

（C）只有对转轴 O 的角动量守恒　　（D）机械能、动量和角动量均守恒

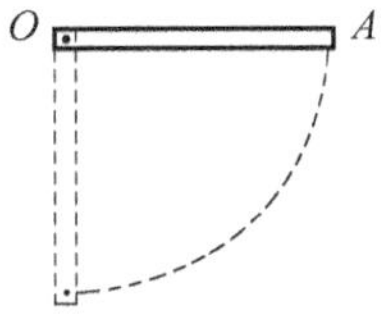

图 P3-1

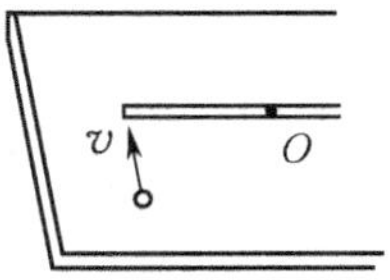

图 P3-2

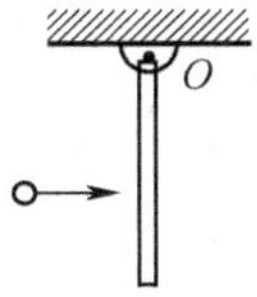

图 P3-3

二、填空题

1. 一个以恒定角加速度转动的圆盘，如果在某一时刻的角速度 $\omega_1 = 20\pi \text{rad/s}$，再转 60 圈后角速度 $\omega_2 = 30\pi \text{ rad/s}$，则角加速度 $\beta =$ ________，转过上述 60 圈所需的时间 $\Delta t =$ ________。

2. 决定刚体转动惯量的因素是____________________。

3. 一长为 l、质量可以忽略的直杆，可绕通过其一端的水平光滑轴在竖直平面内做定轴转动，在杆的另一端固定着一质量为 m 的小球，如图 P3-4 所示。现将杆由水平位置无初转速地释放，则杆刚被释放时的角加速度 $\beta_0 =$ ________，杆与水平方向夹角为 60°时的角加速度 $\beta =$ ________。

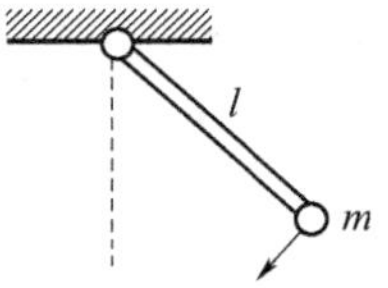

图 P3-4

4. 一长为 l、质量可以忽略的直杆，两端分别固定有质量为 $2m$ 和 m 的小球，杆可绕通过其中心 O 且与杆垂直的水平光滑固定轴在铅直平面内转动。开始时杆与水平方向成某一角度 θ，处于静止状态，如图 P3-5 所示。释放后，杆绕 O 轴转动。则当杆转到水平位置时，该系统所受到的合外力矩的大小 $M=$________，此时该系统角加速度的大小 $\beta=$________。

5. 一飞轮以 600r/min 的转速旋转，转动惯量为 2.5 $kg \cdot m^2$，现施加一恒定的制动力矩使飞轮在 1s 内停止转动，则该恒定制动力矩的大小 $M=$________。

6. 一飞轮以角速度 ω_0 绕光滑固定轴旋转，飞轮对轴的转动惯量为 J_1；另一静止飞轮突然和上述转动的飞轮啮合，绕同一转轴转动，该飞轮对轴的转动惯量为前者的 2 倍。啮合后整个系统的角速度 $\omega=$________。

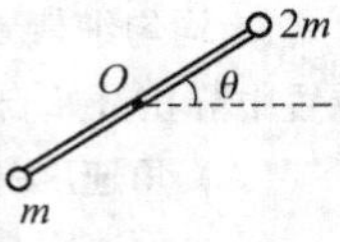

图 P3-5

三、计算题

1. 如图 P3-6 所示，一个质量为 m 的物体与绕在定滑轮上的绳子相连，绳子质量可以忽略，它与定滑轮之间无滑动。假设定滑轮质量为 M、半径为 R，其转动惯量为 $\frac{1}{2}MR^2$，滑轮轴光滑。试求该物体由静止开始下落的过程中，下落速度与时间的关系。

2. 一质量 $m=6.00$kg、长 $l=1.00$m 的匀质棒，放在水平桌面上，可绕通过其中心的竖直固定轴转动，对轴的转动惯量 $J=ml^2/12$。$t=0$ 时，棒的角速度 $\omega_0=10.0\text{rad}\cdot\text{s}^{-1}$。由于受到恒定的阻力矩的作用，$t=20$s 时，棒停止运动。试求：(1) 棒的角加速度的大小；(2) 棒所受阻力矩的大小；(3) 从 $t=0$ 到 $t=10$s 时间内棒转过的角度。

3. 质量为 5kg 的一桶水悬于绕在辘轳上的轻绳的下端，辘轳可视为一质量为 10kg 的圆柱体。桶从井口由静止释放，求桶下落过程中绳中的张力。辘轳绕轴转动时的转动惯量为 $\frac{1}{2}MR^2$，其中 M 和 R 分别为辘轳的质量和半径，轴上摩擦忽略不计。

4. 如图 P3-7 所示，A 和 B 两飞轮的轴杆在同一中心线上，设两轮的转动惯量分别为 $J=10\text{kg}\cdot\text{m}^2$ 和 $J=20\text{kg}\cdot\text{m}^2$。开始时，A 轮转速为 600 r/min，B 轮静止。C 为摩擦啮合器，其转动惯量可忽略不计。A、B 分别与 C 的左、右两个组件相连，当 C 的左、右组件啮合时，B 轮得到加速而 A 轮减速，直到两轮的转速相等为止。设轴光滑，试求：(1) 两轮啮合后的转速 n；(2) 两轮各自所受的冲量矩。

5. 如图 P3-8 所示，长为 1.0m、质量为 2.5kg 的一根均质细棒，一端垂直悬挂在一转轴点上竖直静止，今用 100N 的水平力撞击细棒的下端，设力的作用时间为 0.02s。试求：(1) 细棒所获得的动量矩；(2) 细棒的端点上升的最大高度。

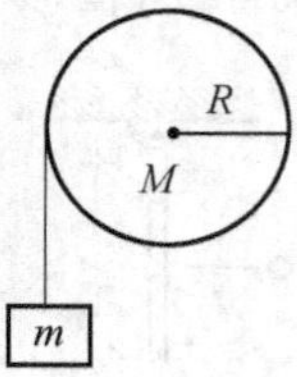

图 P3-6

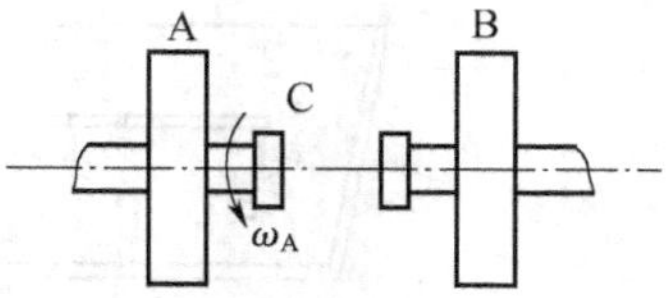

图 P3-7

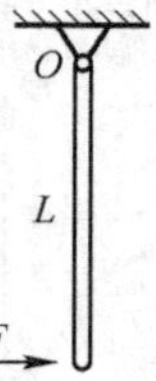

图 P3-8

6. 一人手握哑铃站在转盘上，两臂伸开时整个系统的转动惯量为 2kgm^2。推动后，系统以 15r/min 的转速转动。当人的手臂收回时，系统的转动惯量为 0.8kgm^2。求此时的转速。

7. 半径为 R，质量为 M 的水平圆盘可以绕中心轴无摩擦地转动。在圆盘上有一人沿着与圆盘同心，半径为 $r<R$ 的圆周匀速行走，行走速度相对于圆盘为 v。设起始时，圆盘静止不动，求圆盘的转动角速度。

第 4 章　狭义相对论基础

20 世纪初,物理学有两大成就：普朗克量子假说(1900 年)和爱因斯坦的狭义相对论(1905 年)。狭义相对论给出了高速运动物体的力学规律,建立了新的时空观,揭露了质量和能量的内在联系。

狭义相对论的力学基础包括力学相对性原理、伽利略变换、狭义相对论基本原理、洛伦兹坐标变换、狭义相对论的时空观、狭义相对论质点动力学。

4.1　伽利略相对性原理和伽利略坐标变换式

4.1.1　力学相对性原理

1. 惯性系和非惯性系

惯性系是指牛顿运动定律适用的参考系;非惯性系是指牛顿运动定律不适用的参考系。一切相对于惯性系做匀速直线运动的参考系都是惯性系。惯性系内,所有力学现象都符合牛顿运动定律。当然,惯性系不只是一个,而有无数个。但严格意义上的绝对惯性参考系没有或至今未找到。

2. 伽利略相对性原理

伽利略相对性原理,亦称力学相对性原理：在一个惯性系内所做的任何力学实验都不能确定这一惯性系本身是静止还是在做匀速直线运动。

一切彼此做匀速直线运动的惯性系,对于描写运动的力学规律来说是完全等价的。或者,要确切知道某一惯性系本身是否绝对静止,则从任何力学实验都不可能实现。

4.1.2　伽利略坐标变换式

1. 坐标变换式

经典力学中,时间和空间是相互独立的,时间间隔不变。例如,某质点 P 在 K'系中出现的时刻等于 P 在 K 系中出现的时刻,即

$$t' = t, \quad \Delta t' = \Delta t$$

取 K'系相对于 K 系的运动方向为 $x(x')$ 轴,则 K 系与 K'系空间坐标关系式,显然有

$$x' = x - ut, \quad y' = y, \quad z' = z \tag{4-1}$$

这就是伽利略坐标变换式,如图 4-1 所示。

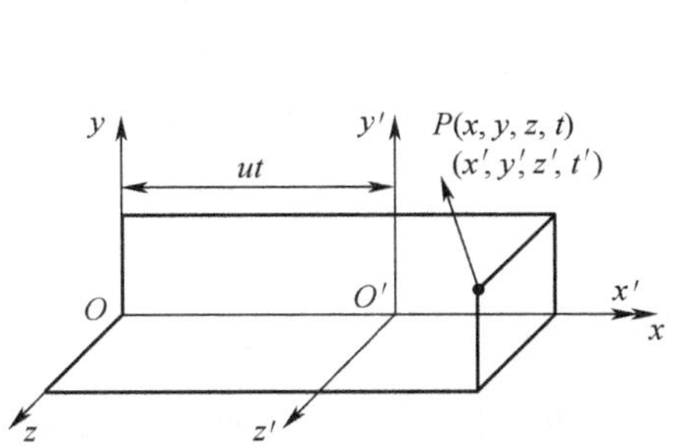

图 4-1　伽利略坐标变换式

2. 速度变换式

由式(4-1)对 t 求导,可得经典力学中速度变换式

$$v'_x = v_x - u,\quad v'_y = v_y,\quad v'_z = v_z \tag{4-2}$$

其矢量式为

$$\boldsymbol{v}' = \boldsymbol{v} - \boldsymbol{u} \tag{4-3}$$

3. 加速度关系式

由式(4-2)再对 t 求导,可得经典力学中加速度变换式

$$a'_x = a_x,\quad a'_y = a_y,\quad a'_z = a_z \tag{4-4}$$

其矢量式为

$$\boldsymbol{a}' = \boldsymbol{a} \tag{4-5}$$

所以,伽利略相对性原理的数学表达式可写为

$$\boldsymbol{F}' = m\boldsymbol{a}',\ \boldsymbol{F} = m\boldsymbol{a} \tag{4-6}$$

可见,牛顿第二定律的方程相对于伽利略坐标变换式来说,具有不变的形式。

伽利略坐标变换式是经典力学中的绝对时空观。“绝对时间”和“绝对空间”是从低速范围内总结出来的。

4.2 狭义相对论基本原理和洛伦兹坐标变换式

4.2.1 狭义相对论基本原理

1. 迈克耳孙-莫雷实验

19 世纪末,物理学界认为光波是靠“以太”来传播的,并将“以太”选作绝对静止的“绝对参考系”,凡是相对于这个绝对参考系的运动叫做绝对运动。

1887 年,美国的迈克耳孙与莫雷教授合作实验,预期利用地球的绝对运动速度与光速在方向上的不同来测得地球相对“以太”的绝对速度,从而确定“以太”的存在。如图 4-2 所示,保持由半反半透分束镜分出的两束光光程不变。由于光束 1 与光束 2 相对地球速度不同,$t_1 \neq t_2$,干涉仪中将会出现干涉条纹。将光速 $c = 3\times10^8$ m/s 和地球运动速度 $v = 3\times10^4$ m/s 代入计算,预计将得到 $\Delta N = 0.4$ 个条纹的移动。将整个实验装置旋转 90°,同理也将会观察到条纹的移动,而实验结果并未如人们所预期的那样。

类似还有天文观测中的“双星的圆周运动”。如图 4-3 所示,按经典物理观点,对地球参考系来说,有

$$u_A = c + v,\ u_B = c - v \tag{4-7}$$

但实际上,地球观测结果:u_A 与 u_B 都等于光速 c,即两星发出的光具有相同的传播速度 c。

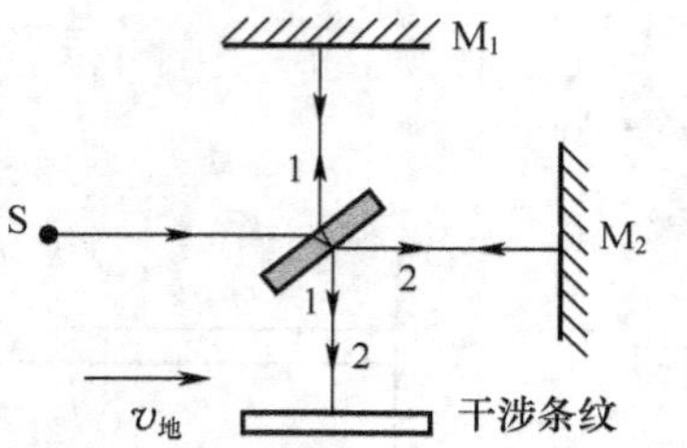

图 4-2 迈克耳孙-莫雷实验

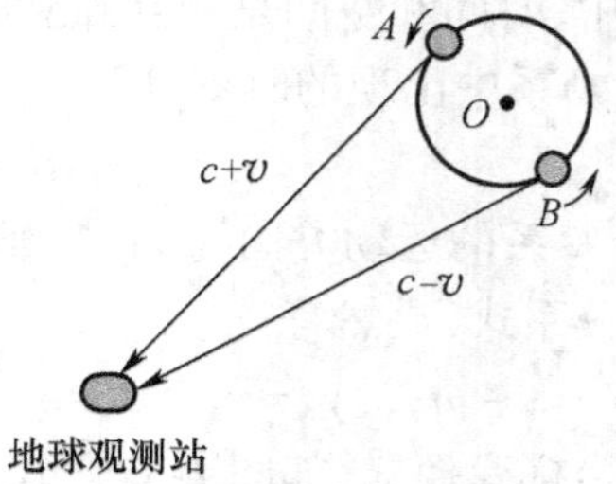

图 4-3 双星观测实验

19 世纪末,有人曾把这一悬案说成是在物理学晴朗天空边际的“一朵乌云”。然而,当时一位并不出名的德国青年学者,断然摆脱经典的时空观,抛弃了伽利略变换。1905 年,爱因斯

坦发表了《狭义相对论》，彻底抛弃了“光学以太”和“绝对参考系”的想法，提出了著名的狭义相对论的基本原理。

2. 狭义相对论基本原理

狭义相对论基本原理：一切彼此相对做匀速直线运动的惯性参考系，对于描写运动的一切规律来说是等价的。绝对静止的参考系是不存在的。即“在所有惯性系中，物理定律的表达形式相同”。任何物理学实验都无法证明某一惯性系是静止还是在做匀速直线运动。

爱因斯坦的相对性原理乃是伽利略相对性原理的推广，把仅仅局限于力学的相对性原理，推广到物理学整个领域，包括电学的和光学的。

光速不变原理：在任一彼此做匀速直线运动的惯性系中所测得的真空中的光速都是相等的。

真空中的光速是一个恒量，天文观察中的双星实验就是有力的证据。

4.2.2 洛伦兹坐标变换式

狭义相对论在于使物理学力学原理适应麦克斯韦–洛伦兹的电动力学。洛伦兹是在研究高速运动电荷的电磁现象时提出了洛伦兹坐标变换式。相对论中对这个坐标变换式高度重视，以替代伽利略坐标变换式。

1. 洛伦兹变换关系式的推导

设质点 P 出现在 K 系中的时空坐标为 $P(x,y,z,t)$，而质点 P 在 K' 系中的时空坐标为 $P(x',y',z',t')$。对同一事件 P 的时空变换关系式为

$$x' = \frac{x - ut}{\sqrt{1-(u/c)^2}}, \quad y' = y, \quad z' = z \tag{4-8a}$$

$$t' = \frac{t - \frac{u}{c^2}x}{\sqrt{1-(u/c)^2}} \tag{4-8b}$$

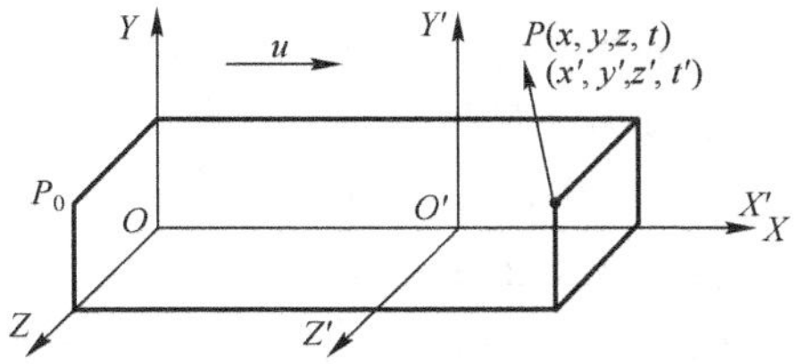

图 4-4　洛伦兹坐标变换式

其逆变换为

$$x = \frac{x' + ut'}{\sqrt{1-(u/c)^2}}, \quad y = y', \quad z = z' \tag{4-9a}$$

$$t = \frac{t' + \frac{u}{c^2}x'}{\sqrt{1-(u/c)^2}} \tag{4-9b}$$

设 K' 系以速度 u 相对于 K 系沿 x 轴正方向运动，在 $t' = t = 0$ 时刻，两坐标原点重合，这时从共同的原点 P_0 发出一个光信号，经一段时间后，光信号沿 x 轴（或 x' 轴）到达 P 点，K' 系的原点在如图 4-4 所示的位置，根据光速不变原理

$$x = ct, \quad x' = ct' \tag{4-10a}$$

很显然，$x' \neq x - ut$，因为两参考系对同一事件的时间坐标并不相同（否则就成了伽利略变换）。因此，设它们满足下列线性关系：

$$x' = k(x - ut) \tag{4-10b}$$

式中，$k = f(c,u)$，是一个与光速 c 和 u 有关的系数。

同理，得

$$x = k'(x' + ut') \tag{4-10c}$$

因为根据狭义相对性原理,K 系与 K' 系是完全等价的,所以

$$k = k'$$

为了获得确定的变换法则,就必须求出 k。

由式(4-10a)、式(4-10b)和式(4-10c),可得

$$c^2tt' = k^2tt'(c-u)(c+u)$$

化简得

$$k = \frac{c}{\sqrt{c^2-u^2}} = \frac{1}{\sqrt{1-(u/c)^2}} \tag{4-11}$$

令 $\beta = u/c$,将式(4-11)代入式(4-10b)和式(4-10c),有

$$x' = \frac{x-ut}{\sqrt{1-\beta^2}} \tag{4-12a}$$

$$x = \frac{x'+ut'}{\sqrt{1-\beta^2}} \tag{4-12b}$$

结合式(4-8b)和式(4-9b)有

$$t' = \frac{t-\frac{u}{c^2}x}{\sqrt{1-\beta^2}} \tag{4-13a}$$

$$t = \frac{t'+\frac{u}{c^2}x'}{\sqrt{1-\beta^2}} \tag{4-13b}$$

2. 讨论

(1) 当 $\beta = u/c$ 很小时,$1-\beta\approx 1$,洛伦兹变换退变成伽利略变换。

牛顿力学是相对论力学的一个特例,即 $u \ll c$ 时的低速运动物体。而且,洛伦兹变换式中对 $u>c$ 无意义。真空中光速是一个恒量,也是一切参考系速度的极限。

(2) 在洛伦兹变换中(x,y,z,t)和(x',y',z',t')的关系是线性的,时间与空间是不可分割的。同一事件不仅在不同惯性系中的时间坐标不同,而且时间坐标与空间坐标紧密联系。狭义相对论建立了对洛伦兹变换为不变形式的相对论力学以替代牛顿力学。由洛伦兹变换,还可以推得长度收缩效应和时间膨胀效应。

4.3 狭义相对论的时空观

由经典力学可知,时间是绝对的,在一个惯性系中观察同时发生的事件,在另一个与之做相对匀速直线运动的惯性系来说也是同时发生的。

而相对论指出,同时性问题是相对的,不是绝对的。在一个惯性系中是同时发生的两个事件,到另一个与之做相对运动的惯性系中,就不一定是同时性的。

4.3.1 同时性问题

1. 时钟整步

在 K 系中,$P_1(x_1)$点和 $P_2(x_2)$点各发出一个光信号,只有当在 P_1、P_2 的中点$\left(\frac{x_1+x_2}{2}\right)$处

同时收到这两个光信号，才认为发生在 P_1、P_2 两处的事件是同时的。以后对同一惯性系，都采用这种时间坐标表达“同时”，如图 4-5 所示。

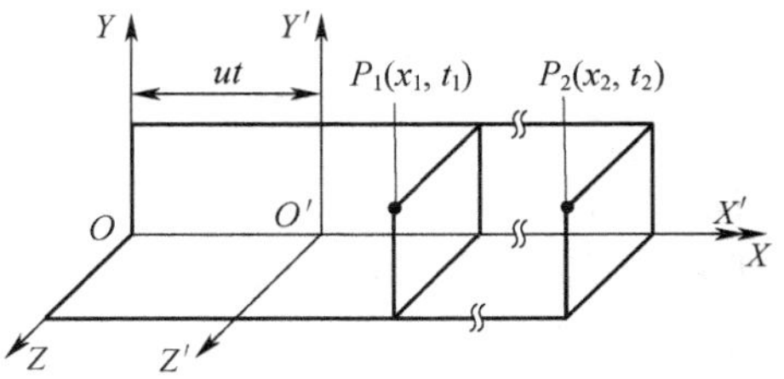

图 4-5　时钟整步

2. 同时不同地问题

对 K 系中同时发生的两件事，$x_1 \neq x_2$，在另一惯性系 K' 看来是否也是同时的？

（1）按经典时空观：K 系中 P_1、P_2 两件事同时发生，$\Delta t = t_2 - t_1 = 0$，而由于 $t_1{}' = t_1$，$t_2{}' = t_2$，所以

$$\Delta t' = t_2{}' - t_1{}' = t_2 - t_1 = 0$$

因此，在 K 系中 P_1、P_2 两事件也同时发生。

（2）按相对论：$\Delta t' \neq 0$，由洛伦兹变换式，设 K 系中的 $P_1(x_1, t_1)$ 和 $P_2(x_2, t_2)$，则在 K' 系中测得

$$t_1' = \frac{t_1 - \frac{u}{c^2}x_1}{\sqrt{1-\beta^2}}, \quad t_2' = \frac{t_2 - \frac{u}{c^2}x_2}{\sqrt{1-\beta^2}} \tag{4-14}$$

若 $x_1 \neq x_2$，则 $\Delta t' \neq 0$。可见，在一个惯性系中观察是同时但不同地发生的事件，自另一个惯性系观察就不会同时发生。

如图 4-5 所示，若 $x_1 < x_2$，则 $\Delta t' < 0$，那么，$t_2' < t_1'$。所以，在 K' 系中看来却是 P_2 事件先发生，P_1 事件后发生。

（3）在一个惯性系中同时同地发生的事件，在另一惯性系中一定是同时的。即若 $x_1 = x_2$，$t_1 = t_2$，则 $\Delta t' = 0$。

4.3.2　长度缩短

1. 一维情况

（1）设 u 沿物体长度方向。物体长度由 K 系来量度，其固有长度 $l_0 = x_2 - x_1$；那么，由 K' 系中观察者在某一时刻 t' 来量度，其观测长度 $l' = x_2' - x_1'$ 会是多少？

设 $\beta = u/c$，由洛伦兹变换式(4-12b)

$$x_1 = \frac{x_1' + ut'}{\sqrt{1-\beta^2}}, \quad x_2 = \frac{x_2' + ut'}{\sqrt{1-\beta^2}} \tag{4-15}$$

$$x_2 - x_1 = \frac{x_2' - x_1'}{\sqrt{1-\beta^2}} \tag{4-16a}$$

也可表示为

$$l' = l_0\sqrt{1-\beta^2} \tag{4-16b}$$

即观测长度小于固有长度（$l' < l_0$），所以，K' 系的观察者认为运动中的物体尺度缩短了。

（2）反过来，固定在 K' 系中的长度由 K 系观察者来度量，可能是伸长还是缩短？

K' 系中某物体固有长度 $l_0' = x_2' - x_1'$；那么，由 K 系中观察者在某一时刻 t 来量度，其观测长度 $l = x_2 - x_1$ 又会是多少？

同理，由洛伦兹变换式(4-12a)，得

$$x_1' = \frac{x_1 - ut}{\sqrt{1-\beta^2}}, \quad x_2' = \frac{x_2 - ut}{\sqrt{1-\beta^2}} \tag{4-17}$$

$$x_2' - x_1' = \frac{x_2 - x_1}{\sqrt{1-\beta^2}} \tag{4-18a}$$

也可表示为

$$l = l_0' \sqrt{1-\beta^2} \tag{4-18b}$$

即观测长度仍小于固有长度($l < l_0'$),长度依然缩短,K 系的观察者也认为运动中的物体尺度缩短了。这正说明,彼此相对做匀速直线运动的惯性参考系,对于描写运动的一切规律来说都是等价的。

2. 说明

(1) 对第一种情况:$l_0 = x_2 - x_1$, $l' = x_2' - x_1'$。

为什么不直接用式(4-17)推导出式(4-18a)?

式(4-18a)的结果与第一种情况所得式(4-16a)或式(4-16b)正好相反,为什么?这里的关键问题在于"时间的同时性问题",即在 K'系某一时刻 t' 来量度时,K 系中的时间 t 并非同时,即 $t' \neq t$,故不能用上述公式来推导第一种情况。

(2) 对于垂直于相对速度 u 方向的观测长度不变,即尺度收缩效应只沿惯性系运动方向。

(3) 洛伦兹收缩是时空的基本属性之一,两点间的距离也同样有此效应。例如,图书馆高楼顶部的两个信号闪灯,在地面参考系观察者看来是在同时闪光。而在与之做相对高速运动的惯性参考系中观测则并不同时闪光。

4.3.3 时间延长

设 K 系中某定点 $x = x_0$处,发生一个事件。在 K 系中量度,事件开始时刻$t = t_1$,终止时刻 $t = t_2$,则固有时间 $\Delta t_0 = t_2 - t_1$。

而在相对 K 系做匀速直线运动的 K'系中观测这一事件,时间间隔 $\Delta t' = t_2' - t_1'$。设 $\beta = u/c$,由洛伦兹变换式(4-13a),得

$$t_1' = \frac{t_1 - \frac{u}{c^2}x_0}{\sqrt{1-\beta^2}}, \quad t_2' = \frac{t_2 - \frac{u}{c^2}x_0}{\sqrt{1-\beta^2}}$$

所以

$$\Delta t' = t_2' - t_1' = \frac{t_2 - t_1}{\sqrt{1-\beta^2}} = \frac{\Delta t_0}{\sqrt{1-\beta^2}} \tag{4-19}$$

可表示为

$$\tau' = \frac{\tau_0}{\sqrt{1-\beta^2}} \tag{4-20}$$

因此,K'系观察者认为事件所经历的时间间隔 τ'比固有时间 τ_0 要长。或者说,K'系观测者认为 K 系中测量固有时间的时钟走慢了。此种效应称为时间膨胀效应。

这里还需要说明:反过来也可证明,设 K'系中某定点 $x' = x_0'$ 处,事件发生至终止的固有时间为 $\Delta t_0' = t_2' - t_1'$。则在 K 系中观测的时间隔 $\Delta t = t_2 - t_1$。仍由洛伦兹变换式(4-13b),得

$$t_1 = \frac{t_1' + \frac{u}{c^2}x_0'}{\sqrt{1-\beta^2}}, \quad t_2 = \frac{t_2' + \frac{u}{c^2}x_0'}{\sqrt{1-\beta^2}}$$

$$\Delta t = \frac{\Delta t_0'}{\sqrt{1-\beta^2}} \tag{4-21}$$

或
$$\tau = \frac{\tau_0'}{\sqrt{1-\beta^2}} \tag{4-22}$$
即 $\tau > \tau_0'$,谁都在指责别人的钟走慢了。这也同样说明了惯性参考系是等价的。

例 4-1 有一观察者测得运动着的米尺长为 0.5m,求此米尺是以多大的速度接近观察者?

解 设观察者所在惯性参考系为 K 系,运动的米尺所在的惯性参考系为 K' 系,显然,米尺在 K' 系中的固有长度 $l_0' = 1.0\text{m}$。由狭义相对论尺度收缩关系式
$$l = l_0' \sqrt{1-\beta^2}$$
可得 $0.5 = 1.0 \times \sqrt{1-\beta^2}$,即 $\beta = \sqrt{3}/2$。所以
$$u = 0.866c = 2.6 \times 10^8 (\text{m/s})$$

例 4-2 π 介子的半衰期为 1.8×10^{-8}s,现有一束 π 介子以 $0.8c$ 的速度离开一个加速器,试推算 π 介子衰变一半时所飞过的路径有多长?

解 按经典理论,π 介子衰变一半时所飞过的路径为
$$d = u \cdot \Delta\tau = 0.8c \times 1.8 \times 10^{-8} = 4.3(\text{m})$$
按狭义相对论,设运动的 π 介子所在的惯性参考系为 K' 系,π 介子衰变一半时在 K' 系中经历的固有时间 $\Delta\tau_0' = 1.8 \times 10^{-8}$s;加速器所在的实验室相当于 K 系,由于时间延缓效应,K 系所测的半衰期应为
$$\Delta\tau = \frac{\Delta\tau_0'}{\sqrt{1-\beta^2}} = \frac{1.8 \times 10^{-8}}{\sqrt{1-(0.8)^2}} = 3.0 \times 10^{-8}(\text{s})$$
所以
$$d = u \cdot \Delta\tau = 0.8c \times 3.0 \times 10^{-8} = 7.2(\text{m})$$
这与实验室测得的结果符合得很好。

例 4-3 牛郎星距离地球约 16 光年,设宇宙飞船需用 4 年的时间(飞船上的时钟指示的时间)抵达牛郎星,则宇宙飞船将以多大的速度匀速飞行?

解 设宇宙飞船所在的惯性参考系为 K' 系,需用 4 年的时间是指飞船上的时钟指示的固有时间 $\Delta t_0'$,按狭义相对论
$$\Delta t = \frac{\Delta t_0'}{\sqrt{1-\beta^2}}$$
所以
$$\frac{16c}{u} = \frac{\Delta t_0'}{\sqrt{1-\beta^2}}$$
$$\frac{16}{\beta} = \frac{4}{\sqrt{1-\beta^2}}$$
解得 $\beta = \sqrt{16/17}$。即
$$u = \frac{4}{\sqrt{17}}c = 2.91 \times 10^8 (\text{m/s})$$

特别注意:若用 $16 = \dfrac{4}{\sqrt{1-\beta^2}}$,解得 $\beta = \sqrt{15/16}$。

即
$$u = \frac{\sqrt{15}}{4}c = 2.90 \times 10^8 (\text{m/s})$$
请读者思考后者错误出在哪里。

4.4 狭义相对论动力学基础

4.4.1 相对论力学的基本方程

1. 问题的提出

经典力学的基本定律在伽利略变换下是不变的。而相对论动力学的基本任务，首先在于找出相对论性的力学定律，并且：

(1) 这个力学定律在洛伦兹变换下是不变的，即满足爱因斯坦相对性原理；

(2) 这个相对论的力学定律在 $v \ll c$ 的低速情况下，即可还原成经典力学的形式。

2. 相对论中的动量和质量

从自然界的普遍规律之一的动量守恒定律入手。由式(1-34)和式(4-6)，显然它在伽利略变换下保持为不变式。

$$\boldsymbol{F}=\frac{\mathrm{d}\boldsymbol{p}}{\mathrm{d}t}=\frac{\mathrm{d}(m\boldsymbol{v})}{\mathrm{d}t}=m\boldsymbol{a},\quad \boldsymbol{F}'=m\boldsymbol{a}'$$

在狭义相对论中，如果动量仍保留这种定义形式，质量又视为常量，那么根据相对论速度变换，动量守恒定律在洛伦兹变换下就不能对一切惯性系成立。由此必须对“质量 = 常量”进行修正。考夫曼曾观察具有不同动能的电子在磁场中的偏转，从而测定电子的质量，证明了电子的质量随速度大小不同而有不同的量值。图 4-6 所示为考夫曼实验曲线。

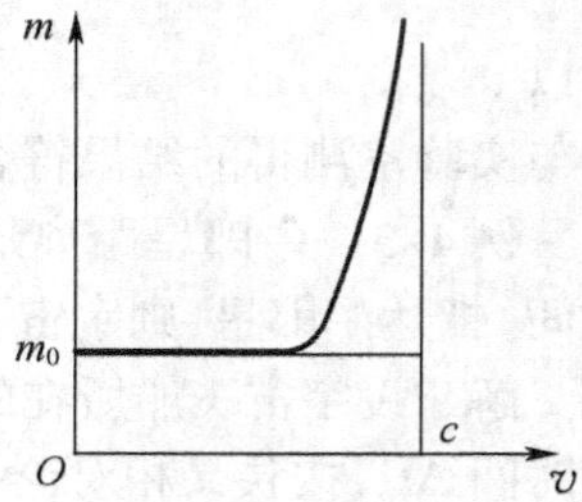

图 4-6　考夫曼实验曲线

可以以两个小球的碰撞问题为例，从两个惯性系来描述这个动量守恒的过程，由相对论动力学直接得出结论，即相对论性的动量表达式，这里设 $\beta=v/c$，则

$$\boldsymbol{p}=m\boldsymbol{v}=\frac{m_0}{\sqrt{1-\beta^2}}\boldsymbol{v} \tag{4-23}$$

$$m=\frac{m_0}{\sqrt{1-\beta^2}} \tag{4-24}$$

即物体的质量是随物体运动的速度而变化的。式(4-24)中 m_0 是物体在与之相对静止的惯性系中测得的质量，称为静止质量。m 是物体对观察者有相对速度大小为 v 时测得的质量，这里 v 是所研究的物体(视作质点)相对于观察者所在的参考系的速度大小。

这样得到的动量守恒在洛伦兹变换下是保持不变的，即满足相对性原理的动量守恒定律。

3. 相对论动力学基本方程

由力是动量对时间的变化率

$$\boldsymbol{F}=\mathrm{d}\boldsymbol{p}/\mathrm{d}t=\mathrm{d}(m\boldsymbol{v})/\mathrm{d}t$$

这里的动量用式(4-23)代入，因此，相对论的动力学方程为

$$\boldsymbol{F}=\frac{\mathrm{d}}{\mathrm{d}t}\left(\frac{m_0}{\sqrt{1-\beta^2}}\boldsymbol{v}\right) \tag{4-25a}$$

$$\boldsymbol{F}=\frac{\mathrm{d}(m\boldsymbol{v})}{\mathrm{d}t}=m\frac{\mathrm{d}\boldsymbol{v}}{\mathrm{d}t}+\frac{\mathrm{d}m}{\mathrm{d}t}\boldsymbol{v} \tag{4-25b}$$

可以证明：这一方程在洛伦兹变换关系式下具有不变形式，即满足相对论原理。

4. 讨论

(1) 爱因斯坦的质量变换式(4-24)揭示了物质与运动的不可分割性。因为 $v < c$，而 $m > m_0$，即运动物体质量恒大于静止质量。

例如，火箭以第二宇宙速度运动，$v = 11.2\text{km/s}$，得

$$m = \frac{m_0}{\sqrt{1-\beta^2}} = (1 + 9 \times 10^{-10}) m_0$$

又如，地球的公转速度 $v = 30\text{km/s}$，则 $m = (1 + 1 \times 10^{-9}) m_0$；因此，对宏观物体速度不高，其质量改变很小；若 $v = 0.1c$，则 $m = 1.005m_0$；$v = 0.98c$，则 $m = 5m_0$。

所以，经典力学是相对论力学在低速情况下($v \ll c$)的近似。

(2) 若 $v = c$，且认为 $m_0 \neq 0$，则 $m \to \infty$，无意义；若认为 $m_0 = 0$，则 m 为有限值，由此，光子被认为是无静止质量，即 $m_0 = 0$。所以，真空中光速 c 是一切运动速度的极限值，超光速的现实运动是没有意义的。

修改后的质量、动量和动量守恒定律，相对论力学的基本方程，构成了相对论动力学的主要内容之一。

(3) 按经典力学 $\boldsymbol{F} = \text{d}\boldsymbol{p}/\text{d}t = m\boldsymbol{a}$，若物体始终受恒力作用，则物体将具有恒定的加速度，致使速度可增加到任意值。而根据式(4-24)，随着速度 v 的增大，质量 m 增大，加速度 a 减小，致使物体速度的增加变得越来越困难，直至 $v \to c$ 时，$a \to 0$。尽管有力的作用，但永远不能把 $m_0 \neq 0$ 的物体从静止加速到 c。

4.4.2 质量和能量的关系

1. 质能关系式

当外力作用在静止质量为 m_0 的质点上时，质点每经过位移 d$\boldsymbol{s}$，其动能的增量为

$$\text{d}E_\text{k} = \boldsymbol{F} \cdot \text{d}\boldsymbol{s}$$

设一维情况下，力、速度和位移三者方向一致时，利用爱因斯坦质量变换式(4-24)和式(4-25b)推算化简，得

$$\text{d}E_\text{k} = c^2 \text{d}m$$

两边积分，得

$$E_\text{k} = mc^2 - m_0c^2 = E - E_0 \tag{4-26}$$

$E_0 = m_0c^2$ 称为静止能量，$E = mc^2$ 称为物体运动时的能量。

$$E = mc^2, \quad E_0 = m_0c^2 \tag{4-27}$$

上式称为爱因斯坦质能关系式。

2. 讨论

(1) 由式(4-27)，得

$$E = mc^2 = \frac{m_0c^2}{\sqrt{1-\beta^2}}$$

当 $v \ll c$ 时，做级数展开

$$(1-\beta^2)^{-\frac{1}{2}} \approx 1 + \frac{1}{2}\beta^2$$

代入式(4-26)，得

$$E_\text{k} = \frac{1}{2}m_0v^2$$

（2）$E_0=m_0c^2$ 实际上是物体内能的总和，包括分子运动的动能、分子间相互作用的势能，以及分子、原子内部各组成的粒子间的相互作用能。

（3）质能关系式(4-27)在近代物理研究中非常重要，在原子核物理及原子能利用方面具有指导意义。质能关系式揭示了质量和能量是不可分割的，它表示具有一定质量的物质客体也必具有和这个质量相当的能量。但是，不能把物质的能量和质量混为一谈，把能量和物质分开，从而简单地认为质量会转变为能量。质量和能量在量值上的关系，决不等于这两个量可以相互转变。认为物质会变成能量的观点是错误的。

3. 动量和能量的关系

$$p=mv=\frac{m_0}{\sqrt{1-\beta^2}}v$$

$$E=mc^2=\frac{m_0c^2}{\sqrt{1-\beta^2}}$$

将上两式平方，得

$$\frac{E^2}{c^2}-p^2=\frac{m_0^2(c^2-v^2)}{(c^2-v^2)/c^2}=m_0^2c^2$$

所以

$$E^2=m_0^2c^4+c^2p^2=E_0^2+c^2p^2 \tag{4-28}$$

对光子，其静止质量 $m_0=0$，所以：

光子的动量为 $p=E/c=h\nu/c=h/\lambda$

光子的能量为 $E=mc^2=h\nu$

由此可得运动光子的质量为 $m=h\nu/c^2$

4. 原子的结合能

已知质子的质量 $M_p=1.00728\text{u}(1\text{u}=1.660\times10^{-27}\text{kg})$，中子的质量 $M_n=1.00866\text{u}$。由两个质子和两个中子组成一个氦核，实验测得它的质量 $M_A=4.00150\text{u}$。试计算形成一个氦核时，放出的能量。

氦核组成之前：$M=2M_p+2M_n=4.03188(\text{u})$

可见 $M_A<M$，原子核发生质量亏损：

$$\Delta M=M-M_A=0.03038(\text{u})$$

当质量改变 ΔM 时，一定有与之相应的能量改变，而并非质量 ΔM 消失了。由质量关系式

$$\Delta E=\Delta Mc^2=0.4539\times10^{-11}(\text{J})$$

若结合成1mol 的氦核，放出的能量

$$E=N_A\cdot\Delta E=2.733\times10^{12}(\text{J})$$

这相当于燃烧约100t 煤时所发出的热量。

有人做过估算，拥有百万人口的城市每天用于家庭使用的能量，一共不超过相当于1g 质量变化所对应的能量。在众多的能量传递与转化过程中，要想感知到伴随着极微的质量的传递与变化显然是不可能的。

4.5 广义相对论简介

在狭义相对论中，所用的惯性系都是平权的，没有哪一个惯性系较其他惯性系更加优越，从而排除了某一惯性系的绝对运动，即绝对运动的惯性参考系是不存在的。

1915 年,爱因斯坦提出了包括非惯性系在内的相对论,在此之前他就认为,对狭义相对论的正确解释必然会提出一个引力理论。他是从非惯性系入手的：设 K 系是没有引力场的惯性系,K' 系是相对于 K 系有等加速度的坐标系,质点相对于坐标系 K' 的运动状态就像 K' 系是一个有均匀力场的惯性系一样。

又如,假设有一宇宙飞船在自由空间飞行(忽略引力),并设此飞船的加速度 $\boldsymbol{a}$ 与地球表面重力加速度 $\boldsymbol{g}$ 大小相等,方向相反。飞船内一位在体重计上的宇航员发现,体重计的读数会与他在地面时的读数相同。这表明,在引力可忽略的情况下,宇宙飞船以加速度 $\boldsymbol{a}=-\boldsymbol{g}$ 运动时,飞船内物体的动力学效应与地面实验室在引力作用下的动力学效应是等效的,无法区别。

爱因斯坦最后得出结论,一个物体在均匀引力场中的动力学效应与此物体在加速参考系中的动力学效应是不可区分的,等效的。这就是广义相对论的等效原理。根据等效原理,物体在无引力的非惯性系中的运动与它在有引力的惯性系中的运动是等效的,惯性系与非惯性系没有原则区别,它们都可以用来描述物体的运动,没有哪一个参考系更优越。

爱因斯坦将狭义相对性原理推广为广义相对性原理：一切参考系都是平权的,物理定律应该在广义的时空坐标变换下形式不变。也就是说,在有限的尺度内一般不存在物理学上特别优越的运动状态或参考系。

爱因斯坦由此预言了光谱线的引力红移以及光线经过超大质量的天体附近时所发生的光线的偏折,并且这都已被天文观测所证明。近年来,关于脉冲双星的观测实验也提供了有关广义相对论预言存在引力波的有力证据。

习　　题

一、选择题

1. 在狭义相对论中,下列说法中哪些是正确的?(　　)

(1) 一切运动物体相对于观察者的速度都不能大于真空中的光速;

(2) 质量、长度、时间的测量结果都是随物体与观察者的相对运动状态而改变的;

(3) 在一惯性系中发生于同一时刻、不同地点的两个事件,在其他一切惯性系中也是同时发生的;

(4) 惯性系中的观察者观察一个与他做匀速相对运动的指针式时钟时,会观测到这时钟比与他相对静止的相同的时钟走得慢些。

(A) (1),(3),(4)　　(B) (1),(2),(4)　　(C) (1),(2),(3)　　(D) (2),(3),(4)

2. 在某地发生两个事件,静止位于该地的甲测得时间间隔为 4s,若相对于甲做匀速直线运动的乙测得的时间间隔为 5s,则乙相对于甲的运动速度是(c 表示真空中光速)(　　)。

(A) $(4/5)\ c$　　(B) $(3/5)\ c$　　(C) $(2/5)\ c$　　(D) $(1/5)\ c$

3. (1) 对某观察者来说,发生在某惯性系中同一地点、同一时刻的两个事件,对相对于该惯性系做匀速直线运动的其他惯性系中的观察者来说,它们是否同时发生?

(2) 在某惯性系中发生于同一时刻、不同地点的两个事件,它们在其他惯性系中是否同时发生?

关于上述两个问题的正确答案是:(　　)

(A) (1)同时,(2)不同时　　(B) (1)不同时,(2)同时

(C) (1)同时,(2)同时　　(D) (1)不同时,(2)不同时

4. 设某微观粒子的总能量是它的静止能量的 K 倍,则其运动速度的大小为(以 c 表示真空中的光速)(　　)。

(A) $\dfrac{c}{K-1}$　　(B) $\dfrac{c}{K}\sqrt{1-K^2}$　　(C) $\dfrac{c}{K}\sqrt{K^2-1}$　　(D) $\dfrac{c}{K+1}\sqrt{K(K+2)}$

5. 某核电站年发电量为 36×10^{15} J,如果这是由相当于核材料的全部静止能量转化产生的,则需要消耗

的核材料的质量为(　　)。

(A) 0.4kg　　(B) 0.8kg　　(C) $\frac{1}{12}\times10^7$ kg　　(D) 12×10^7 kg

二、填空题

1. 狭义相对论的两条基本原理中,相对性原理说的是________; 光速不变原理说的是________。

2. π^+介子是不稳定的粒子,在与它自己相对静止的参考系中测得平均寿命为2.6×10^{-8} s,如果它相对于实验室以$0.8c$(c为真空中光速)的速率运动,那么实验室坐标系中测得的π^+介子的寿命是________。

3. 一观察者测得一沿米尺长度方向匀速运动着的米尺的长度为0.5m,则此米尺以速度v = ____________接近观察者。

4. μ子是一种基本粒子,在相对于μ子静止的坐标系中测得其寿命$\tau_0=2\times10^{-6}$ s。如果μ子相对于地球的速度$v=0.988c$ (c为真空中光速),则在地球坐标系中测出的μ子的寿命τ=________。

三、计算题

1. 观察者A测得与他相对静止的Oxy平面上一个圆的面积是12cm^2,观察者B相对于A以$0.8c$ (c为真空中光速)平行于Oxy平面做匀速直线运动,观察者B测得这一图形为一椭圆,其面积是多少?

2. 在惯性系S中,有两个事件发生于同一地点,且第二个事件比第一个事件晚发生$\Delta t=2$s;而在另一惯性系S'中,观测第二个事件比第一个事件晚发生$\Delta t'=3$s。那么在S'系中发生两个事件的地点之间的距离是多少?

3. 电子加速器必须做多少功才能使得一个电子的速率从1.2×10^8m/s增大到2.4×10^8m/s?

4. 设一基本粒子的静止质量为m_0,当其动能等于其静止能量时,其质量和动量各为多少?

5. 在某惯性系S中,两事件发生在同一地点而时间相隔为4s。已知在另一惯性系S′中,该两事件的时间间隔为5s。求:(1)两惯性系的相对速度是多少?(2)在S′系中,两事件的空间间隔是多少?

6. 一物体的速度使其质量增加了10%,试问此物体在运动方向上缩短了百分之几?

7. 已知一粒子的动能等于其静止能量的n倍,试求该粒子的速率和动量。

8. 把一个静止质量为m_0的粒子由静止加速到0.1c所需的功是多少?由速率0.89c加速到0.99c所需的功又是多少?

第 5 章　静电场和电介质

自然界存在两种不同性质的电荷，即正电荷与负电荷。同种电荷相互排斥，异种电荷相互吸引。

基本粒子在20世纪三四十年代提出，指的是当时已知的质子、中子、电子和光子这四种粒子，认为它们是组成世界物质不可分割的基元粒子。但其后20年来，陆续发现了上百种基本粒子，至今又已发现300多种。例如，光子：不带电荷，属玻色子；电子：带电，属费米子；轻子：电子、中微子（不带电）、μ 子、τ 子；强子：介子（π 介子）；核子：质子、中子、超子（$\sum^+$ 和 $\sum^-$）。

1964年，盖尔曼提出夸克模型，指出每个夸克的重子数都是1/3，电荷所带电量分别是 $(2/3)e$、$(-1/3)e$、$(-1/3)e$，所有的重子数都是由三个夸克组成的。中国科学家也于1965年提出层子模型。

电场是一种场物质，与实物存在的形式不同，总是弥漫于较大的空间，两个实物不可能占据同一个地方，但几个电场却可以存在于同一空间内。

相对于观察者静止的电荷（静电荷）在其周围空间所产生的电场称为静电场。静电场学就是研究静电场的基本性质及其规律，其研究方法就是以实验定律为基础，应用一定的力学、微积分知识，描述静电场的有关规律。

5.1　库 仑 定 律

5.1.1　电荷守恒定律

物体所带电荷数量的多少称为电量，用 Q 或 q 表示，单位为库仑（C）。近代物理实验（密立根油滴实验）测出：基本电荷带电量 $e = 1.602 \times 10^{-19}$ C。

电荷可以从一个物体转移到另一个物体，或者从物体的一部分转移到另一部分，但电荷既不能被创造，也不能被消灭，该结论称为电荷守恒定律（或电量守恒定律）。在一个孤立系统内，无论发生怎样的物理过程，该系统正、负电荷的代数和总保持不变。

电荷与电荷之间的作用不是“电荷对电荷”的超距作用，而是“电荷⇌场⇌电荷”的作用形式，即电荷在其周围产生电场，而对引入电场中的任何带电体都将受到电场力的作用，这是电场的基本特性。

5.1.2　库仑定律的表述

1. 点电荷的物理模型

所谓点电荷，是指这样的带电体：它本身的几何线度比起它到其他带电体的距离要小得多，其大小、形状和电荷在带电体上的分布均不考虑，并可认为电量集中在一点。

2. 真空中的库仑定律

即两个相对静止的点电荷在真空中相互作用的规律，是法国科学家库仑于1785年通过扭秤实验确定的。

在真空中，q_1 和 q_2 两个点电荷间的相互作用力的大小与其带电量 q_1 和 q_2 的乘积成正比，与它们之间的距离 r 的平方成反比，即

$$F = k\frac{q_1 q_2}{r^2}$$

如图 5-1 所示，作用力的方向沿着两点电荷的连线，同号电荷相排斥，异号电荷相吸引。图 5-1(a)中，q_1 作为施力电荷，q_2 作为受力电荷；图 5-1(b)中，q_2 作为施力电荷，q_1 作为受力电荷。这种静电场力用矢量表示为

$$\boldsymbol{F} = k\frac{q_1 q_2}{r^2}\boldsymbol{r}^\circ$$

式中，$\boldsymbol{r}^\circ$ 为单位矢量，从施力电荷指向受力电荷；k 为常数，$k = 8.99 \times 10^9 \mathrm{N \cdot m^2/C^2}$。令

$$k = \frac{1}{4\pi\varepsilon_0}$$

式中，ε_0 为真空介电常数(或真空电容率)，$\varepsilon_0 = 8.85 \times 10^{-12} \mathrm{C^2/(N \cdot m^2)}$。所以，静电场力表示为

$$\boldsymbol{F} = \frac{1}{4\pi\varepsilon_0}\frac{q_1 q_2}{r^2}\boldsymbol{r}^\circ$$

或

$$\boldsymbol{F} = \frac{1}{4\pi\varepsilon_0}\frac{q_1 q_2}{r^3}\boldsymbol{r} \tag{5-1}$$

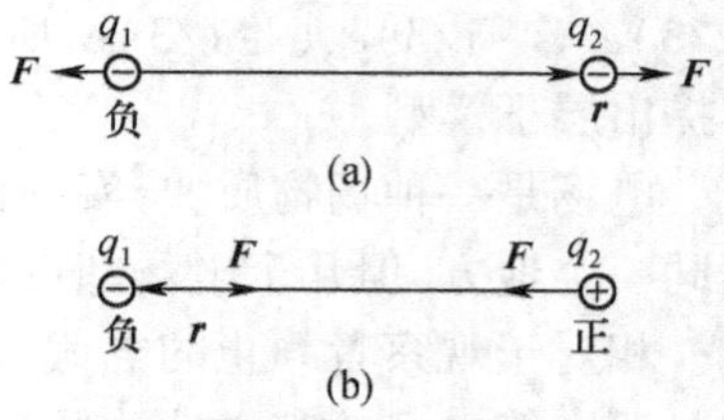

图 5-1　库仑定律

5.1.3　静电场力的叠加原理

库仑定律是静电学的基本规律，在点电荷系中，式(5-1)对每一对电荷均成立，其中任一电荷所受总的静电场力，等于其他点电荷单独存在时作用在该点电荷上的静电场力的矢量和，这就是静电场力的叠加原理。

$$\boldsymbol{F} = \boldsymbol{F}_1 + \boldsymbol{F}_2 + \cdots + \boldsymbol{F}_n = \sum_{i=1}^{n} \boldsymbol{F}_i \tag{5-2}$$

对两个带电体之间的作用力，可将它们分割成无数可视作点电荷的电荷元，再根据静电场力的叠加原理求矢量和。

5.2　电场强度

5.2.1　场强的定义及点电荷场强

1. 试验电荷

带电体在其周围产生电场，电场是一种物质，也具有能量。静电场的重要表现：对引入电场中的任何带电体都有力的作用；当带电体在电场中移动时，电场力就对它做功。

例如，在静电荷 q 周围的静电场中，可引入一个试验电荷来研究该电场中任一处电场的性质。

试验电荷(又称检验电荷)q_0 是一个线度足够小的点电荷，且其带电量小到不会影响原电场的分布。试验得出，一般情况下，q_0 所受电场力的大小和方向与其在源头电荷 q 电场中

的位置有关。而在电场中某一定点处，q_0 的量值不同，虽然其所受力的大小也不同，但所受力的方向是在 q 和 q_0 的连线上。可见，电场力的大小和方向与试验电荷本身带电量及正、负有关。

然而，电场强度的大小却与 q_0 量值无关，仅与 q_0 所在点的位置有关。

2. 电场强度定义

对电场中的确定点来说，检验电荷所受到电场作用力 $\boldsymbol{F}$ 与检验电荷 q_0 的比值是一个确定的矢量，这个矢量反映了给定点电场本身的性质。

定义 $\boldsymbol{E}=\boldsymbol{F}/q_0$，作为描述静电场中某点电场性质的一个物理量，称作该场点处的电场强度，简称场强。电场中某点电场强度的大小等于处于该点的单位检验电荷所受静电场静电场力的大小，场强的方向为正检验电荷 q_0 所受静电场力的方向，如图 5-2 所示。由此可知：

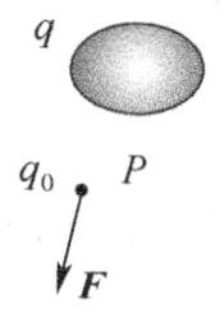

图 5-2　检验电荷 q_0 所受静电场力

场强 $\boldsymbol{E}$ 为矢量；$\boldsymbol{E}$ 与 q_0 的量值无关，单位是 $\mathrm{N \cdot C^{-1}}$ 或 $\mathrm{V \cdot m^{-1}}$；

$\boldsymbol{E}=\boldsymbol{E}(r)$ 或 $\boldsymbol{E}(x,y,z)$ 为位置函数（点函数）。

3. 点电荷的场强

检验电荷 q_0 受到点电荷 q 的电场力，由式（5-1）

$$\boldsymbol{F}=\frac{1}{4\pi\varepsilon_0}\frac{qq_0}{r^2}\boldsymbol{r}^{\circ}$$

则 P 点的场强为

$$\boldsymbol{E}=\frac{\boldsymbol{F}}{q_0}=\frac{1}{4\pi\varepsilon_0}\frac{q}{r^2}\boldsymbol{r}^{\circ} \tag{5-3}$$

4. 讨论

（1）场强方向如图 5-3 所示，若 $q>0$，$\boldsymbol{E}$ 与 $\boldsymbol{r}^{\circ}$ 同向，场强沿场点的矢径方向（背向 q）；若 $q<0$，$\boldsymbol{E}$ 与 $\boldsymbol{r}^{\circ}$ 反向，场强沿场点的矢径反方向（指向 q）。

（2）点电荷的电场具有球对称性，其大小 $E\propto 1/r^2$。规定参考点 $r\to\infty$ 时，$E=0$。显然，q 的场强随 r 增大而降低，q 的正负只决定场强的方向。

（3）对任意带电体的场强，可视作由许多的点电荷元所激发场强的叠加。

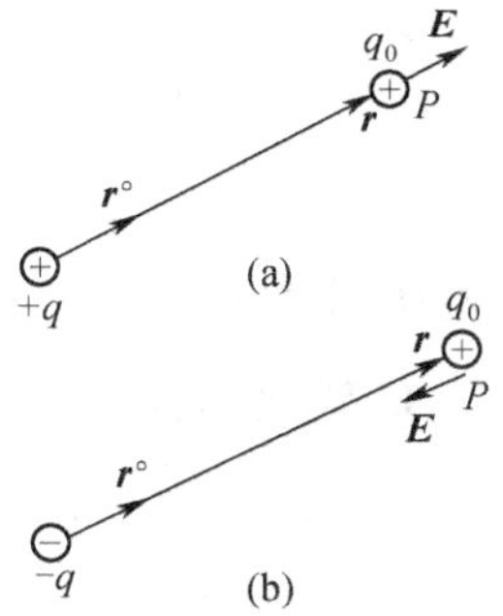

图 5-3　场强的方向

5.2.2　场强的叠加原理

场强的叠加原理即独立性原理。在点电荷系 q_1、q_2、q_3…所产生的电场中，检验电荷 q_0 所受合力，由式（5-2）

$$\boldsymbol{F}=\boldsymbol{F}_1+\boldsymbol{F}_2+\cdots+\boldsymbol{F}_n$$

按场强定义

$$\boldsymbol{E}=\frac{\boldsymbol{F}}{q_0}=\frac{\boldsymbol{F}_1}{q_0}+\frac{\boldsymbol{F}_2}{q_0}+\cdots+\frac{\boldsymbol{F}_n}{q_0}=\boldsymbol{E}_1+\boldsymbol{E}_2+\cdots+\boldsymbol{E}_n \tag{5-4}$$

可见，点电荷系电场中任一点的场强，等于各点电荷单独存在时在该点产生场强的矢量和，称为场强叠加原理。利用这一原理，可计算任意带电体在其周围空间所产生的场强。

1. 点电荷系的场强

由式(5-3)和式(5-4),有

$$\boldsymbol{E} = \boldsymbol{E}_1 + \boldsymbol{E}_2 + \cdots + \boldsymbol{E}_n = \sum_{i=1}^{n} \frac{1}{4\pi\varepsilon_0} \frac{q_i}{r_i^2} \boldsymbol{r}_i^\circ \tag{5-5}$$

2. 电荷连续分布的带电体的场强

连续带电体可认为由许多电荷元 $\mathrm{d}q$ 组成,由点电荷场强公式,则任一 $\mathrm{d}q$ 在电场中某点所产生的场强为

$$\mathrm{d}\boldsymbol{E} = \frac{1}{4\pi\varepsilon_0} \frac{\mathrm{d}q}{r^2} \boldsymbol{r}^\circ$$

由场强叠加原理

$$\boldsymbol{E} = \int_\Omega \mathrm{d}\boldsymbol{E} = \int_\Omega \frac{1}{4\pi\varepsilon_0} \frac{\mathrm{d}q}{r^2} \boldsymbol{r}^\circ \tag{5-6}$$

式中,r 为 $\mathrm{d}q$ 到该场点的距离;$\boldsymbol{r}^\circ$ 为 $\mathrm{d}q$ 指向该点的单位矢量;Ω 表示对整个带电体积分。

例 5-1 长为 $l = 15\mathrm{cm}$ 的直导线上均匀分布着电荷,电荷的线密度 $\lambda = 5 \times 10^{-6}\mathrm{C/m}$。求导线的延长线上与一端 A 点相距 $a = 5\mathrm{cm}$ 处 P 点的场强[见图 5-4(a)]。

解 以 P 点作为坐标原点建立坐标系如图 5-4(a)中所示,定性分析场强的方向应为 x 轴的负方向,电荷元 $\mathrm{d}q = \lambda \mathrm{d}x$,$\lambda$ 为电荷线密度。

$$\mathrm{d}E_x = \frac{1}{4\pi\varepsilon_0} \frac{\lambda \mathrm{d}x}{x^2}$$

$$E_x = \int_l \mathrm{d}E_x = \int_{x_A}^{x_B} \frac{1}{4\pi\varepsilon_0} \frac{\lambda \mathrm{d}x}{x^2} = \frac{\lambda}{4\pi\varepsilon_0}\left(\frac{1}{x_A} - \frac{1}{x_B}\right)$$

$$= 6.75 \times 10^5 (\mathrm{N/C})$$

则场强可表示为 $\boldsymbol{E} = -E_x \boldsymbol{i}$

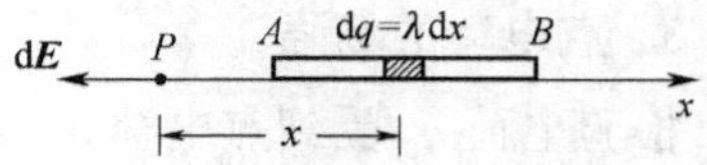

(a) 例 5-1

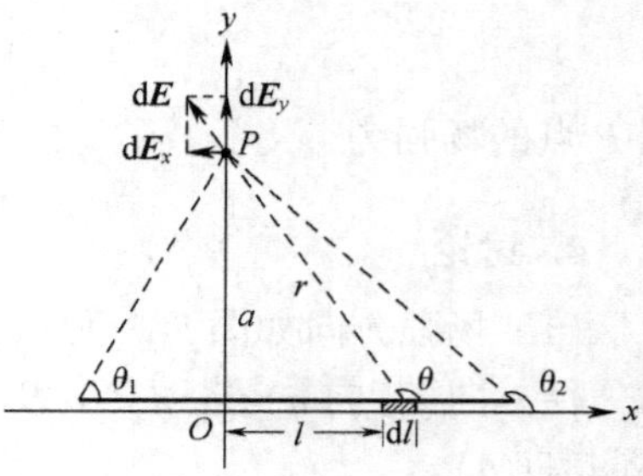

(b) 例 5-2

图 5-4 例题示意图

3. 场强的计算

(1) 将 $\mathrm{d}\boldsymbol{E}$ 的分量式分别写出,对 $\mathrm{d}E_x$、$\mathrm{d}E_y$、$\mathrm{d}E_z$ 进行积分运算,再求合矢量

$$\boldsymbol{E} = E_x\boldsymbol{i} + E_y\boldsymbol{j} + E_z\boldsymbol{k} = \left(\int \mathrm{d}E_x\right)\boldsymbol{i} + \left(\int \mathrm{d}E_y\right)\boldsymbol{j} + \left(\int \mathrm{d}E_z\right)\boldsymbol{k} \tag{5-7}$$

(2) 若已知电场中某点的场强,则该点处带电粒子 q 所受到的静电场作用力为

$$\boldsymbol{F} = q\boldsymbol{E}$$

场强 $\boldsymbol{E}$ 是 q 以外所有电荷在该点产生的场强。其方向为:$q > 0$ 时,$\boldsymbol{F}$ 与 $\boldsymbol{E}$ 同方向;$q < 0$ 时,$\boldsymbol{F}$ 与 $\boldsymbol{E}$ 反方向。

例 5-2 真空中一均匀带电细棒,长 l、总电量 Q,细棒外有一 P 点距棒的垂直距离为 a,P 点和直棒两端连线之间的夹角分别为 θ_1 和 θ_2[见图 5-4(b)],求 P 点的场强。

解 建立坐标系如图 5-4(b)中所示,选电荷元 $\mathrm{d}q = \lambda \mathrm{d}x$,$\lambda = Q/l$

$$\mathrm{d}\boldsymbol{E} = \frac{1}{4\pi\varepsilon_0} \frac{\lambda \mathrm{d}l}{r^2} \boldsymbol{r}^\circ$$

$$\boldsymbol{E} = \int_L \mathrm{d}\boldsymbol{E}$$

化矢量积分为标量积分，写出 d$\boldsymbol{E}$ 沿 x、y、z 轴的分量式

$$\mathrm{d}E_x=\mathrm{d}E\cos\theta,\quad \mathrm{d}E_y=\mathrm{d}E\sin\theta,\quad \mathrm{d}E_z=0$$

将 dl、r、θ 等统一到积分变量(θ,dθ)，得

$$l=a\cot(\pi-\theta)=-a\cot\theta$$

$$\mathrm{d}l=a^2\csc^2\theta\mathrm{d}\theta$$

$$r^2=a^2\csc^2\theta$$

将 dl、r^2 的表达式代入 d$\boldsymbol{E}$ 的分量式，得

$$\mathrm{d}E_x=\frac{1}{4\pi\varepsilon_0}\cdot\frac{\lambda a\csc^2\theta}{a^2\csc^2\theta}\cos\theta\mathrm{d}\theta=\frac{\lambda}{4\pi\varepsilon_0 a}\cos\theta\mathrm{d}\theta$$

$$\mathrm{d}E_y=\frac{\lambda}{4\pi\varepsilon_0 a}\sin\theta\mathrm{d}\theta$$

将以上两式积分，得

$$E_x=\int\mathrm{d}E_x=\int_{\theta_1}^{\theta_2}\frac{\lambda}{4\pi\varepsilon_0 a}\cos\theta\mathrm{d}\theta=\frac{\lambda}{4\pi\varepsilon_0 a}(\sin\theta_2-\sin\theta_1)\tag{5-8a}$$

$$E_y=\int\mathrm{d}E_y=\int_{\theta_1}^{\theta_2}\frac{\lambda}{4\pi\varepsilon_0 a}\sin\theta\mathrm{d}\theta=\frac{\lambda}{4\pi\varepsilon_0 a}(\cos\theta_1-\cos\theta_2)\tag{5-8b}$$

所以，P 点场强为
$$\boldsymbol{E}=E_x\boldsymbol{i}+E_y\boldsymbol{j}$$
其大小、方向分别表示为

$$E=\sqrt{E_x^2+E_y^2},\ \alpha=\arctan\frac{E_y}{E_x}$$

式中，α 为 $\boldsymbol{E}$ 与 x 轴的夹角。

讨论：

(1) 若 P 在细棒的中垂线上，则 $\theta_2=\pi-\theta_1$，代入式(5-8a)和式(5-8b)，得

$$E_x=\frac{\lambda}{4\pi\varepsilon_0 a}[\sin(\pi-\theta_1)-\sin\theta_1]=0$$

$$E_y=\frac{\lambda}{4\pi\varepsilon_0 a}[\cos\theta_1-\cos(\pi-\theta_1)]=\frac{\lambda}{2\pi\varepsilon_0 a}\cos\theta_1$$

(2) 若已知 $\lambda=Q/l$，对无限长的均匀带电导线或 P 点很靠近导线，$a\ll l$，则 $\theta_1\approx0$，$\theta_2\approx\pi$，有 $E_x=0$，$E_y=\dfrac{\lambda}{2\pi\varepsilon_0 a}$，可见，$E$ 的大小与 a 成反比。

(3) 对半无限长均匀带电直导线，$\theta_1=\pi/2$，$\theta_2\approx\pi$ 或 $\theta_1\approx0$，$\theta_2=\pi/2$，同理可以讨论其产生的场强大小和方向。

例 5-3 半径为 R、均匀带电量为 q 的细圆环，上有一缺口长为 dl，求环心的场强(d$l\ll R$)。

解 若细环为完整的圆环，则环心的场强为 0(由对称性)。而带缺口的环等效于在缺口处有电荷 $-\mathrm{d}q=-\lambda\mathrm{d}l$，则

$$\mathrm{d}E=\frac{\mathrm{d}q}{4\pi\varepsilon_0 R^2}$$

方向指向缺口处。

电荷的线密度为
$$\lambda=\frac{q}{2\pi R-\mathrm{d}l}$$

所以 $$dE=\frac{1}{4\pi\varepsilon_0R^2}\cdot\frac{q\mathrm{d}l}{2\pi R-\mathrm{d}l}\approx\frac{q\mathrm{d}l}{8\pi^2\varepsilon_0R^3}$$

5.2.3 电偶极子

1. 电偶极子的概念

两个等量异号电荷 $+q$ 和 $-q$，当两者之间的距离较所考察的点到它们的距离小得多时，这个电荷系统称为电偶极子。电偶极子也是一种重要的物理模型，如分子、原子可视作电偶极子，在解决电介质极化等问题中通常应用电偶极子模型。

下面求电偶极子在其中垂线上产生的场强，如图 5-5 所示，设 r 为场点到 l 中点 O 的距离，$r_+=r_-=\sqrt{r^2+\left(\frac{l}{2}\right)^2}$，由点电荷产生的场强

$$E_+=E_-=\frac{1}{4\pi\varepsilon_0}\cdot\frac{q}{r^2+\left(\frac{l}{2}\right)^2}$$

所以 $$E=2E_+\cos\alpha=\frac{2}{4\pi\varepsilon_0}\cdot\frac{q}{\left[r^2+\left(\frac{l}{2}\right)^2\right]}\cdot\frac{l/2}{\sqrt{r^2+\left(\frac{l}{2}\right)^2}}$$

因为 $r\gg l$，则 $$E_\perp=\frac{1}{4\pi\varepsilon_0}\cdot\frac{ql}{\left[r^2+\left(\frac{l}{2}\right)^2\right]^{3/2}}\approx\frac{1}{4\pi\varepsilon_0}\frac{ql}{r^3}$$

所以 $$\boldsymbol{E}_\perp=-\frac{1}{4\pi\varepsilon_0}\frac{ql}{r^3}\boldsymbol{i}=-\frac{\boldsymbol{P}_l}{4\pi\varepsilon_0r^3}\tag{5-9}$$

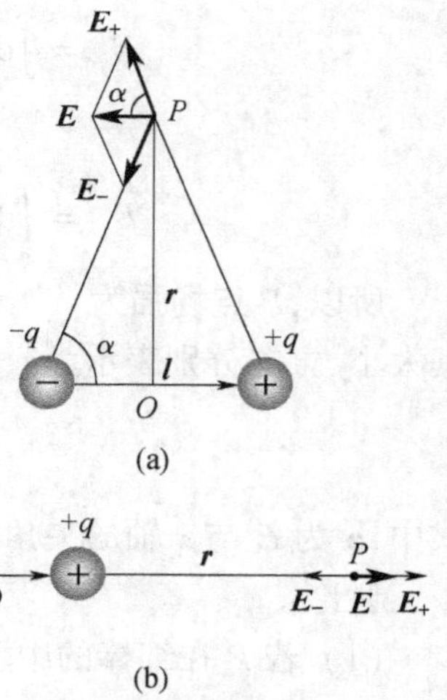

图 5-5 电偶极子

$\boldsymbol{P}_l=q\boldsymbol{l}$，称为电偶极矩，方向由 $-q$ 指向 $+q$。

2. 电偶极子连线上的场强

$$E_+=\frac{1}{4\pi\varepsilon_0\left(r-\frac{l}{2}\right)^2},\quad E_-=\frac{1}{4\pi\varepsilon_0\left(r+\frac{l}{2}\right)^2}$$

则 $$E_{/\!/}=E_+-E_-=\frac{1}{4\pi\varepsilon_0}\left[\frac{1}{\left(r-\frac{l}{2}\right)^2}-\frac{1}{\left(r+\frac{l}{2}\right)^2}\right]=\frac{q}{4\pi\varepsilon_0}\left[\frac{2rl}{\left(r^2-\frac{l^2}{4}\right)^2}\right]\approx\frac{1}{4\pi\varepsilon_0}\frac{2ql}{r^3}$$

所以 $$\boldsymbol{E}_{/\!/}=\frac{2}{4\pi\varepsilon_0}\frac{ql}{r^3}\boldsymbol{i}=\frac{2\boldsymbol{P}_l}{4\pi\varepsilon_0r^3}=-2\boldsymbol{E}_\perp\tag{5-10}$$

5.3 静电场的高斯定理

5.3.1 电场线

1. 电场线概念

为了形象地描述场强的分布，可以在电场中作出许多曲线，使曲线上每一点的切线方向都

与该点场强 $\boldsymbol{E}$ 的方向一致,这些曲线就叫做电场线,或称电力线、电荷线。

在电场中任一点处,通过垂直于 $\boldsymbol{E}$ 的单位面积的电场线数,等于该点 $\boldsymbol{E}$ 的量值。即电场中某点场强的大小等于该点附近(垂直于场强方向的)单位面积所通过的电场线数量,电场线数密度大,场强大;电场线密度小,场强小。$\boldsymbol{E}$ 的大小可表示为

$$E = \Delta N/\Delta S_{\perp}$$

或

$$E = \mathrm{d}N/\mathrm{d}S_{\perp} \tag{5-11}$$

2. 静电场电场线的性质

(1) 起于正电荷(或无穷远处),止于负电荷(或无穷远处)。

(2) 电场线不形成闭合曲线,在无电荷处,电场线不会中断。任何两条电场线(在无电荷处)不相交。因为,静电场中任一点,只有一个确定的场强方向。

(3) 在场强为零的地方,无电场线通过。

引入电场线的目的,在于形象地反映电场中的场强分布情况,并非电场中就真有这些线,图 5-6 所示是一些带电体附近的电场线分布。

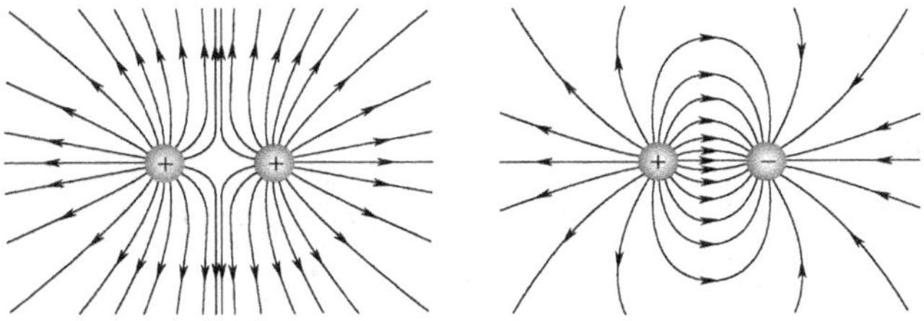

(a) 等量同号　　(b) 等量异号

图 5-6　两个等电量的电荷周围电场线分布

5.3.2　电通量

1. 电通量概念

通过电场中任一给定面的电场线的总数,称为通过该面的电通量。可表示为

$$\mathrm{d}\Phi_E = \mathrm{d}N = E\mathrm{d}S_{\perp} = E\mathrm{d}S\cos\alpha$$

引入面法向单位矢量 $\boldsymbol{n}$,即 $\mathrm{d}\boldsymbol{S} = \mathrm{d}S \cdot \boldsymbol{n}$,则

$$\mathrm{d}\Phi_E = E\mathrm{d}S\cos\alpha = \boldsymbol{E} \cdot \mathrm{d}\boldsymbol{S} \tag{5-12}$$

(1) 不均匀电场,对有限大曲面,可将其分割成许多小面元 $\mathrm{d}S$,如图 5-7(a)所示,通过每一面元的电通量为 $\mathrm{d}\Phi_E$,则整个曲面 S 的电通量为

$$\Phi_E = \int_S \mathrm{d}\Phi_E = \int_S \boldsymbol{E} \cdot \mathrm{d}\boldsymbol{S} \tag{5-13a}$$

(2) 对均匀电场(匀强电场),$\boldsymbol{E}$ 为常矢量,方向一定,且与 $\mathrm{d}\boldsymbol{S}$ 的法线夹角一定时,显然有

$$\Phi_E = \boldsymbol{E} \cdot \boldsymbol{S} = ES\cos\theta \tag{5-13b}$$

且有:$\alpha < \pi/2$ 时,$\mathrm{d}\Phi_E > 0$,$\Phi_E > 0$;$\alpha > \pi/2$ 时,$\mathrm{d}\Phi_E < 0$,$\Phi_E < 0$;$\alpha = \pi/2$ 时,$\mathrm{d}\Phi_E = 0$,$\Phi_E = 0$。

2. 说明

(1) 场强 $\boldsymbol{E}$ 为矢量,但 $\boldsymbol{E}$ 的通量 Φ_E 为标量。

(2) 对闭合曲面,一般规定外法线方向为正向:当电场线从内部穿出时,电通量为正,

$d\Phi_E>0$ 或 $\Phi_E>0$;反之,如电场线从外部穿入曲面,电通量为负,$d\Phi_E<0$ 或 $\Phi_E<0$, 如图 5-7(b)所示。因而,通过闭合曲面的电通量表示为

$$\Phi_E=\oint_S \boldsymbol{E}\cdot d\boldsymbol{S} \tag{5-14}$$

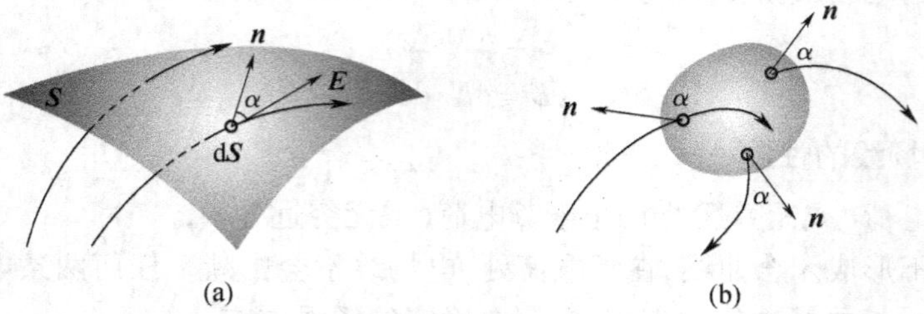

图 5-7　通过曲面的电通量

(3) 当闭合曲面中无电荷时,$\Phi_E=0$,外部有多少电场线穿入,即有多少电场线穿出。那么当闭合曲面中有电荷时,电通量 Φ_E 又如何? 下面引入静电场的高斯定理。

5.3.3　高斯定理

1. 高斯定理的表述

高斯定理是静电学中一个重要的定理。在真空静电场内,通过任意闭合曲面的电通量等于这一闭合曲面所包围的电荷所带电量代数和的 $1/\varepsilon_0$ 倍。

$$\oint_S \boldsymbol{E}\cdot d\boldsymbol{S}=\frac{1}{\varepsilon_0}\sum_i q_{i内} \tag{5-15}$$

可以验证,若有一点电荷 $+q$,以 $+q$ 为圆心、r 为半径,作一球面包围 $+q$,则球面上任意一点的场强

$$E=\frac{q}{4\pi\varepsilon_0 r^2}$$

因为,球面上 $\boldsymbol{E}$ 与 $d\boldsymbol{S}$ 的法线 $\boldsymbol{n}$ 同方向,$\theta=0$,得

$$\oint_S \boldsymbol{E}\cdot d\boldsymbol{S}=\oint_S E dS=\oint_S \frac{q}{4\pi\varepsilon_0 r^2}dS=\frac{q}{4\pi\varepsilon_0 r^2}\oint_S dS=\frac{q}{4\pi\varepsilon_0 r^2}\cdot 4\pi r^2=\frac{1}{\varepsilon_0}q$$

2. 证明

对通过任意闭合曲面 S 的电通量 Φ_E,虽然场强 $\boldsymbol{E}$ 为矢量,但 Φ_E 为标量,可求其代数和。以闭合面外法向为正,则

$$\Phi_E=\oint_S E dS=\frac{q}{4\pi\varepsilon_0}\oint_S d\Omega=\begin{cases}q/\varepsilon_0\\0\end{cases}$$

与 r 无关。如图 5-8 所示,其中:

(1) 当 q 在 S 内:处处 $\theta\geqslant 0$,$d\Omega>0$,$\oint_S d\Omega=4\pi$,故 $\Phi_E=q/\varepsilon_0$。

(2) 当 q 在 S 外:$\theta_1<\dfrac{\pi}{2}$,$\theta_2>\dfrac{\pi}{2}$,且

$$d\Omega_1=dS_{1\perp}/r_1^2=-dS_{2\perp}/r_2^2=-d\Omega_2,\quad \oint_S d\Omega=0$$

故 $\Phi_E=0$。

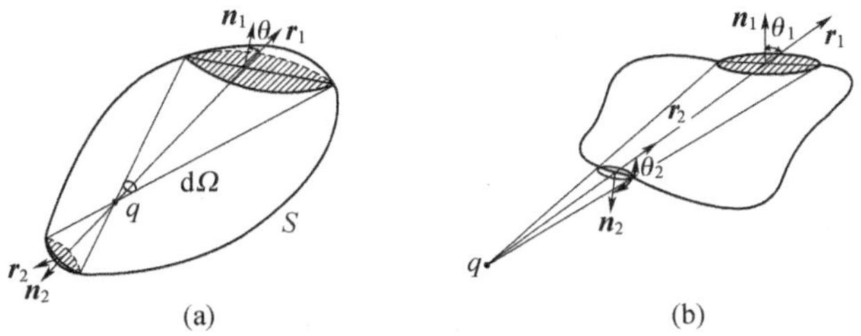

图 5-8　高斯定理的证明

3. 讨论

(1) 高斯定理得出了静电场中,通过任一闭合曲面的电通量与闭合面内所包围电荷所带电量的关系,与所围闭合面(也称高斯面)的半径或形状无关。

(2) 通过闭合面的总电通量只由闭合面内所围电荷电量决定,与闭合面外部的电荷无关;而式中的 $\boldsymbol{E}$ 为高斯面上的场强,却是由闭合面内、外所有电荷共同产生的合场强。

(3) 若闭合面内 $\sum_i q_i = 0$,则通过该闭合面的 $\Phi_E = 0$,但闭合面上各点的场强 $\boldsymbol{E}$ 不一定为零;同理,通过该闭合面的 $\Phi_E = 0$,则闭合面内 $\sum_i q_i = 0$,但闭合面内不一定没有电荷存在(只是电荷所带电量的代数和为零)。

(4) 高斯定理还表明静电场是有源场。如对正点电荷 $+q$,$\Phi_E > 0$,表示有电场线从 q 发出,q 为源头。

5.3.4　高斯定理的应用

用高斯定理计算具有对称性的电场强度较为简便实用。

例 5-4　求无限大均匀带电平面在周围空间产生的场强,已知电荷面密度 σ。

解　通过定性分析电场为对称分布,可取高斯面为圆柱面,圆柱面侧面与带电平面垂直,如图 5-9(a)所示,底面积 $S_1 = S_2 = S_0$,则

$$\oint_S \boldsymbol{E}\mathrm{d}\boldsymbol{S} = \int_{S_1} \boldsymbol{E}\mathrm{d}\boldsymbol{S} + \int_{S_2} \boldsymbol{E}\mathrm{d}\boldsymbol{S} + \int_{侧} \boldsymbol{E}\mathrm{d}\boldsymbol{S}$$

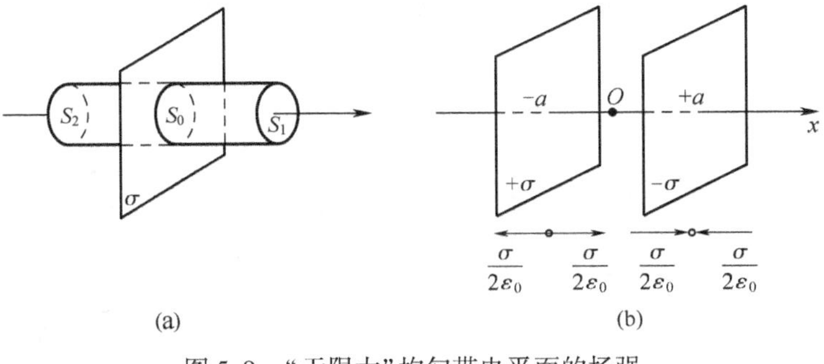

图 5-9　“无限大”均匀带电平面的场强

在 S_1 和 S_2 底上各点 $\boldsymbol{E}$ 相等,侧面的 $\boldsymbol{E}$ 与 $\mathrm{d}\boldsymbol{S}$ 的法线 $\boldsymbol{n}$ 同方向,$\theta = 0$。则

$$\int_{侧} \boldsymbol{E}\cdot\mathrm{d}\boldsymbol{S} = 0,\quad \int_{S_1} \boldsymbol{E}\cdot\mathrm{d}\boldsymbol{S} = \int_{S_2} \boldsymbol{E}\cdot\mathrm{d}\boldsymbol{S}$$

所以

$$\oint_S \boldsymbol{E}\cdot\mathrm{d}\boldsymbol{S} = 2\int_{S_1} E\mathrm{d}S = 2E\int_{S_1}\mathrm{d}S = 2ES_1 = 2ES_0 \tag{5-16}$$

据高斯定理 $$\oint_S \boldsymbol{E}\cdot \mathrm{d}\boldsymbol{S} = \frac{1}{\varepsilon_0}\sum_i q_{i内} = \frac{1}{\varepsilon_0}\sigma S_0 \tag{5-17}$$

由式(5-16)和式(5-17)得

$$E=\frac{\sigma}{2\varepsilon_0}$$

方向如图5-9(b)所示。

讨论:(1) 对面电荷密度为 $+\sigma$ 和 $-\sigma$ 的两个无限大均匀带电平面,两平面间与两平面外侧的合场强分别为

$$E=\frac{\sigma}{2\varepsilon_0}+\frac{\sigma}{2\varepsilon_0}=\frac{\sigma}{\varepsilon_0}$$

$$E=\frac{\sigma}{2\varepsilon_0}-\frac{\sigma}{2\varepsilon_0}=0$$

(2) 对面电荷密度为 $+\sigma$ 和 $+\sigma$ 的两个无限大均匀带电平面,两平面间以及两平面外侧的合场强分别为

$$E=\frac{\sigma}{2\varepsilon_0}-\frac{\sigma}{2\varepsilon_0}=0$$

$$E=\frac{\sigma}{2\varepsilon_0}+\frac{\sigma}{2\varepsilon_0}=\frac{\sigma}{\varepsilon_0}$$

同理,可推出面电荷密度为 $-\sigma$ 和 $-\sigma$ 的两个无限大均匀带电平面间的合场强,由读者自行得出结果。

应用高斯定理的关键在于使 $\oint \boldsymbol{E}\cdot \mathrm{d}\boldsymbol{S}$ 便于积分计算,将 $\boldsymbol{E}$ 提到积分号外,这要求电场为对称性分布的场。高斯定理可用于求点电荷、无限长均匀带电线或带电圆柱面、无限大平面、球形带电体等所产生的场强。所取的点一定要通过高斯面,即所求 $\boldsymbol{E}$ 一定是所作高斯面上的场强。

例5-5 带电量为 $+q$ 的均匀带电球面,电荷均匀分布于表面,半径为 R,求距离球心为 r 的点的场强。

解 (1) 在球面外任选一点 P,过 P 点作半径为 $r(r>R)$ 的球面为高斯面(见图5-10(a)),则球面上各点的场强 $\boldsymbol{E}$ 的方向与球面法向 $\boldsymbol{n}$ 同向,且 $\cos\theta=1$。

$$\oint_S \boldsymbol{E}\cdot \mathrm{d}\boldsymbol{S} = E\oint_S \mathrm{d}S = E\cdot 4\pi r^2 = \frac{1}{\varepsilon_0}q$$

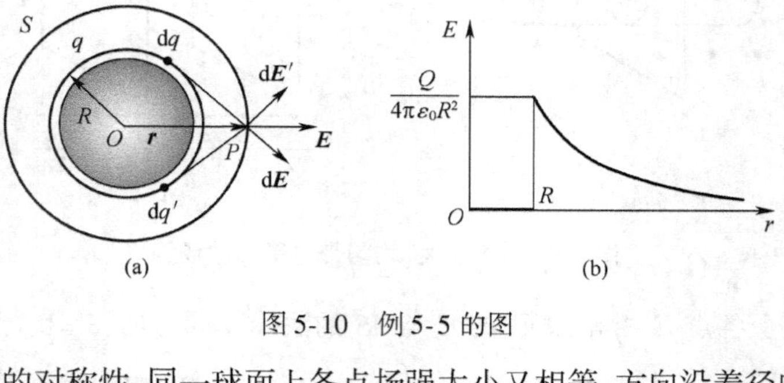

图5-10 例5-5的图

由于电荷分布的对称性,同一球面上各点场强大小又相等,方向沿着径向,所以

$$E_P=\frac{q}{4\pi\varepsilon_0 r^2}$$

(2) 在均匀带电球面的内部任取一点,$r<R$,作半径为 r 的球高斯面。因电荷只分布在球

面，高斯面内 $\sum_i q_i = 0$，有

$$\oint_S \boldsymbol{E} \cdot \mathrm{d}\boldsymbol{S} = E \cdot 4\pi r^2 = \frac{1}{\varepsilon_0}\sum_i q_i = 0$$

因此，$E=0$。

(3) E 与 r 的关系曲线如图 5-10(b)所示。

特别注意：对非均匀带电球面，电荷分布不具对称性，E 不能提到积分号外，高斯定理仍然成立，但不能由此求出场强。

5.4 静电场的环路定理和电势

5.4.1 静电场力的功

1. 静电场力做功的特点

带电体在电场中要受到电场力的作用，而电荷在电场中移动时，电场力又要对其做功。静电场力做功的一个显著特点，就是与路径无关。

如图 5-11 所示，q 为点电荷，q_0 为试验电荷，考察 q_0 从 a 到 b 的过程中，在任意路径中取一位移元 $\mathrm{d}\boldsymbol{l}$。

$$\mathrm{d}A = \boldsymbol{F} \cdot \mathrm{d}\boldsymbol{l} = F\mathrm{d}l\cos\theta$$

式中 $F = q_0 E = \dfrac{q_0 q}{4\pi\varepsilon_0 r^2}$，$\mathrm{d}l\cos\theta = \mathrm{d}r$

$$A = \int_L \mathrm{d}A = \int_{r_a}^{r_b} \frac{q_0 q}{4\pi\varepsilon_0 r^2}\mathrm{d}r = \frac{q_0 q}{4\pi\varepsilon_0}\left(\frac{1}{r_a} - \frac{1}{r_b}\right) \tag{5-18}$$

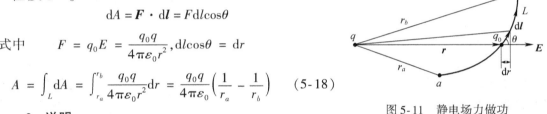

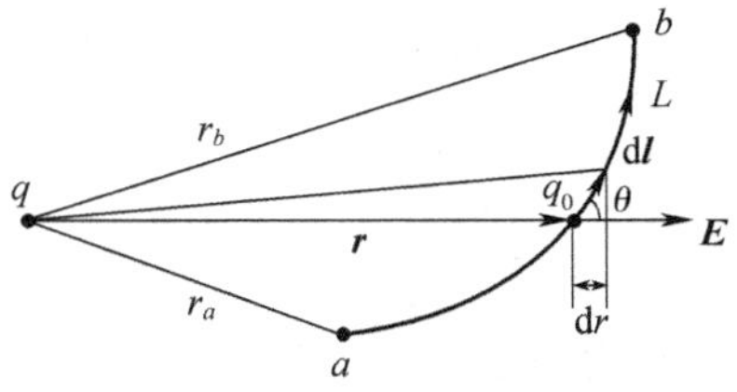

图 5-11　静电场力做功

2. 说明

(1) 式(5-18)表明，在点电荷 q 的电场中，电场力所做功与路径无关，只与试验电荷的起点和终点位置有关。

(2) 对点电荷系，电场力对试验电荷 q_0 所做的功等于各个点电荷对其电场力做功的代数和。

$$A = \sum_{i=1}^{n} \frac{q_0 q_i}{4\pi\varepsilon_0}\left(\frac{1}{r_{ia}} - \frac{1}{r_{ib}}\right) \tag{5-19}$$

(3) 推论：电荷在静电场中移动时，电场力所做的功与该电荷及其在电场中的起点和终点位置有关，而与电荷所经历的路径无关。所以，静电场力是保守力，静电场是保守场。

5.4.2 静电场的环路定理

由此想到，当 $r_a = r_b$，即当 q_0 从电场中 a 点出发经一闭合曲线又回到原位置时，显然，电场力做功为零。

$$A = \oint_L \boldsymbol{F} \cdot \mathrm{d}\boldsymbol{l} = \oint_L q_0 \boldsymbol{E} \cdot \mathrm{d}\boldsymbol{l} = 0$$

因为 $q_0 \neq 0$，所以

$$\oint_L \boldsymbol{E} \cdot \mathrm{d}\boldsymbol{l} = 0 \tag{5-20}$$

即静电场强的环流为零。

上式表明，在静电场中，场强沿任意闭合路径的线积分为零。这是静电场的重要特性之一。式(5-20)即为静电场环路定理的表达式。

所以，由静电场的环路定理可知，静电场是保守力场。通常又将环流为零的场称为无旋场。静电场是无旋场，静电场的电场线不闭合。

5.4.3 电势能

由保守力场的特点，系统中保守内力所做的功等于势能增量的负值，即

$$A_{ic} = -(E_p - E_{p0}) = -\Delta E_p$$

所以，对静电场，有

$$A_{ab} = q_0 \int_a^b \boldsymbol{E} \cdot \mathrm{d}\boldsymbol{l} = -(W_b - W_a) = W_a - W_b \tag{5-21}$$

式中，W_a 和 W_b 分别为位置 a 和 b 的静电势能。

若选 b 为零势能点，通常规定 q_0 在无穷远处静电能为零。即电荷 q_0 在 W_a 处的电势能在量值上等于 q_0 从 a 点移到无限远处(零势能点)，电场力所做的功。

$$A_{a\infty} = q_0 \int_a^\infty \boldsymbol{E} \cdot \mathrm{d}\boldsymbol{l} = W_a$$

$W_\infty = 0$，也常取地球为电势能零参考点。

可见，电势能是电荷 q_0 与电场之间相互作用能，是属于 q_0 与电场这个系统的。

5.4.4 电势

1. 定义

仿照定义电场强度 $\boldsymbol{E} = \boldsymbol{F}/q_0$，可知 W_a/q_0 与检验电荷的量值无关。因此，把电荷在电场中某点的电势能与其所带电量的比值，称为该点的电势。可见，电势反映的是静电场中给定点的电场性质。

$$U_P = \frac{W_P}{q_0} = \int_P^\infty \boldsymbol{E} \cdot \mathrm{d}\boldsymbol{l}$$

或

$$U_P = \frac{A_{P(0)}}{q_0} = \int_P^{(0)} \boldsymbol{E} \cdot \mathrm{d}\boldsymbol{l} \tag{5-22}$$

取 $q_0 = 1$，则 $U_P = W_P$。即电场中某点 P 的电势，在数值上等于单位正电荷在该点所具有的电势能，也等于把 $q_0 = 1$ 的单位正电荷从该点移到零电势能点的过程中电场力所做的功。

2. 讨论

电势是标量，也是相对量。须先规定某参考点的电势为零后，才能确定其他位置电势的值。零电势点一般取在无穷远处，实际上也取地球为零电势点，地球可以视作一个导体。

5.4.5 电势差

1. 电势差的表示

静电场中两点电势之差称为电势差，也称为电压。

$$U_{ab} = U_a - U_b = \frac{W_a}{q_0} - \frac{W_b}{q_0} = \frac{A_{ab}}{q_0} = \int_a^b \boldsymbol{E} \cdot \mathrm{d}\boldsymbol{l} \tag{5-23}$$

或 $$U_{ab}=U_a-U_b=\int_a^{\infty}\boldsymbol{E}\cdot d\boldsymbol{l}-\int_b^{\infty}\boldsymbol{E}\cdot d\boldsymbol{l}=\int_a^{\infty}\boldsymbol{E}\cdot d\boldsymbol{l}+\int_{\infty}^{b}\boldsymbol{E}\cdot d\boldsymbol{l}=\int_a^{b}\boldsymbol{E}\cdot d\boldsymbol{l}$$

电场中 a、b 两点电势差的量值，等于单位正电荷从 a 经过任意路径移到达 b 时，电场力所做的功。

$$A_{ab}=q_0U_{ab}=q_0(U_a-U_b)=W_a-W_b \tag{5-24}$$

电势与电势差的单位均为 V，电势能的单位为 J。

2. 电子伏特（eV）

$$1\text{eV}=1.6\times10^{-19}\text{J}$$

表示基本电荷 e 在电势差为 1V 的两点间移动时，电场力对它做功的大小 $A=1.6\times10^{-19}$J，从而它的能量改变了 1eV。

3. 电势的计算

例 5-6 求点电荷周围的电势分布，已知点电荷所带的电量为 q。

解 由点电荷 q 产生的场强

$$\boldsymbol{E}=\frac{q}{4\pi\varepsilon_0r^2}\boldsymbol{r}^{\circ}$$

若取无穷远处的电势为零，由电势的定义，点电荷周围任一点 P 的电势

$$U_P=\int_P^{\infty}\boldsymbol{E}\cdot d\boldsymbol{l}=\int_P^{\infty}\frac{q}{4\pi\varepsilon_0r^2}\boldsymbol{r}^{\circ}\cdot d\boldsymbol{l}$$

选沿矢径 $\boldsymbol{r}^{\circ}$ 方向的直线为积分路径最为简便，则

$$U_P=\int_P^{\infty}\frac{q}{4\pi\varepsilon_0r^2}dr=\frac{q}{4\pi\varepsilon_0}\left(\frac{1}{r_P}-\frac{1}{r_{\infty}}\right)=\frac{q}{4\pi\varepsilon_0r_P}$$

讨论：(1) 因电场力做功与路径无关，计算时可选最便于计算的路径。可见，点电荷电场中某点电势与 r 成反比。

(2) 当场源电荷 $q>0$ 时，电场中电势处处为正（取 $U_{\infty}=0$）。

(3) 当场源电荷 $q<0$ 时，电场中电势处处为负（取 $U_{\infty}=0$）。

例 5-7 求均匀带电球面电场中电势的分布，已知球面半径为 R，所带电量为 q。

解 均匀带电球面周围的电场强度分布是球面对称的，r 相等的地方，场强的大小相等，方向沿矢径，故选取同心球面为高斯面。由高斯定理：

$$\oint_S\boldsymbol{E}\cdot d\boldsymbol{S}=E\oint_S dS=E\cdot4\pi r^2=q/\varepsilon_0$$

(1) $r>R$ 时，$E=\frac{1}{4\pi\varepsilon_0r^2}$，取无穷远处的电势 $U_{\infty}=0$，则球面外一点 P 的电势

$$U_P=\int_P^{\infty}\boldsymbol{E}\cdot d\boldsymbol{l}=\int_{r_P}^{r_{\infty}}\frac{q}{4\pi\varepsilon_0r^2}dr=\frac{q}{4\pi\varepsilon_0r_P}$$

(2) $r<R$ 时，对球面内的各点场强 $E=0$，即在球面内部移动试验电荷时，电场力不做功。所以，球面内任一点的电势应与球面上的电势相等。故均匀带电球面及其内部是一个等势区。在球面内任取两点 a、b，由 $A_{ab}=qU_{ab}$，因 $A_{ab}=0$，故 $U_{ab}=0$。如图 5-12 所示。

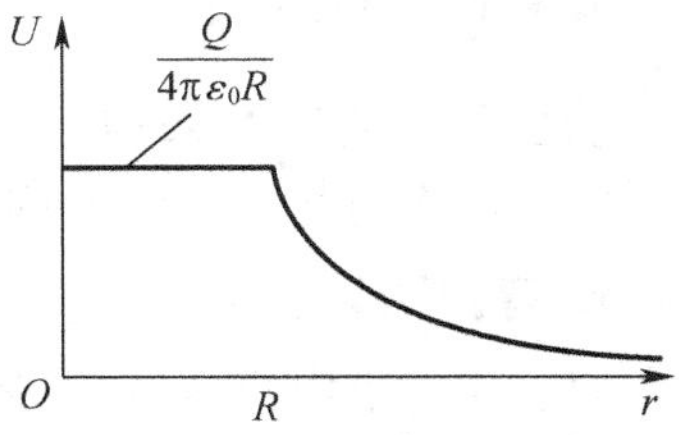

图 5-12 均匀带电球面周围的电势分布

或分段积分：先从 $r\to R$，再从 $R\to\infty$，并有 $\boldsymbol{E}_{内}=0$

$$U_P = \int_r^{\infty} \boldsymbol{E} \cdot \mathrm{d}\boldsymbol{l} = \int_r^R \boldsymbol{E}_{内} \cdot \mathrm{d}\boldsymbol{l} + \int_R^{\infty} \boldsymbol{E}_{外} \cdot \mathrm{d}\boldsymbol{l} = \int_R^{\infty} \frac{q}{4\pi\varepsilon_0 r^2}\mathrm{d}r = \frac{q}{4\pi\varepsilon_0 R}$$

4. 电势计算的两种方法

(1) 利用式(5-22),即 $U_P = \int_P^0 \boldsymbol{E} \cdot \mathrm{d}\boldsymbol{l}$。该方法适用于一般比较容易计算的场强 $\boldsymbol{E}$,如对称性分布的电场可利用高斯定理计算出场强,代入上式可进行积分,如上例。

(2) 利用电势叠加原理。

① 点电荷周围某点的电势 $U_P = \dfrac{q}{4\pi\varepsilon_0 r_P}$

② 对点电荷系 $U = \dfrac{1}{4\pi\varepsilon_0}\sum\limits_{i=1}^{n}\dfrac{q_i}{r_i}$

点电荷系电场中某点的电势等于各个点电荷单独存在时在该点产生电势的代数和,即

$$U = U_1 + U_2 + U_3 + \cdots + U_N$$

③ 对连续分布的带电体

$$U = \int_{\Omega} \mathrm{d}U = \frac{1}{4\pi\varepsilon_0}\int_{\Omega}\frac{\mathrm{d}q}{r} \tag{5-25}$$

应该说明的是用电势叠加法求得的电势,其电势零点都选在无限远处。

例 5-8 求均匀带电细圆环轴线上任一点 P 的电势。已知圆环半径为 R,所带电量为 q。

解 第一步选电荷元 $\mathrm{d}q = \lambda \mathrm{d}l, \lambda = \dfrac{q}{2\pi R}$;

第二步求出 $\mathrm{d}q$ 在 P 点产生的电势

$$\mathrm{d}U_P = \frac{\mathrm{d}q}{4\pi\varepsilon_0 r} = \frac{\lambda \mathrm{d}l}{4\pi\varepsilon_0 r}$$

第三步进行积分:

$$U_P = \oint_L \mathrm{d}U_P = \oint_L \frac{\lambda \mathrm{d}l}{4\pi\varepsilon_0 r} = \frac{\lambda}{4\pi\varepsilon_0 r}\oint_L \mathrm{d}l = \frac{\lambda}{4\pi\varepsilon_0 r}\cdot 2\pi R$$

$$= \frac{q}{4\pi\varepsilon_0\sqrt{R^2 + x^2}}$$

讨论:(1) 环心处电势:$x = 0$,$U_0 = \dfrac{q}{4\pi\varepsilon_0 R}$;而环心处场强 $E = 0$,即场强为零,电势不为零。

(2) 远离环心处,$x \gg R, U_0 = \dfrac{q}{4\pi\varepsilon_0 x}$。此时,电势可视为与电荷全部集中在环心的点电荷的电势相同,如图 5-13 所示。

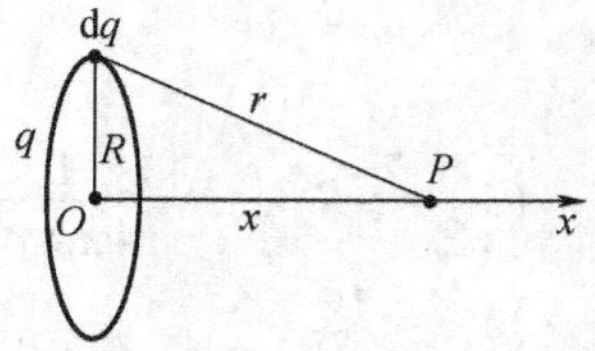

图 5-13 均匀带电细圆环的电势

5.4.6 等势面

场强可用电场线来描述,电势的分布也可用等势面进行图示。由电场中电势相等的点构成的曲面称为等势面。

1. 等势面的性质

(1) 作一点电荷周围的等势图:要求在等势面上任意两点间移动电荷,电场力做功为零。

(2) 每相邻的两个等势面之间的电势差相等;电势差相等的等势面间移动电荷时,电场力做功也相等。

$$A_{ab}=q_0(U_a-U_b)=q_0U_{ab}$$

(3) 等势面越密的区域,电场线越密,场强也越大。

(4) 等势面与电场线处处正交;电场线的方向指向电势降落的方向,即电场线总是从电势较高的等势面指向电势较低的等势面。

2. 电势与场强的积分关系

如图 5-14 所示,静电场中各点场强等于该点电势梯度的负值,$\boldsymbol{E}=-\nabla U$。静电场中各点场强的大小等于该点空间变化率的最大值,方向与电势在该点处空间变化率为最大的方向相同。

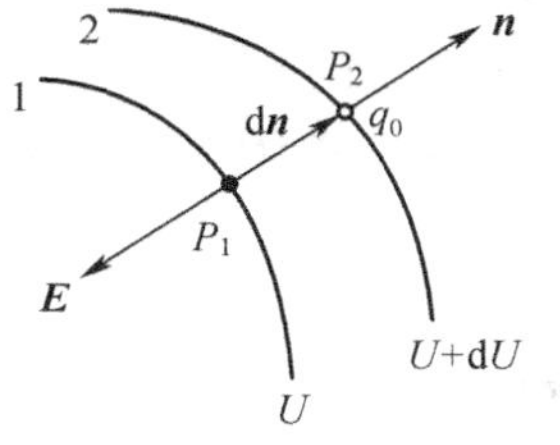

图 5-14 电势梯度

$$E_x=-\frac{\partial U}{\partial x},\ E_y=-\frac{\partial U}{\partial y},\ E_z=-\frac{\partial U}{\partial z}$$

$$\boldsymbol{E}=-\left(\frac{\partial U}{\partial x}\boldsymbol{i}+\frac{\partial U}{\partial y}\boldsymbol{j}+\frac{\partial U}{\partial z}\boldsymbol{k}\right)=-\nabla U \qquad (5\text{-}26)$$

注意:计算场强常用到矢量积分,而计算电势是标量积分。所以,通常也可以先利用电势的叠加原理计算电势,再利用上式来计算场强的各个分量。这种先求电势后求场强的方法可以避免复杂的矢量运算。当电势为零时,则要单独求场强。

5.5 静电场中的导体

处在静电场中的导体,会出现静电感应现象,因而引起导体表面产生感应电荷,这种感应电荷分布又对原电场产生影响。它们相互作用的结果,使得导体最后达到静电平衡,这时导体内部的场强为零。但是,处于电场中的电介质,在静电平衡条件下,其内部场强并不为零。

5.5.1 导体的静电平衡条件

金属导体内部存在大量自由电子,当导体不带电也不受外电场作用时,导体中正、负电荷均匀分布,除了微观热运动外,没有宏观电荷定向运动。

1. 静电感应现象

将导体置于外电场中,在最初的极短时间内,导体内会有电场存在。导体内自由电荷在电场作用下做宏观定向运动,引起导体内正、负电荷重新分布,在导体的两端出现等量异号电荷,这种现象就是静电感应现象,如图 5-15 所示。

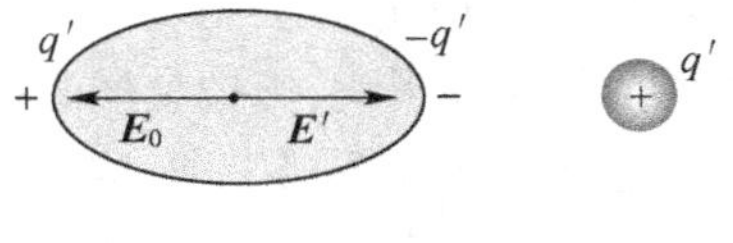

图 5-15 静电感应

2. 静电平衡条件

导体处于静电平衡状态时,$\boldsymbol{E}=\boldsymbol{E}_0+\boldsymbol{E}'=0$。

而 $\boldsymbol{F}=-e\boldsymbol{E}=0$ 时,电子不做定向运动,此时导体内必定有 $\boldsymbol{E}=0$。

可见,导体静电平衡的必要条件是导体内任一点的电场强度都等于零。

由导体静电平衡条件,还可得出以下推论:

(1) 导体是个等势体,其表面是等势面,由式(5-23),其内部任意两点间电势差为零,即

$$U_{ab}=\int_a^b \boldsymbol{E}\cdot d\boldsymbol{l}=0,\quad U_a=U_b$$

(2) 导体表面的场强垂直于导体表面。电场线与等势面处处正交,导体表面是等势面,由此可知导体表面电场强度必定与它的表面垂直。

3. 导体表面电荷的分布

当导体处于静电平衡时,利用高斯定理可以证明,其电荷只能分布在导体表面,导体内部没有净电荷。

例 5-9 半径分别为 R 和 r 的两个球形导体(设 $R>r$),用一根长细导线连接,使这个导体组带电,电势为 U,求两球表面电荷面密度之比。

解 由于两导体球相隔较远,相互之间的影响可忽略,两球电荷分布均匀,且电势相等。

$$U=\frac{1}{4\pi\varepsilon_0}\cdot\frac{Q}{R}=\frac{1}{4\pi\varepsilon_0}\cdot\frac{q}{r}$$

则

$$\frac{Q}{q}=\frac{R}{r}$$

而面电荷密度

$$\sigma_{大球}=\frac{Q}{4\pi R^2},\quad \sigma_{小球}=\frac{q}{4\pi r^2}$$

则有

$$\frac{\sigma_{大球}}{\sigma_{小球}}=\frac{Qr^2}{qR^2}=\frac{r}{R}$$

由此可见:

(1) σ 与曲率半径成反比,曲率半径越小,电荷面密度越大。

(2) 处于静电平衡的导体,其表面上各处的电荷密度与该面紧邻处的电场强度大小成正比,$E=\sigma/\varepsilon_0$。

(3) 孤立的导体处于平衡时,它的表面各处电荷面密度与各处表面的曲率有关。曲率越大(曲率半径越小)的地方,面电荷密度也越大,甚至会产生尖端放电。

4. 静电屏蔽

导体空腔内没有电荷,空腔内 $\boldsymbol{E}=0$,可见导体空腔内部不受外面静电荷电场的影响,这就是静电屏蔽的原理。

当导体空腔内有电荷 $+q$,在导体空腔内外表面会感应出现等量异号电荷 $-q$[见图 5-16(a)],导体外表面感应电荷会对导体外部电场产生影响。为了消除这种影响,可把金属壳接地,则外表面上的感应电荷因接地而被中和,这样,导体空腔内的电荷对导体外部不产生影响,如图 5-16(b)所示。

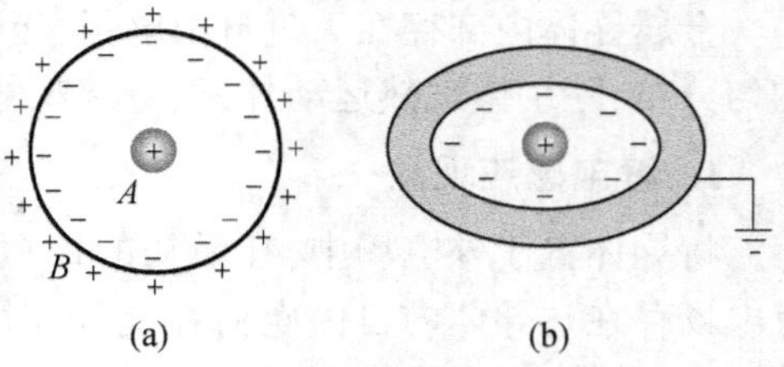

图 5-16 静电屏蔽

5.5.2 电容器的电容

电容器是一种重要的电子元件。电容是描述电容器容纳电荷或储存电能能力的物理量。它反映电容器本身的性质,取决于电容器本身的结构,并与电容器两极板的形状、大小、极板间距等有关,而与极板是否带电荷无关。

1. 孤立导体球的电容

由孤立导体球的电势 $U=\dfrac{q}{4\pi\varepsilon_0 R}$,可见孤立导体球的电势与带电体电量成正比。可以证明,电势与电量的关系,对任何形状的孤立导体都成立。导体所带电量与相应的电势的比值是一个确定的常数。

$$C=q/U \tag{5-27}$$

孤立导体的电容可理解为它与无穷远处的导体构成。

2. 平行板电容器的电容

实际上,常见的电容器通常由两块彼此绝缘而且靠得很近的导体薄板构成,导体薄板也称为电容器的极板。当电容器充电时,两个极板上分别带有等量异号的电荷 $+q$ 和 $-q$,它们相应的电势分别为 U_A 和 U_B。实验表明,q 值越大,(U_A-U_B) 也越大,两者比值为恒定值。故定义两极板所带电荷与板间电势差的比值,为电容器的电容。

$$C=\frac{q}{U_A-U_B}=\frac{q}{U_{AB}} \tag{5-28}$$

C 是表征电容器储存电荷能力的物理量,其数值等于两极板间电势差为1V 时每一极板所容纳的电量。电容的单位为 F,$1\text{F}=10^6\mu\text{F}=10^{12}\text{pF}$。

例 5-10 求半径为 R 的孤立导体球的电容。

解 孤立导体实际上仍可视为电容器,另一个导体可认为在无限远处,且电势为零。

设孤立导体球带电荷为 q,其电势(即与无穷远处电势差)为

$$U=\frac{q}{4\pi\varepsilon_0 R}$$

故孤立导体球电容为

$$C=\frac{q}{U}=4\pi\varepsilon_0 R$$

设有一个与地球一般大的导体球,$R=6400\text{km}$,则

$$C=4\pi\varepsilon_0 R=700(\mu\text{F})$$

所以,用导体球作电容器,其储存电荷的能力极差。

例 5-11 已知两极板相对的表面积为 S,极板间的距离为 d,求平行板电容器的电容。

解 设电容器两板分别带电荷为 $+q$ 和 $-q$,则面电荷密度

$$\sigma=q/S$$

两极板间的电场强度

$$E=\sigma/\varepsilon_0$$

两极板间的电势差

$$U_{ab}=\int_a^b \boldsymbol{E}\cdot \text{d}\boldsymbol{l}=E\int_a^b \text{d}l=Ed$$

由电容的定义

$$C=\frac{q}{U_{ab}}=\frac{q}{Ed}=\frac{\sigma S}{\frac{\sigma}{\varepsilon_0}d}=\frac{\varepsilon_0 S}{d} \tag{5-29}$$

可见,C 与 q 或 σ 无关,而取决于电容器本身的结构和形状。

此外,还有圆柱形电容器、球壳形电容器。

3. 电介质对电容器电容的影响

当电容器的两极板间充满某种均匀电介质(绝缘介质)时,电容器的电容将比真空时的电容大大增加,同时,电介质还能提高电容器的耐压能力。

5.6 静电场中的电介质

5.6.1 有电介质时的高斯定理

1. 电介质

电介质是指导电能力极差的物质,即绝缘物质。由于有无电介质时电容器极板上的电荷

量 Q_0 不变,而极板间充入电介质后实验测得极板间 $U=U_0/\varepsilon_r$ 下降,所以

$$C=Q_0/U=\varepsilon_r Q_0/U_0=\varepsilon_r C_0$$

$\varepsilon_r=C/C_0$,称为相对介电常数。实际上,ε_r 为两极板间充满均匀电介质时电容与真空时电容的比值。对平行板电容器

$$C=\varepsilon_r C_0=\varepsilon_r\varepsilon_0 S/d=\varepsilon S/d \tag{5-30}$$

$\varepsilon=\varepsilon_r\varepsilon_0$,称为介电常数。电容器充满电介质后,电容增大为真空时的 ε_r 倍。通常也正是利用在极板间填充电介质的方法,来提高电容器的电容。例如,利用蜡纸、云母片、涤纶、陶瓷、聚丙烯、介质薄膜等作电介质。

2. 电介质的极化

在外电场作用下,电介质表面或内部出现电荷(束缚电荷)的现象称为电介质的极化。极化分为无极分子的位移极化和有极分子的取向极化。极化的结果都是在电介质表面出现束缚电荷,束缚电荷会在电介质内部激发一个附加电场 $\boldsymbol{E}'$。所以,充满各向同性均匀电介质的平板电容器内部电场并不为零,如图5-17所示。设 $\boldsymbol{E}_0$ 为平板电容器极板上电荷产生的场,则介质内的场强 $\boldsymbol{E}$ 为

$$\boldsymbol{E}=\boldsymbol{E}_0+\boldsymbol{E}'$$

若极板上电荷面密度为 σ_0,电介质表面束缚电荷面密度为 σ',则

$$E=\frac{\sigma_0}{\varepsilon_0}-\frac{\sigma'}{\varepsilon_0}=\frac{1}{\varepsilon_r}E_0=\frac{1}{\varepsilon_r}\frac{\sigma_0}{\varepsilon_0}$$

可得

$$\sigma'=\left(1-\frac{1}{\varepsilon_r}\right)\sigma_0$$

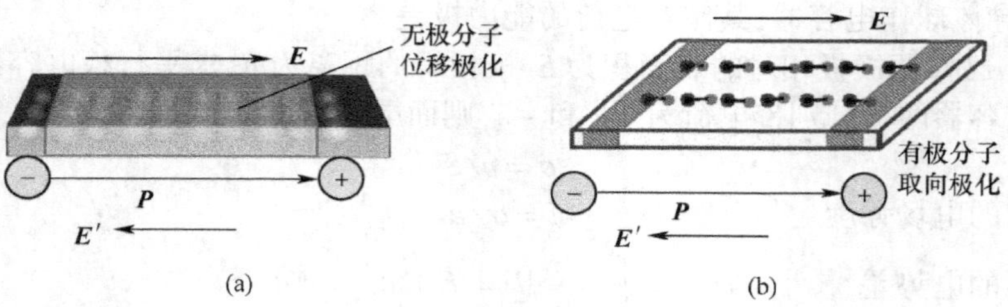

图5-17　电介质的位移极化和取向极化

3. 有电介质时的高斯定理

在上述平板电容器内建一圆柱形高斯面,底面圆形面积为 S,一个底面在导体内部,一个底面在介质内部。

由高斯定理　$$\oint_S \boldsymbol{E}\cdot d\boldsymbol{S}=\frac{1}{\varepsilon_0}(-\sigma'+\sigma_0)S=\frac{1}{\varepsilon_0}\cdot\frac{\sigma_0 S}{\varepsilon_r}=\frac{q_0}{\varepsilon_0\varepsilon_r}$$

所以

$$\oint_S \varepsilon_0\varepsilon_r\boldsymbol{E}\cdot d\boldsymbol{S}=q_0$$

引入电位移矢量 $\boldsymbol{D}$,在各向同性电介质中的任一点,$\boldsymbol{D}$ 可定义为该点的电场强度 $\boldsymbol{E}$ 与该点处电介质介电常数 ε 的乘积,$\boldsymbol{D}$ 和 $\boldsymbol{E}$ 的方向相同。

$$\boldsymbol{D}=\varepsilon\boldsymbol{E}=\varepsilon_r\varepsilon_0\boldsymbol{E} \tag{5-31}$$

因此,通过任意闭合曲面的电位移通量等于该闭合曲面所包围的自由电荷的代数和,与束缚电荷及闭合曲面外的电荷无关。

$$\Phi_D=\oint_S \boldsymbol{D}\cdot d\boldsymbol{S}=q_0 \tag{5-32}$$

式(5-32)就是有电介质时的高斯定理。

5.6.2　带电电容器的能量

1. 孤立导体的静电能

在带电体带电量为 q,相应的电势为 U 时,再把一个 dq 从无限远处移到该带电体上,外力须克服静电力做功

$$dA = U\mathrm{d}q = \frac{q}{C}\mathrm{d}q$$

整个充电过程: $0 \to \mathrm{d}q \to q(t) \to Q$,外力需做总功

$$A = \int \mathrm{d}A = \int_0^Q \frac{q}{C}\mathrm{d}q = \frac{1}{2}\frac{Q^2}{C} \tag{5-33}$$

根据能量守恒定律,因为静电力是保守力,所以外力克服静电力所做功 A 应等于电容器所储存的静电能 W_e。

2. 电容器的静电能

对电容器有 $Q = CU_{AB}$,则

$$W_e = \frac{1}{2}\frac{Q^2}{C} = \frac{1}{2}CU_{AB}^2 = \frac{1}{2}QU_{AB} \tag{5-34}$$

式中,U_{AB}为电容器带电量为 Q 时两极板的电势差。这组公式对任意形状结构的电容器都适用。

5.6.3　静电场能量

一带电体或电容器的带电过程,实际上也是带电系统的电场建立的过程,以平行板电容器为例,由式(5-34)

$$W_e = \frac{1}{2}\frac{Q^2}{C} = \frac{1}{2}CU^2 = \frac{1}{2}QU$$

上式表明能量与电荷是相联系的,该式适用于静电场。

1. 从电场的观点推导电场的能量

对平行板电容器,极板间有介电常数为 ε 的电介质

$$C = \varepsilon S/d,\ U = Ed$$

所以

$$W_e = \frac{1}{2}CU^2 = \frac{1}{2}\frac{\varepsilon S}{d}(Ed)^2 = \frac{1}{2}\varepsilon E^2(Sd) \tag{5-35}$$

该式表明静电场的能量与场强的关系,可见 W_e 与场强、电介质以及电场空间体积有关。该式适用于电磁场。

2. 能量密度

用 w_e 表示静电场单位体积中所具有的能量,称为能量密度。由式(5-35)可得

$$w_e = \frac{1}{2}\varepsilon E^2 \tag{5-36}$$

这个结果是从平行板电容器中的均匀电场这个特例推出的,而对任何带电体系,整个电场所储存的总能量

$$W_e = \int_V w_e \mathrm{d}V = \int_V \frac{1}{2}\varepsilon E^2 \mathrm{d}V = \frac{1}{2}\int_V DE\mathrm{d}V \tag{5-37}$$

若已知电场分布,即可得全部电场的能量。

3. 讨论

式(5-34)和式(5-35)分别从电荷与电场的观点来讨论电场的能量,因为在静电场中电荷与电场是同时存在的。实验证明,电能储存在电场之中是更为普遍的结论,电场具有能量是电场物质性的一种表现。

例 5-12 一平行板空气电容器的极板面积和间距分别为 S 和 d,用电源充电后两极板上带电分别为 $+Q$ 和 $-Q$,断开电源后,再把两极板的距离拉开至 $2d$。求外力克服两极板相互吸引力所做的功。

解 两极板相互吸引力为保守力,故外力所做的功应等于电容器电场能量的增量。断开电源后极板所带电量 Q 不变,面电荷密度 $\sigma = Q/S$ 则不变,且 $E=\sigma/\varepsilon_0$ 不变,而 $(Sd)_V$ 增大,故 W_e 增大。

两极板间距为分别 d 和 $2d$ 时,平行板电容器的电容分别为

$$C_1 = \varepsilon_0 S/d,\ C_2 = \varepsilon_0 S/(2d)$$

$$W_1 = \frac{1}{2}\frac{Q^2}{C_1},\ W_2 = \frac{1}{2}\frac{Q^2}{C_2}$$

所以
$$\Delta W = W_2 - W_1 = \frac{1}{2}Q^2\left(\frac{1}{C_2} - \frac{1}{C_1}\right) = \frac{1}{2}\cdot\frac{Q^2 d}{\varepsilon_0 S}$$

或从场强分析
$$\Delta W = W_2 - W_1 = \frac{1}{2}\varepsilon_0 E^2(2Sd - Sd) = \frac{1}{2}\varepsilon_0\left(\frac{Q/S}{\varepsilon_0}\right)^2 Sd = \frac{1}{2}\cdot\frac{Q^2 d}{\varepsilon_0 S}$$

可见,根据能量守恒定律,外力做的功 $A = \Delta W_e$,极板拉开后电场能量增加了,外力做了正功或静电场力做了负功。

习　题

一、选择题

1. 一电场强度为 $\boldsymbol{E}$ 的均匀电场,$\boldsymbol{E}$ 的方向沿 x 轴正向,如图 P5-1 所示。则通过图中一半径为 R 的半球面的电场强度通量为(　　)。

(A) $\pi R^2 E$　　(B) $\pi R^2 E / 2$　　(C) $2\pi R^2 E$　　(D) 0

2. 有一边长为 a 的正方形平面,在其中垂线上距中心 O 点 $a/2$ 处,有一电荷为 q 的正点电荷,如图 P5-2 所示。则通过该平面的电场强度通量为(　　)。

(A) $\frac{q}{3\varepsilon_0}$　　(B) $\frac{q}{4\pi\varepsilon_0}$　　(C) $\frac{q}{3\pi\varepsilon_0}$　　(D) $\frac{q}{6\varepsilon_0}$

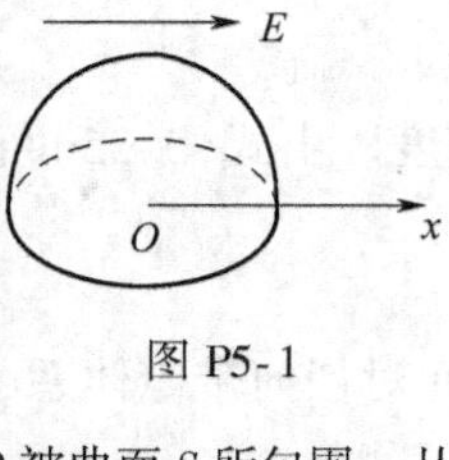

图 P5-1

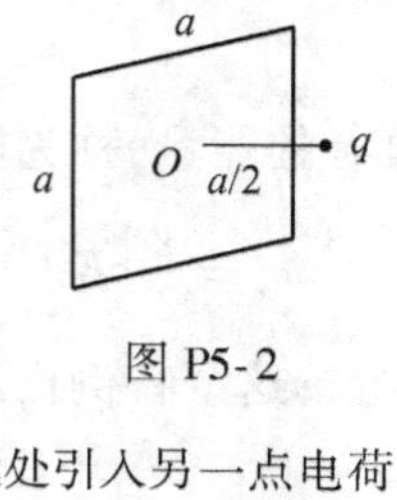

图 P5-2

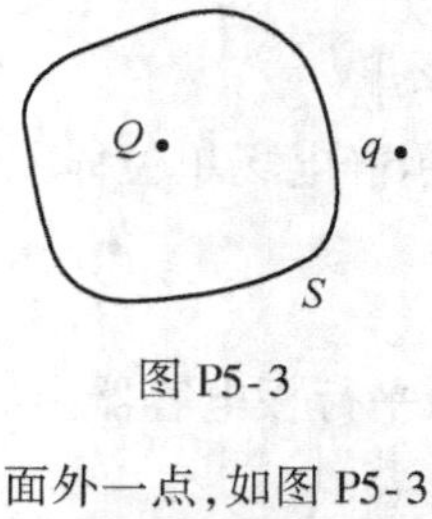

图 P5-3

3. 点电荷 Q 被曲面 S 所包围,从无穷远处引入另一点电荷 q 至曲面外一点,如图 P5-3所示,则引入前

后(　　)。

(A) 曲面 S 的电场强度通量不变,曲面上各点场强不变

(B) 曲面 S 的电场强度通量变化,曲面上各点场强不变

(C) 曲面 S 的电场强度通量变化,曲面上各点场强变化

(D) 曲面 S 的电场强度通量不变,曲面上各点场强变化

4. 半径为 R 的均匀带电球面的静电场中各点的电场强度的大小 E 与距球心的距离 r 之间的关系曲线为(　　)。

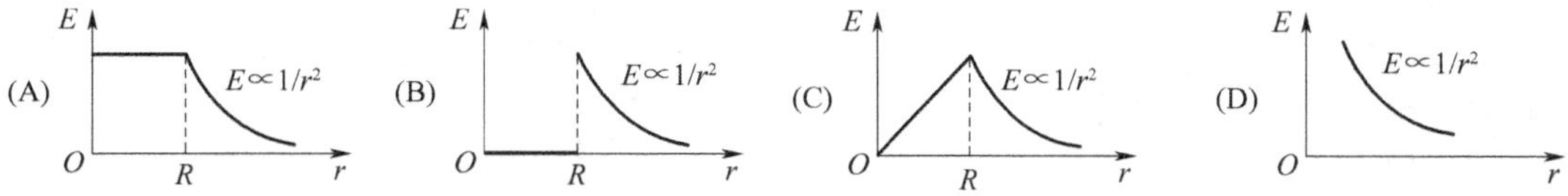

5. 两个同心均匀带电球面,半径分别为 R_a 和 $R_b(R_a<R_b)$,所带电荷分别为 Q_a 和 Q_b。设某点与球心相距 r,当 $R_a<r<R_b$ 时,该点的电场强度的大小为(　　)。

(A) $\dfrac{1}{4\pi\varepsilon_0}\dfrac{Q_a+Q_b}{r^2}$　　(B) $\dfrac{1}{4\pi\varepsilon_0}\dfrac{Q_a-Q_b}{r^2}$　　(C) $\dfrac{1}{4\pi\varepsilon_0}\left(\dfrac{Q_a}{r^2}+\dfrac{Q_b}{R_b^2}\right)$　　(D) $\dfrac{1}{4\pi\varepsilon_0}\dfrac{Q_a}{r^2}$

6. 如图 P5-4 所示,半径为 R 的均匀带电球面,总电荷为 Q,设无穷远处的电势为零,则球内距离球心为 r 的 P 点处的电场强度的大小和电势为(　　)。

(A) $E=0, U=\dfrac{Q}{4\pi\varepsilon_0 r}$　(B) $E=0, U=\dfrac{Q}{4\pi\varepsilon_0 R}$　(C) $E=\dfrac{Q}{4\pi\varepsilon_0 r^2}, U=\dfrac{Q}{4\pi\varepsilon_0 r}$　(D) $E=\dfrac{Q}{4\pi\varepsilon_0 r^2}, U=\dfrac{Q}{4\pi\varepsilon_0 R}$

7. 真空中有一点电荷 Q,在与它相距为 r 的 a 点处有一试验电荷 q。现使 q 从 a 点沿半圆弧轨道运动到 b 点,如图 P5-5 所示。则电场力对 q 做功为(　　)。

(A) $\dfrac{Qq}{4\pi\varepsilon_0 r^2}\dfrac{\pi r^2}{2}$　　(B) $\dfrac{Qq}{4\pi\varepsilon_0 r^2}2r$　　(C) $\dfrac{Qq}{4\pi\varepsilon_0 r^2}\pi r$　　(D) 0

8. 一空心导体球壳,其内、外半径分别为 R_1 和 R_2,带电荷 q,如图 P5-6 所示。当球壳中心处再放一电荷为 q 的点电荷时,则导体球壳的电势(设无穷远处为电势零点)为(　　)。

(A) $\dfrac{q}{4\pi\varepsilon_0 R_1}$　　(B) $\dfrac{q}{4\pi\varepsilon_0 R_2}$　　(C) $\dfrac{q}{2\pi\varepsilon_0 R_1}$　　(D) $\dfrac{q}{2\pi\varepsilon_0 R_2}$

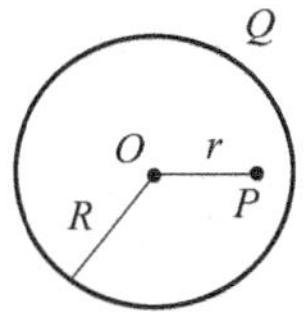

图 P5-4

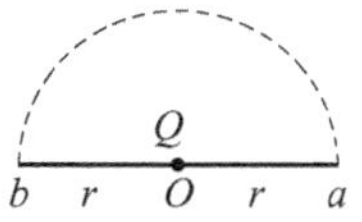

图 P5-5

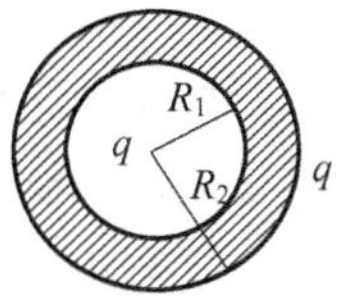

图 P5-6

9. 两个同心薄金属球壳,半径分别为 R_1 和 $R_2(R_2>R_1)$,若分别带上电荷 q_1 和 q_2,则两者的电势分别为 U_1 和 U_2(选无穷远处为电势零点)。现用导线将两球壳相连接,则它们的电势为(　　)。

(A) U_1　　(B) U_2　　(C) U_1+U_2　　(D) $\dfrac{1}{2}(U_1+U_2)$

10. 关于有电介质时高斯定理,下列说法中哪一个是正确的?(　　)

(A) 高斯面内不包围自由电荷,则面上各点电位移矢量 $\boldsymbol{D}$ 为零

(B) 高斯面上处处 $\boldsymbol{D}$ 为零,则面内必不存在自由电荷

(C) 高斯面的 $\boldsymbol{D}$ 通量仅与面内自由电荷有关

(D) 以上说法都不正确

11. 一导体球外充满相对介电常量为 ε_r 的均匀电介质,若测得导体表面附近场强为 E,则导体球面上的自由电荷面密度 σ 为(　　)。

(A) $\varepsilon_0 E$　　(B) $\varepsilon_0\varepsilon_r E$　　(C) $\varepsilon_r E$　　(D) $(\varepsilon_0\varepsilon_r-\varepsilon_0)E$

12. 用力 F 把电容器中的电介质板拉出，在图 P5-7(a)和(b)两种情况下，电容器中储存的静电能量将(　　)。

(A) 都增加　　(B) 都减少　　(C) (a)增加，(b)减少　　(D) (a)减少，(b)增加

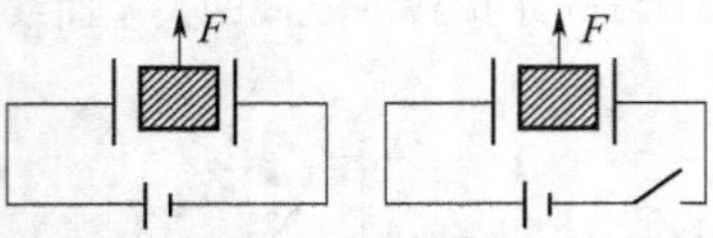

(a) 充电后仍与电源连接　(b) 充电后与电源断开

图 P5-7

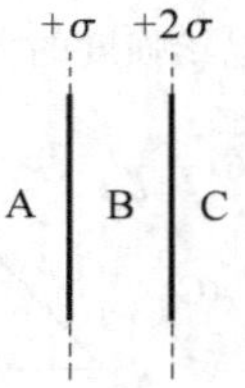

图 P5-8

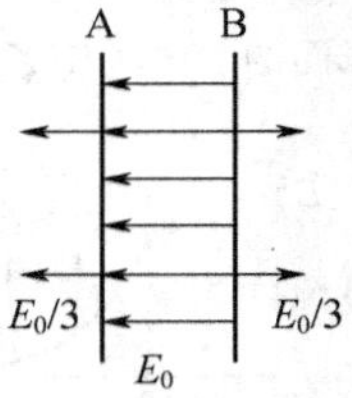

图 P5-9

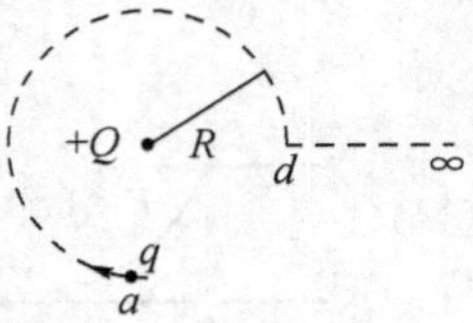

图 P5-10

二、填空题

1. 两个平行的"无限大"均匀带电平面，其电荷面密度分别为 $+\sigma$ 和 $+2\sigma$，如图 P5-8 所示，则 A、B、C 三个区域的电场强度分别为：$E_A=$________，$E_B=$________，$E_C=$________(设方向向右为正)。

2. A、B 为真空中两个平行的"无限大"均匀带电平面，已知两平面间的电场强度大小为 E_0，两平面外侧电场强度大小都为 $E_0/3$，方向如图 P5-9 所示。则 A、B 两平面上的电荷面密度分别为：$\sigma_A=$________，$\sigma_B=$________。

3. 静电场的环路定理的数学表达式为：___________。该式的物理意义是：___________________。该定理表明，静电场是________场。

4. 如图 P5-10 所示，试验电荷 q，在点电荷 $+Q$ 产生的电场中，沿半径为 R 的整个圆弧的 3/4 圆弧轨道由 a 点移到 d 点的过程中电场力做功为________；从 d 点移到无穷远处的过程中，电场力做功为________。

5. 一均匀静电场，电场强度 $\boldsymbol{E}=(400\boldsymbol{i}+600\boldsymbol{j})\ \mathrm{V\cdot m^{-1}}$，则点 $a(3,2)$ 和点 $b(1,0)$ 之间的电势差 $U_{ab}=$________。(点的坐标 x，y 以 m 计)

6. 真空中电荷分别为 q_1 和 q_2 的两个点电荷，当它们相距为 r 时，该电荷系统的相互作用电势能 $W=$________。(设当两个点电荷相距无穷远时电势能为零)

7. 空气平行板电容器的两极板面积均为 S，两板相距很近，电荷在平板上的分布可以认为是均匀的。设两极板分别带有电荷 Q 和 $-Q$，则两板间相互吸引力为________。

8. 一空气平行板电容器，两极板间距为 d，充电后板间电压为 U。然后将电源断开，在两板间平行地插入一厚度为 $d/3$ 的金属板，则板间电压变成 $U'=$________。

9. 在相对介电常数为 ε_r 的各向同性电介质中，电位移矢量与场强之间的关系是________。

三、计算题

1. 如图 P5-11 所示，真空中一长为 L 的均匀带电细直杆，总电荷为 q，试求在直杆延长线上距杆的一端距离为 d 的 P 点的电场强度。

2. 带电细线弯成半径为 R 的半圆形，电荷线密度 $\lambda=\lambda_0\sin\varphi$，式中 λ_0 为一常数，φ 为半径 R 与 x 轴所成的夹角，如图 P5-12 所示。试求环心 O 处的电场强度。

3. 半径为 R 的带电细圆环，其电荷线密度 $\lambda=\lambda_0\cos\varphi$，式中 λ_0 为一常数，φ 为半径 R 与 x 轴所成的夹角，如图 P5-13 所示。试求环心 O 处的电场强度。

4. 如图 P5-14 所示，一厚度为 d 的"无限大"均匀带电平板，电荷体密度为 ρ。试求板内外的场强分布，并画出场强随坐标 x 变化的曲线，即 $E-x$ 曲线(设原点在带电平板的中央平面上，Ox 轴垂直于平板)。

5. 一对表面均匀带电的"无限长"的同轴直圆筒，半径分别为 R_1 和 $R_2(R_1<R_2)$，设沿轴线单位长度的带电量分别为 λ_1 和 λ_2，试求长直圆筒周围空间的电场分布。

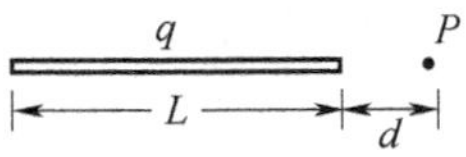

图 P5-11

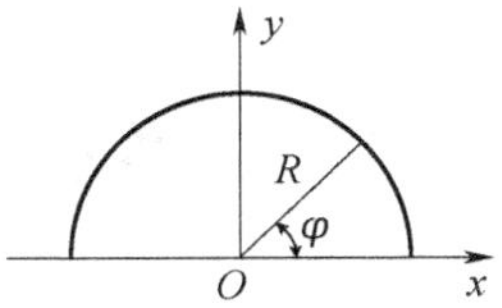

图 P5-12

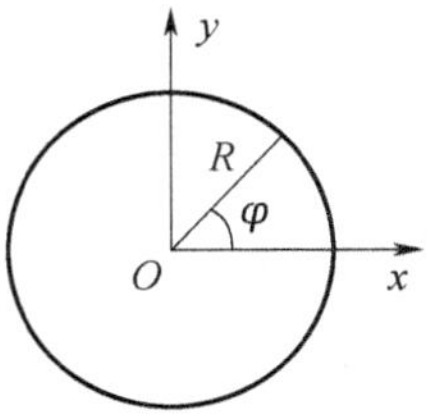

图 P5-13

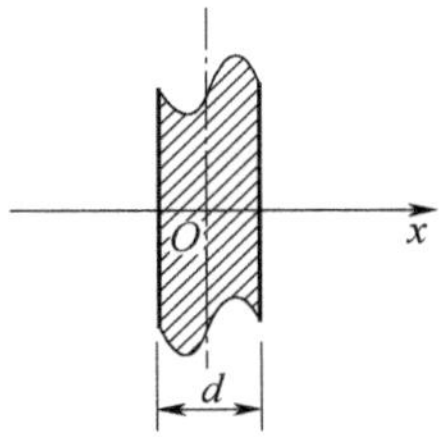

图 P5-14

6. 有一半径为 R 的均匀带电介质球，其电荷体密度为 ρ。试求：(1)球外任一点的电势；(2)球表面的电势；(3)球内任一点的电势。

7. 带电量为 q 的点电荷处在一导体球壳的中心，设球壳的内、外半径分别为 R_1 和 R_2，求该球壳内、外以及球壳上任一点的场强和电势，并画出 E-r 和 U-r 曲线。

8. 求半径为 R、面电荷密度为 σ 的无限长均匀带电圆柱面内外的场强分布。

9. 半径分别为 R_1 和 R_2($R_2>R_1$)的一对无限长共轴圆柱面上均匀带电，沿轴线单位长度的电荷分别为 λ_1 和 λ_2。(1) 求空间各区域的场强分布；(2) 若 $\lambda_1=-\lambda_2$，情况如何？

10. 半径分别为 R_1 和 R_2($R_2>R_1$)的一对无限长共轴圆柱面上均匀带电，沿轴线单位长度的电荷分别为 $+\lambda$ 和 $-\lambda$。分别把电势参考点选在无限远处，求：(1) 离轴线为 r 处的电势；(2) 两筒间的电势差。

11. 如图 P5-15 所示，$AB=2L$，$\overset{\frown}{OCD}$是以 B 为圆心、L 为半径的半圆。A 点有正电荷 $+q$，B 点有负电荷 $-q$。(1) 将单位正点电荷从 O 点沿$\overset{\frown}{OCD}$移动到 D 点，电场力做了多少功？(2) 将单位负点电荷从 D 点沿 AD 的延长线移动到无穷远处，电场力做了多少功？

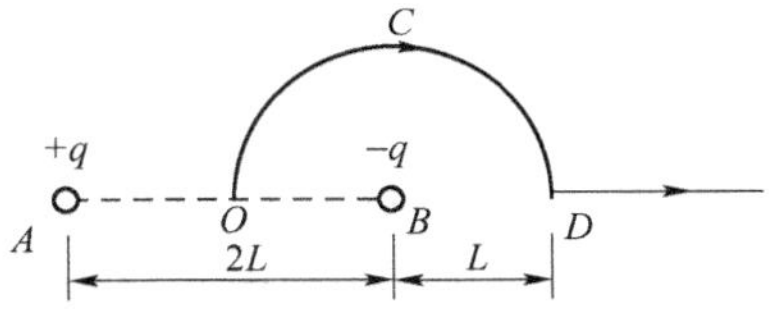

图 P5-15

第 6 章　稳恒磁场和磁介质

在静止电荷的周围,存在着电场;如果电荷在运动(或形成电流),那么在它的周围不仅有电场而且还有磁场。当电荷运动形成稳恒电流时,它周围的磁场在空间的分布就不随时间改变,称为恒定磁场或稳恒磁场。

6.1　电　　流

6.1.1　电流强度

1. 电流强度的概念

从微观上看,电流实际上是带电粒子的定向运动。从宏观上看,大量自由电荷在导体中相对晶体点阵做定向运动,形成电流;正、负离子在电解质中做定向运动也会形成传导电流。单位时间内通过导体中任一横截面的电量,叫做电流强度。

$$I = \Delta q/\Delta t$$

I 不随时间变化称为恒定电流。而

$$i(t) = \lim_{\Delta t \to 0}\frac{\Delta q}{\Delta t} = \frac{\mathrm{d}q}{\mathrm{d}t} \tag{6-1}$$

称为瞬时电流强度。在这里,电荷被限制在导体内流动,电流视作标量,规定正电荷移动的方向为电流的流向。以上认为电流在导体同一截面上各点分布是均匀的。

2. 电流密度

电流在不均匀导体或者在大块导体中流动时,各点的电流分布一般不均匀。为描述导体各处的电荷定向运动的情况,引入电流密度。设 n 为载流子数密度,如图 6-1 所示,单位时间通过 $\mathrm{d}S$ 的电量,就是通过 $\mathrm{d}S$ 的电流强度。

$$\mathrm{d}I = \frac{n(v\mathrm{d}t\mathrm{d}S\cos\theta)q}{\mathrm{d}t} = qnv\mathrm{d}S\cos\theta$$

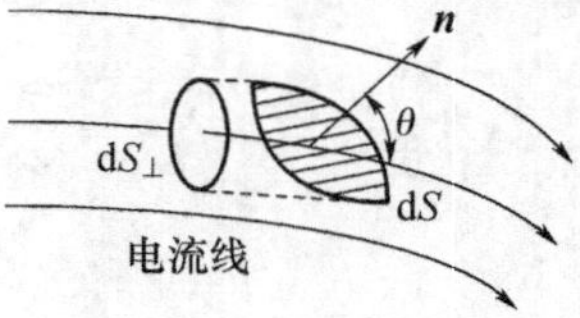

图 6-1　电流密度

引入矢量 $\boldsymbol{J} = qn\boldsymbol{v}$,则

$$\mathrm{d}I = \boldsymbol{J}\cdot\mathrm{d}\boldsymbol{S} \tag{6-2}$$

$\boldsymbol{J}$ 即称为小面元 $\mathrm{d}\boldsymbol{S}$ 处的电流密度,其大小 $J = \mathrm{d}I/\mathrm{d}S$ 为通过垂直于截流子运动方向的单位面积的电流强度。所以,通过导体任意截面积 S 的电流强度为

$$I = \int_S \mathrm{d}I = \int_S \boldsymbol{J}\cdot\mathrm{d}\boldsymbol{S} \tag{6-3}$$

3. 恒定电场

恒定电流是指导体内各处的电流密度都不随时间变化的电流,即直流电。通过任一封闭曲面的恒定电流为零,即“流进等于流出”。则

$$\oint_S \boldsymbol{J} \cdot \mathrm{d}\boldsymbol{S} = 0 \tag{6-4}$$

若式(6-4)不成立,则在封闭曲面内就会不断积累电荷,电流密度就要随时间变化,即不满足电流恒定的条件。在恒定电流的条件下,导体内电荷的分布不随时间变化,这种电荷分布形成的电场叫恒定电场。

电流是标量,但电流密度是矢量,其方向与场强方向一致。

6.1.2　欧姆定律及其微分式

1. 欧姆定律

当导体的两端有电势差时,导体中就有电流流过,则电流大小为

$$I = \frac{U}{R} = \frac{U_2 - U_1}{R}$$

对均匀导体

$$R = \rho \frac{l}{S} \tag{6-5}$$

式中,ρ 为电阻率,$\gamma = 1/\rho$,称为电导率。

2. 欧姆定律的微分式

欧姆定律的微分形式实际上是推断电流密度与导体内电场强度之间的关系,如图 6-2 所示,取一长为 $\mathrm{d}l$ 的圆柱体,则垂直通过 $\mathrm{d}S$ 的电流为

$$\mathrm{d}I = \mathrm{d}U/R$$

而

$$R = \rho \frac{\mathrm{d}l}{\mathrm{d}S} = \frac{1}{\gamma}\frac{\mathrm{d}l}{\mathrm{d}S}$$

则

$$\mathrm{d}I = \gamma \frac{\mathrm{d}U}{\mathrm{d}l}\mathrm{d}S$$

即

$$J = \frac{\mathrm{d}I}{\mathrm{d}S} = \gamma \frac{\mathrm{d}U}{\mathrm{d}l} = \gamma E \tag{6-6}$$

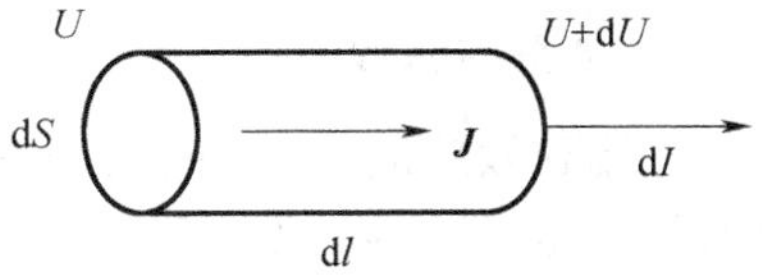

图 6-2　电流密度与场强的关系

考虑其矢量性,电流密度方向与正载流子方向一致,即与场强方向一致,式(6-6)写成矢量式

$$\boldsymbol{J} = \gamma \boldsymbol{E} \tag{6-7}$$

式(6-7)称为欧姆定律的微分形式。无论电场是否恒定,电流分布是否均匀,该式均成立。

已知非均匀电场分布函数 $\boldsymbol{E} = \boldsymbol{E}(r)$,即可求出该位置的电流密度 $\boldsymbol{J}$,也可求出通过导体任意截面的电流;反之亦然。

6.2　磁场和磁感应强度

6.2.1　磁场

1. 磁场的概念

一切磁现象起源于电荷的运动。任何运动电荷或由此形成的电流,均在周围空间产生磁

场。静止的电荷只在周围空间产生电场,而运动的电荷除激发电场外,还要激发磁场。其主要表现:

(1) 磁场对引入磁场中的运动电荷,或载流导体或磁铁,均有磁力的作用。

(2) 载流导体在磁场内移动时,磁场力对其做功。在一个电与磁存在的空间,静止电荷只受到电场的作用,运动电荷却同时受到电场与磁场的作用。

2. 稳恒磁场

做宏观定向运动的电荷在空间的分布不随时间变化,形成稳恒电流。在恒定电流周围就产生不随时间变化的磁场,称为稳恒磁场。

3. 基本的磁现象

天然磁铁吸引铁、钴、镍等物质的性质,称为磁性。条形磁铁两端磁性最强的区域称为磁极。同号磁极之间磁力相互排斥;异号磁极之间磁力相互吸引。载流导线之间的相互作用,以及运动电荷之间的相互作用,均是通过磁场实现的:

载流导线⇌磁场⇌载流导线;

运动电荷⇌磁场⇌运动电荷。

地球本身也可视作一个巨大的磁铁,地磁北极(N)在地理南极附近,地磁南极(S)在地理北极附近。因此,地球表面的小磁针的 N 极指向地理的北极,2004 年标定的北磁极在加拿大伊丽莎白女王群岛北面;而地球表面的小磁针的 S 极指向地理的南极,2004 年标定的南磁极在南极大陆威尔克斯高地附近。

4. 电流的磁效应

电流磁效应的发现在电磁学的发展历史中占有重要地位,在这项发现之前,电和磁在人们看来是截然无关的两件事。

丹麦物理学家奥斯特是丹麦哥本哈根大学的物理学教授,他深信电和磁存在某种联系,只是还不知道怎么来实现。于是他选择了一根细的白金丝,将它接到电源(伏打电堆)上,并在它前面放置一根小磁针,他企图利用白金丝的尖端吸引磁针。然而,尽管白金丝灼热烧红了,甚至发光了,磁针也不转动。但奥斯特并没有灰心,他一边思考,一边试验。1820 年 4 月的一个晚上,奥斯特正在向观众演讲有关电和磁的问题,他即兴把导线和小磁针平行放置做个示范。令人没有想到的是,正当他将磁针移向导线下方时,他的助手偶然接通了电源,在那一瞬间,他看到了期盼多年的磁针的晃动。演讲会后奥斯特连续几个月都在研究这一新现象。他认识到,磁效应强的不是细金属丝,而是粗的金属丝,且任何金属都可以,而不必用贵重的白金丝。后来,他有了更大的伏打电池,终于查明电流的磁效应是沿着环绕导线的圆周方向。1820 年 7 月 21 日,奥斯特用拉丁文写了四页篇幅,简洁地报告了他 60 余次实验的结果,这篇历史性的文献立即轰动了整个欧洲。

继奥斯特发现放在载流导线附近的磁针受到磁场力的作用而发生偏转之后,安培也发现放在磁铁附近的载流导线或载流线圈同样会受到磁力的作用而发生运动。随后,安培又发现载流导线之间或载流线圈之间也存在力的相互作用。1822 年安培指出:一切磁现象的根源是电流,磁性物质的分子中存在着分子电流,相当于“基元磁铁”。但至今人们认为磁单极是不存在的,这也是磁极与基本电荷的根本区别。1831 年,法拉第又指出,磁力是通过磁场而相互作用的。

6.2.2 磁感应强度

1. 磁感应强度的定义

根据试验电荷在电场中的受力,前面引入了电场强度:

$$\boldsymbol{E}=\boldsymbol{F}/q_0$$

仿照电学中场强的定义,根据磁场对运动电荷或载流导线有磁力作用的性质,引入磁感应强度 $\boldsymbol{B}$ 来描述空间各点磁场的强弱及方向。由于运动电荷在磁场中的受力还与其运动方向有关,磁感应强度的定义稍复杂一些:

(1) 定义磁场中某点磁感应强度 $\boldsymbol{B}$ 的大小,等于该点处运动正电荷所受的最大磁力与运动电荷所带电量 q 和速率 v 乘积的比值,或等于该点处单位电流元所受磁场力的最大值。

$$B=f_{\max}/qv$$

或

$$B=\frac{\mathrm{d}F_{\max}}{I\mathrm{d}l} \tag{6-8}$$

(2) 规定 $\boldsymbol{B}$ 的方向为放在该点处小磁针 N 极的指向,即为运动电荷或电流元不受力的方向。

2. $\boldsymbol{B}$ 的方向判定

可用右手定则,如图 6-3 所示。

(1) 对运动电荷

$$\boldsymbol{f}=q\boldsymbol{v}\times\boldsymbol{B} \tag{6-9}$$

即

$$f=qvB\sin\theta$$

式中,θ 为 $\boldsymbol{v}$ 与 $\boldsymbol{B}$ 的夹角。

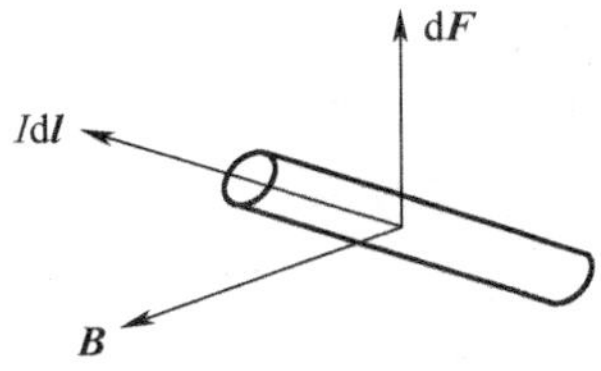

图 6-3 磁感应强度的方向

当 $\boldsymbol{v}$ 与 $\boldsymbol{B}$ 平行时,$\theta=0$,$f=0$;当 $\boldsymbol{v}$ 与 $\boldsymbol{B}$ 垂直时,$\theta=\pi/2$,$f=qvB$。磁场力 $\boldsymbol{f}$ 的方向与运动电荷速度 $\boldsymbol{v}$ 的方向和该点 $\boldsymbol{B}$ 的方向所确定的平面垂直;且 $\boldsymbol{f}$ 的方向还与 q 的正、负有关。

(2) 对电流元

$$\mathrm{d}\boldsymbol{F}=I\mathrm{d}\boldsymbol{l}\times\boldsymbol{B} \tag{6-10}$$

即

$$\mathrm{d}F=I\mathrm{d}lB\sin\theta$$

式中,θ 为 $\mathrm{d}\boldsymbol{l}$ 与 $\boldsymbol{B}$ 的夹角。$\mathrm{d}\boldsymbol{F}$ 垂直于 $I\mathrm{d}\boldsymbol{l}$ 与 $\boldsymbol{B}$ 所确定的平面。

(3) $\boldsymbol{B}$ 的单位为特斯拉(T):$1\mathrm{T}=1\mathrm{Wb/m^2}$。

(4) 磁场的量级。

地球的磁场:0.3×10^{-4}T(赤道)~0.6×10^{-4}T(两极)。

小磁铁:磁感应强度一般为 10^{-2}T(如仪表中);大磁铁:磁感应强度一般为几特斯拉。

6.3 毕奥-萨伐尔定律及其应用

6.3.1 毕奥-萨伐尔定律

下面研究电流激发磁场的问题。显然,不同形状的载流导体回路在周围空间产生的磁场并不一样。那么载流导体回路激发的磁场是如何分布的？

1821 年，毕奥和萨伐尔通过磁针周期振荡的方法发现了直线电流对磁针作用的定律，即通过试验得到了载流导线周围磁场与电流的定量关系。这种磁的作用力正比于导线中的电流强度，反比于它们之间距离的平方；作用力的方向垂直于磁针到导线的连线。拉普拉斯假设电流的作用可以看作各个电流元单独作用总和，把这个定律表示成微分形式，这就是毕奥－萨伐尔－拉普拉斯定律，相应的微分形式为

$$\mathrm{d}\boldsymbol{B} = \frac{\mu_0}{4\pi} \cdot \frac{I\mathrm{d}\boldsymbol{l} \times \boldsymbol{r}^\circ}{r^2} \tag{6-11a}$$

$$\mathrm{d}B = \frac{\mu_0}{4\pi} \cdot \frac{I\mathrm{d}l\sin\theta}{r^2} \tag{6-11b}$$

理论上，可将载流导线分割成许多电流元 $I\mathrm{d}\boldsymbol{l}$，它在真空中某点的磁感应强度 $\mathrm{d}\boldsymbol{B}$ 的大小与 $I\mathrm{d}l$ 成正比，与 $I\mathrm{d}\boldsymbol{l}$ 和 $\boldsymbol{r}$ 的夹角的正弦 $\sin\theta$ 成正比，但与 r^2 成反比。由闭合载流导体回路产生磁场的公式，可看成回路上各电流元激发磁场的叠加，即

$$\boldsymbol{B} = \oint_L \mathrm{d}\boldsymbol{B}$$

$$\boldsymbol{B} = \frac{\mu_0}{4\pi}\oint_L \frac{I\mathrm{d}\boldsymbol{l} \times \boldsymbol{r}^\circ}{r^2} \tag{6-12}$$

上式为回路上任一稳恒电流在场点激发磁场的计算式，简称为毕奥－萨伐尔定律。真空磁导率 $\mu_0 = 4\pi \times 10^{-7}\,\mathrm{N/A^2}$。

如图 6-4 所示，电流元 $I\mathrm{d}\boldsymbol{l}$ 激发的 $\mathrm{d}\boldsymbol{B}$ 垂直于 $I\mathrm{d}\boldsymbol{l}$ 与 $\boldsymbol{r}$ 构成的平面。按右手螺旋定则判定：伸出右手，四指从 $I\mathrm{d}\boldsymbol{l}$ 方向沿小于 180°角转向 $\boldsymbol{r}$ 时，大拇指即指向 $\mathrm{d}\boldsymbol{B}$ 的方向。电流元在空间激发的 $\mathrm{d}\boldsymbol{B}$ 是以自身为轴线，沿着环绕导线圆周方向的切向。电流元在其两端延长线上不激发磁场。

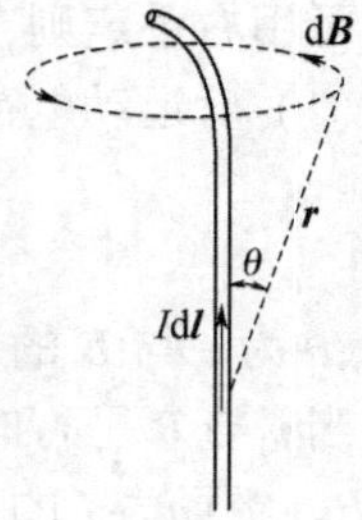

图 6-4　右手螺旋定则

6.3.2　毕奥－萨伐尔定律的应用

毕奥－萨伐尔定律是求电流周围产生磁场的基本公式，磁感应强度 $\boldsymbol{B}$ 也遵从矢量叠加原理：任一形状的载流导线在空间某点所产生的磁感应强度 $\boldsymbol{B}$，等于各电流元在该点所产生的磁感应强 $\mathrm{d}\boldsymbol{B}$ 的矢量和，即

$$\boldsymbol{B} = \oint_L \mathrm{d}\boldsymbol{B} = \oint_L \frac{\mu_0}{4\pi}\frac{I\mathrm{d}\boldsymbol{l} \times \boldsymbol{r}^\circ}{r^2} \tag{6-13}$$

例 6-1　如图 6-5 所示，求载流直导线周围的磁场。

解　分析各电流元 $I\mathrm{d}\boldsymbol{l}$ 在 P 点激发的磁场 $\mathrm{d}\boldsymbol{B}$，方向相同，故可求代数和。

$$\mathrm{d}B = \frac{\mu_0}{4\pi} \cdot \frac{I\mathrm{d}l}{r^2}\sin\theta$$

以下各量均用 R、θ 表示（如 l、r 等）。

因为

$$l = R\cot(\pi - \theta) = -R\cot\theta$$

$$r = \frac{R}{\sin(\pi - \theta)} = \frac{R}{\sin\theta}$$

所以 $$dl=\frac{Rd\theta}{\sin^2\theta},\quad \frac{dl}{r^2}=\frac{d\theta}{R}$$

故 $$dB=\frac{\mu_0 I}{4\pi R}\sin\theta d\theta$$

$$B=\int dB=\frac{\mu_0 I}{4\pi R}\int_{\theta_1}^{\theta_2}\sin\theta d\theta=\frac{\mu_0 I}{4\pi R}(\cos\theta_1-\cos\theta_2)$$

方向垂直纸面向里,可表示为"⊗"。

讨论:(1) 若导线无限长,则 $\theta_1=0,\theta_2=\pi$,有

$$B=\frac{\mu_0 I}{2\pi R}\tag{6-14a}$$

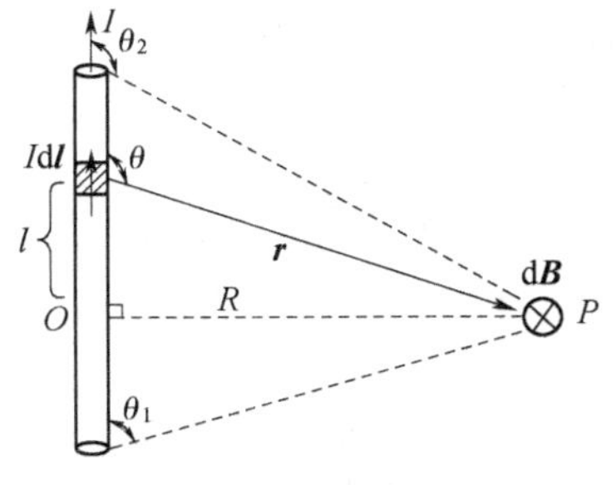

图 6-5　载流直导线周围的磁场

以后用安培环路定理求解,可再给出此结果。

(2) 若 P 点在"半无限长"载流直导线距一端为 R 处的垂面上,则$\theta_1=\pi/2,\ \theta_2=\pi$,有

$$B=\frac{\mu_0 I}{4\pi R}\tag{6-14b}$$

例 6-2　如图 6-6 所示,求载流圆环在轴线上的磁场。

解　在圆环轴线上,因 $I\mathrm{d}\boldsymbol{l}\perp\boldsymbol{r}$,各电流元 $I\mathrm{d}\boldsymbol{l}$ 距 P 等远,贡献的 $\mathrm{d}\boldsymbol{B}$ 等大,即 $dB=\frac{\mu_0}{4\pi}\cdot\frac{Idl}{r^2}$,但方向不同,选择对称分布的电流元 $I\mathrm{d}\boldsymbol{l}$ 两两配对,可知合成磁场沿 z 轴方向,故

$$dB_Z=dB\cos\theta=\frac{\mu_0}{4\pi}\cdot\frac{Idl}{r^2}\cos\theta$$

又 $$dl=Rd\varphi,\ \cos\theta=\frac{R}{\sqrt{R^2+Z^2}}$$

故可统一用 R、Z 表述,有

$$B=B_Z=\int dB_Z=\frac{\mu_0 IR}{4\pi r^2}\cos\theta\int_0^{2\pi}d\varphi$$

$$=\frac{\mu_0}{4\pi}\frac{2I\pi R^2}{(R^2+Z^2)^{3/2}}$$

方向沿 z 轴正方向。

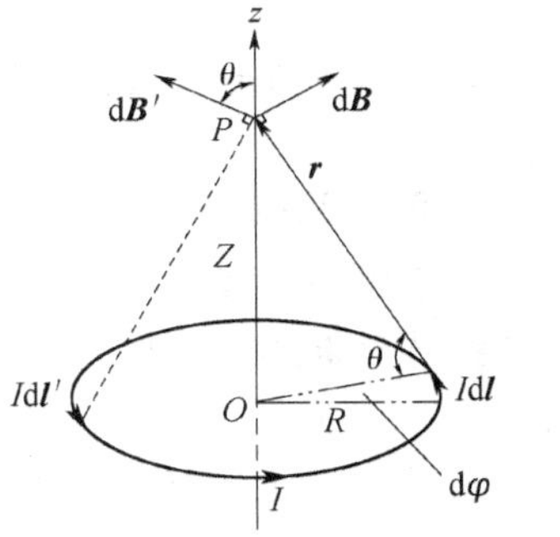

图 6-6　载流圆环在轴线上的磁场

讨论:

(1) 环心处磁感应强度。令 $Z=0$,可给出

$$\boldsymbol{B}_0=\frac{\mu_0 I}{2R}\boldsymbol{k}\tag{6-15a}$$

方向仍然沿 z 轴正方向。

(2) 若为半圆环,则在环心处,有

$$\boldsymbol{B}=\frac{\mu_0 I}{4R}\boldsymbol{k}$$

对应 φ 圆心角的载流圆弧,则在弧心处,有

$$\boldsymbol{B}=\frac{\mu_0 I}{4\pi R}\varphi\boldsymbol{k}$$

即 $$\boldsymbol{B}=\frac{\varphi}{2\pi}\boldsymbol{B}_0\tag{6-15b}$$

(3) 磁偶极子的磁场。当 $Z\gg R$ 时,载流圆环可视为磁偶极矩为 $\boldsymbol{P}_m$ 的磁偶极子。由于

$(R^2+Z^2)^{3/2}\approx Z^3$,则

$$\boldsymbol{B}=\frac{\mu_0}{4\pi}\cdot\frac{2\pi R^2 I}{Z^3}\boldsymbol{k}$$

若令 $\boldsymbol{P}_{\mathrm{m}}=I\pi R^2\boldsymbol{k}=I\boldsymbol{S}$(磁偶极矩),则其轴线上场点的 $\boldsymbol{B}$ 为

$$\boldsymbol{B}=\frac{\mu_0}{4\pi}\cdot\frac{2\boldsymbol{P}_{\mathrm{m}}}{Z^3}$$

(4) 以上求出了轴线上的磁感应强度 $\boldsymbol{B}$,环两侧(上、下)$\boldsymbol{B}$ 的大小对称、方向相同。但场点不在轴线上时,则 $\boldsymbol{B}$ 较难求解。

6.4 磁场的高斯定理和安培环路定理

磁场、电场均是矢量场,但磁场与电场性质不同。在电学中有场方程:

$$\oint_S \boldsymbol{D}\mathrm{d}\boldsymbol{S}=\sum_{S内}q_0,\quad \oint_L \boldsymbol{E}\cdot\mathrm{d}\boldsymbol{l}=0$$

而在磁学中相应的该两方面(通量、环流)又该如何? 即

$$\oint_S \boldsymbol{B}\cdot\mathrm{d}\boldsymbol{S}=?,\quad \oint_L \boldsymbol{B}\cdot\mathrm{d}\boldsymbol{l}=?$$

它们均可由毕奥–萨伐尔定律,结合叠加原理导出。

6.4.1 磁场的高斯定理

1. 磁感应线(磁力线)

由于磁场也属矢量场,可以引入磁感应线($\boldsymbol{B}$ 线)形象地描述磁场的空间分布,就像电场线描述电场一样。使 $\boldsymbol{B}$ 线的切向代表该点处磁场的方向,其疏密可表示磁场的强弱。

如图 6-7 所示,磁感应线还具有以下性质:

(1) 因为空间某点的磁感应强度方向的唯一性,磁场中任意两条 $\boldsymbol{B}$ 线不会相交。

(2) 磁感应线没有起点和终点。任何电流产生的磁场中,每一条磁感应线都是环绕电流的无头无尾的闭合曲线。

(3) 磁场较强的地方,磁感应线较密;反之,磁场较弱的地方,磁感应线较稀疏。所以,匀强磁场的磁感应线是互相平行、等间距的一组直线。匀强磁场中各点的 $\boldsymbol{B}$ 的大小和方向都相同。

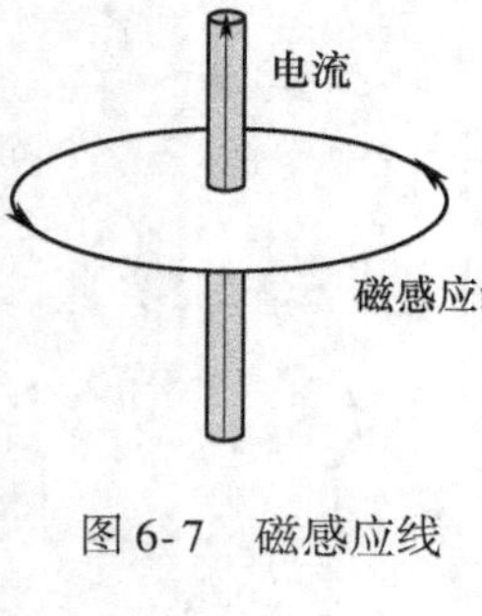

图 6-7 磁感应线

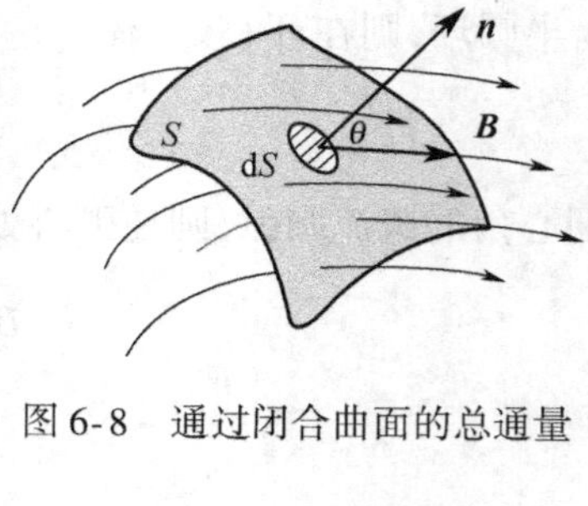

图 6-8 通过闭合曲面的总通量

2. 磁通量

在磁场中的任一曲面 S 上取小面元 $\mathrm{d}S$,由于 $\mathrm{d}S$ 足够小,可认为 $\mathrm{d}S$ 处的 $\boldsymbol{B}$ 是均匀的,如图 6-8所示(规定由里向外为法线的正方向),则穿过该 $\mathrm{d}S$ 的磁感应线的数量,称作通过该面元的磁通量。可表示为

$$\mathrm{d}\Phi_{\mathrm{m}} = \boldsymbol{B}\cdot\mathrm{d}\boldsymbol{S} = B\mathrm{d}S\cos\theta$$

因此,通过磁场中给定曲面 S 的磁通量,就是通过该曲面的磁感应线的总数量。可表示为

$$\Phi_{\mathrm{m}} = \int_S \boldsymbol{B}\cdot\mathrm{d}\boldsymbol{S} = \int_S B\cos\theta\,\mathrm{d}S \tag{6-16}$$

式中,θ 为面元的法线与 $\boldsymbol{B}$ 线的夹角。

在 SI 制中,磁通量 Φ_{m} 的单位为韦伯(Wb),$1\mathrm{Wb} = 1\mathrm{T}\cdot\mathrm{m}^2$,具有磁通密度概念。

3. 磁场的高斯定理

对闭合的曲面,通常规定:曲面的外法线方向为正。这样,$\boldsymbol{B}$ 线从闭合曲面穿出,$\Phi_{\mathrm{m}} > 0$;$\boldsymbol{B}$ 线穿入闭合曲面,$\Phi_{\mathrm{m}} < 0$。

由于磁感应线是无头无尾的闭合曲线,因此,穿入闭合曲面的磁感应线数必然等于穿出闭合曲面的磁感应线数。所以,通过任意闭合曲面 S 的总磁通量为零,即

$$\oint_S \boldsymbol{B}\cdot\mathrm{d}\boldsymbol{S} = 0 \tag{6-17}$$

这就是磁场的高斯定理。自然界中不存在自由磁荷(磁单极)。磁场中的高斯定理也表明,磁力线是无头无尾的闭合线,磁场是无源场。磁场的高斯定理还适用于非稳恒磁场。但必须注意:通过任意闭合曲面 S 的总磁通量 $\Phi_{\mathrm{m}} = 0$,并不能由此确定 S 上的磁感应强度为零。

4. 高斯定理的证明思路

高斯定理可从毕奥－萨伐尔定律严格证明,这里仅提供思路,如图 6-9 所示。

(1) 考虑单个电流元 $I\mathrm{d}\boldsymbol{l}$ 产生的磁场中。以 $I\mathrm{d}\boldsymbol{l}$ 为轴线取一磁力线圆圈,其上磁场 $\mathrm{d}B = \dfrac{\mu_0 I\mathrm{d}l\sin\theta}{4\pi r^2}$处处相等;再取任意闭合曲面 S,若 S 与之交链,则一进一出,$\mathrm{d}\Phi_{\mathrm{m}} = 0$;若 S 与之不交链,仍 $\mathrm{d}\Phi_{\mathrm{m}} = 0$;再扩展至整个 S 面上,得 $\Phi_{\mathrm{m}} = 0$。

(2) 考虑任意回路之总场是各电流元之场的叠加,因 $I\mathrm{d}\boldsymbol{l}$ 是任一电流元,故从整体考虑,其结论不变。

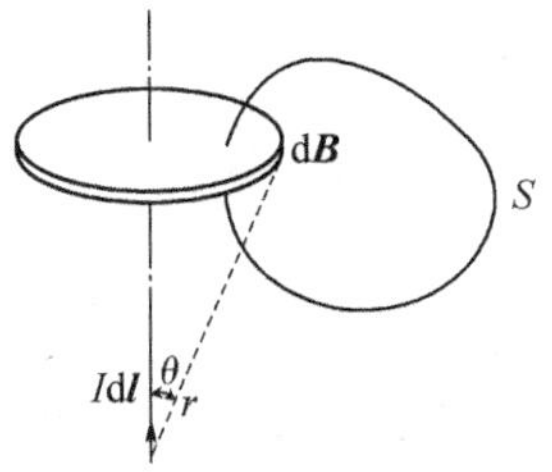

图 6-9　磁场的高斯定理证明

6.4.2　安培环路定理

1. 问题的提出

由静电场的环路定理,场强沿任意闭合路径的线积分为零,即

$$\oint_L \boldsymbol{E}\cdot\mathrm{d}\boldsymbol{l} = 0$$

那么,在稳恒磁场中,磁感应强度 $\boldsymbol{B}$ 和环流:$\oint_L \boldsymbol{B}\cdot\mathrm{d}\boldsymbol{l} = ?$

可在磁场中取积分回路 L,称为安培环路。

2. 安培环路定理及右手定则

在稳恒磁场中,磁感应强度沿任一闭合环路 L 的线积分,等于穿过该环路所围面积的所有电流强度代数和的 μ_0 倍,即

$$\oint_L \boldsymbol{B} \cdot \mathrm{d}\boldsymbol{l} = \mu_0 \sum_{L内} I \tag{6-18}$$

其中右侧为穿过闭合回路 L 的电流之代数和,电流的正负按右手定则规定,如图 6-10 所示。

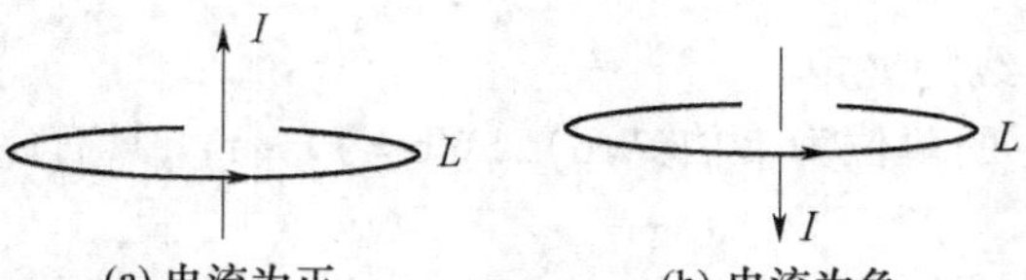

图 6-10　安培环路定理右手定则

3. 定理证明

以无限长载流导线产生的磁场为例。如图 6-11 所示,取一平面与电流垂直,在平面内任取一包围电流的闭合回路 L 作为安培环路,则回路上任一点 P 处的磁感应强度 $\boldsymbol{B}$ 的大小为

$$B = \frac{\mu_0 I}{2\pi r}$$

式中,r 为 P 点到载流导线的垂直距离。则由

$$\boldsymbol{B} \cdot \mathrm{d}\boldsymbol{l} = B\mathrm{d}l\cos\theta = Br\mathrm{d}\varphi$$

所以

$$\oint_L \boldsymbol{B} \cdot \mathrm{d}\boldsymbol{l} = \int_0^{2\pi} \frac{\mu_0 I}{2\pi r} \cdot r\mathrm{d}\varphi = \mu_0 I$$

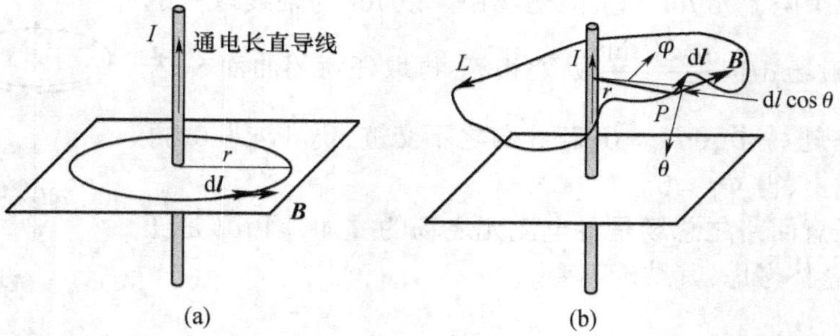

图 6-11　安培环路定理证明

若电流 I 与原电流流向相反,则

$$\boldsymbol{B} \cdot \mathrm{d}\boldsymbol{l} = B\mathrm{d}l\cos(\pi - \theta) = -Br\mathrm{d}\varphi$$

$$\oint_L \boldsymbol{B} \cdot \mathrm{d}\boldsymbol{l} = -\mu_0 I$$

如果闭合回路 L 不是平面曲线,回路中包围有任意电流,或不包围电流,则式(6-18)成立。

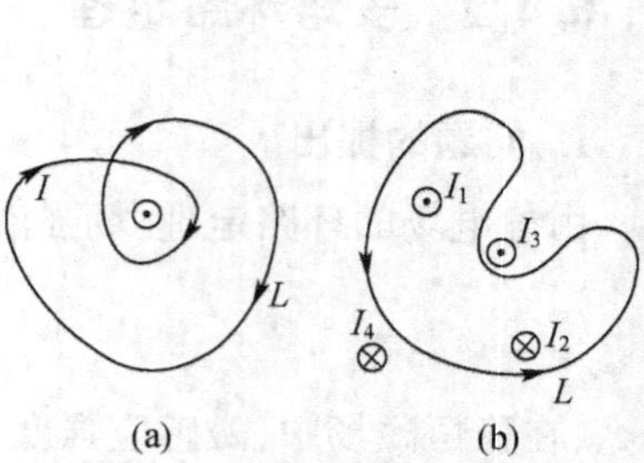

图 6-12　安培环路定理适用于恒定电流产生的磁场

两种类型举例如图 6-12(a)和(b)所示,结果分别为

$$\oint_L \boldsymbol{B} \cdot \mathrm{d}\boldsymbol{l} = -2\mu_0 I$$

和

$$\oint_L \boldsymbol{B} \cdot \mathrm{d}\boldsymbol{l} = \mu_0(I_1 - I_2)$$

4. 讨论

(1) 电流正、负的规定按右手螺旋定则：伸出右手，四指弯曲方向为积分回路 L 的绕行方向，则与右手拇指指向一致的电流为正；反之，则为负。

(2) 安培环路定理表达式中左边的 $\boldsymbol{B}$ 是空间所有电流在回路上产生的合磁场，其积分结果可以用回路所围电流之代数和表示。$\oint_L \boldsymbol{B} \cdot \mathrm{d}\boldsymbol{l} = 0$，只说明该回路所围电流强度的代数和为零，回路上的磁感应强度 $\boldsymbol{B}$ 并不一定为零。

(3) 环流不为零的场为有旋场，因此磁场既是无源场，又是有旋场。安培环路定理表明稳恒磁场不是保守力场，在磁场中一般不能像电场中那样引入"势"来描述。

(4) 磁场中的高斯定理对非稳恒磁场也适用，但安培环路定理只适用于恒定电流产生的磁场。

6.4.3 安培环路定理的应用

利用安培环路定理可以比较方便地求出某些具有对称性的载流导线产生的磁场。解决具体问题时，首先要进行对称性分析，然后取合适的安培环路 L 经过场点，再利用安培环路定理求出磁感应强度 $\boldsymbol{B}$。

例 6-3 求无限长载流直导线外磁场的磁感应强度，设电流强度为 I。

解 通过分析该题具有轴对称性，以直导线为 Z 轴，做半径为 r 的圆形回路。$\boldsymbol{B}$ 的方向与回路的切线方向一致，则

$$\oint_L \boldsymbol{B} \cdot \mathrm{d}\boldsymbol{l} = 2\pi r B = \mu_0 I$$

$$B = \frac{\mu_0 I}{2\pi r}$$

$\boldsymbol{B}$ 的方向，与电流为 I 的直导线构成右手螺旋关系，结果与前面例题一致，但解题简单。

例 6-4 半径为 R 的无限长圆柱形载流直导线，电流为 I，求其内、外 $\boldsymbol{B}$ 的分布。

解 如图 6-13 所示，圆形截面电流密度 $J = \dfrac{I}{\pi R^2}$，导线内、外的磁场均呈轴对称，且 $\boldsymbol{B}$ 的方向沿圆周切向。

(1) $r > R$：

$$\oint_L \boldsymbol{B} \cdot \mathrm{d}\boldsymbol{l} = B \cdot 2\pi r = \mu_0 I$$

$$B = \frac{\mu_0 I}{2\pi r}$$

(2) $r < R$：

$$\oint_L \boldsymbol{B} \cdot \mathrm{d}\boldsymbol{l} = B \cdot 2\pi r = \mu_0 \frac{I}{\pi R^2}\pi r^2$$

$$B = \frac{\mu_0 I}{2\pi}\frac{r}{R^2}$$

B-r 曲线如图 6-14 所示。

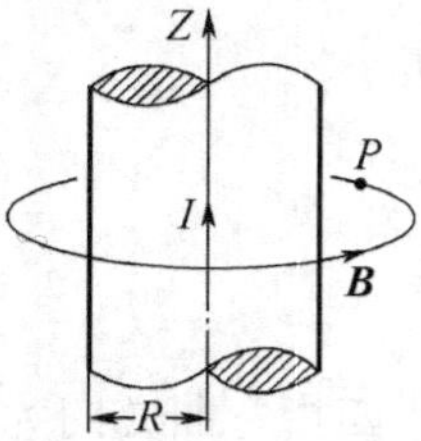

图 6-13

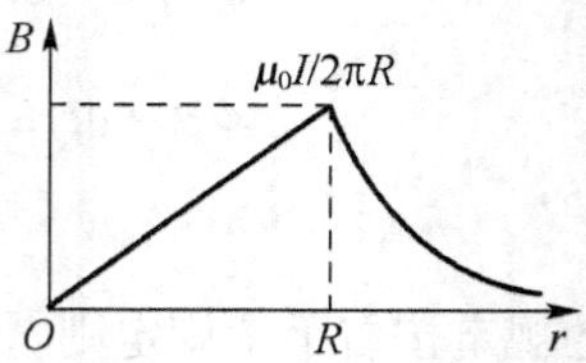

图 6-14

例 6-5 求载流长直螺线管中的磁场，设密绕导线中的电流为 I。

解 如图 6-15 所示，如果螺线管的直径远小于其长度，可视作无限长直螺线管。若单层密绕的导线中通有电流，其在管内形成的磁场可视作匀强磁场，磁感应强度 $\boldsymbol{B}$ 的方向可由右手螺旋法则来判定。设线圈中的电流为 I，螺线管单位长度匝数为 n。

由题意，可做一矩形回路 $abcd$，ab 边与螺线管轴线 Z 平行，则回路所包围的总电流为

$$\sum_i I_i = ab \cdot nI$$

而 $\boldsymbol{B}$ 沿矩形回路的线积分为

$$\oint_L \boldsymbol{B} \cdot \mathrm{d}\boldsymbol{l} = \int_{ab} \boldsymbol{B} \cdot \mathrm{d}\boldsymbol{l} + \int_{bc} \boldsymbol{B} \cdot \mathrm{d}\boldsymbol{l} + \int_{cd} \boldsymbol{B} \cdot \mathrm{d}\boldsymbol{l} + \int_{da} \boldsymbol{B} \cdot \mathrm{d}\boldsymbol{l}$$

考虑到密绕的螺线管外部的 $\boldsymbol{B}$ 为零，且 bc 段和 da 段的管内部分 $\boldsymbol{B}$ 与积分路径 $\mathrm{d}\boldsymbol{l}$ 垂直，则

$$\int_{cd} \boldsymbol{B} \cdot \mathrm{d}\boldsymbol{l} = \int_{bc} \boldsymbol{B} \cdot \mathrm{d}\boldsymbol{l} = \int_{da} \boldsymbol{B} \cdot \mathrm{d}\boldsymbol{l} = 0$$

由安培环路定理

$$\oint_L \boldsymbol{B} \cdot \mathrm{d}\boldsymbol{l} = \int_{ab} \boldsymbol{B} \cdot \mathrm{d}\boldsymbol{l} = B \cdot ab$$

$$= \mu_0 \sum_i I = \mu_0 ab \cdot nI$$

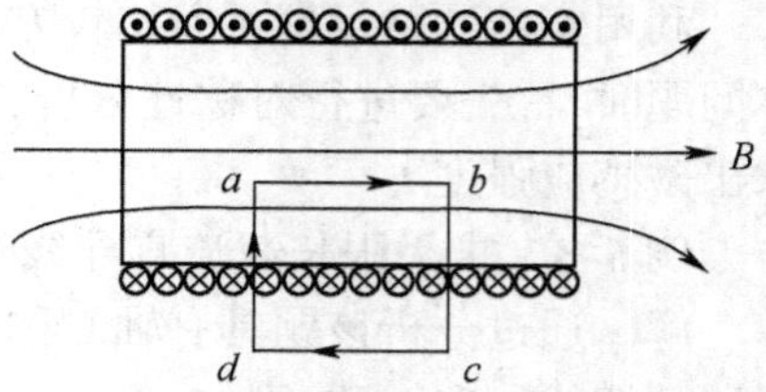

图 6-15 长直螺线管中的磁场

则磁感应强度大小为

$$B = \mu_0 nI \tag{6-19}$$

管内 $\boldsymbol{B}$ 的方向与电流的流向符合右手螺旋法则，如图 6-15 所示。

讨论：

(1) 无限长螺线管轴线上的磁场 $B = \mu_0 nI$。实际上，对长直螺线管，管内为均匀磁场，非轴线上也具有此结果。

(2) 长螺线管的端口处轴线上的磁场 $B = \frac{1}{2}\mu_0 nI$。

(3) 方形截面的长螺线管中磁场仍具有此形式。

(4) 螺线管磁场与条形磁铁的磁场具有相似性。

例 6-6 求载流螺绕环内的磁场。设密绕导线中的电流为 I，单位长度的匝数为 n，且螺绕环平均半径为 R，远大于螺绕环截面的内径。

解 经对称分析可知，螺绕环的磁场几乎全部集中在环内，且环内的磁感应强度大小近似相等，$\boldsymbol{B}$ 线为一组同心圆，$\boldsymbol{B}$ 线的方向沿圆的切向，因此，安培环路取半径为 R 的圆，则由安培环路定理

$$\oint_L \boldsymbol{B} \cdot \mathrm{d}\boldsymbol{l} = 2\pi R \cdot B = \mu_0 \sum_i I = \mu_0 NI$$

则 $$B_{内}=\mu_0 I\frac{N}{2\pi R}=\mu_0 nI$$

而 $B_{外}=0$。$\boldsymbol{B}$ 的方向如图 6-16 所示。

(a) 螺绕环

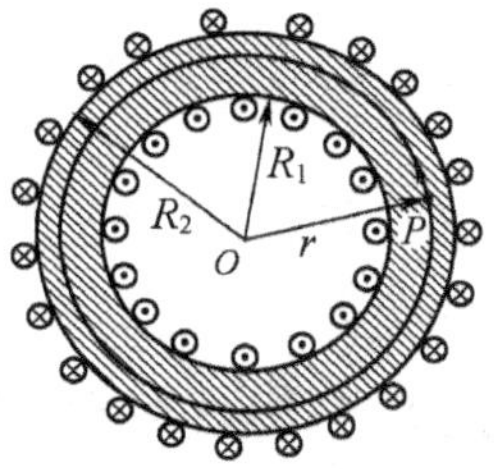

(b) 取圆形回路

图 6-16 螺绕环

真空中,螺绕环与螺线管在管内形成的磁场均可视作匀强磁场,且其管内磁感应强度大小的表达式相同,与单位长度的匝数 n 和导线中的电流 I 成正比。安培环路的选取不止一种,关键是有利于做对称性分析,使之便于计算。例如,求载流螺绕环内的磁场,取扇形回路也可,读者可自行分析得出相同的结果。

6.5 磁场对电流的作用

6.5.1 磁场对运动电荷的作用

1. 洛伦兹力

运动电荷在磁场中受到的磁场力称为洛伦兹力,可表示为

$$\boldsymbol{f}=q\boldsymbol{v}\times\boldsymbol{B} \tag{6-20}$$

由于洛伦兹力的方向始终与电荷的运动方向垂直,如图 6-17(a)所示,因此,洛伦兹力对运动电荷不做功。

2. 洛伦兹关系式

如图 6-17(b)所示,带电粒子在均匀电磁场中的运动,当 $\boldsymbol{v}\perp\boldsymbol{B}$ 时,有 $\boldsymbol{F}\perp\boldsymbol{v}$,所以带电粒子进入磁场后,将做匀速率圆周运动。

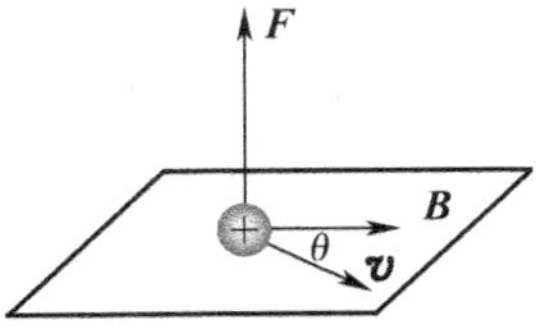

(a) 洛伦兹力与电荷的运动方向垂直

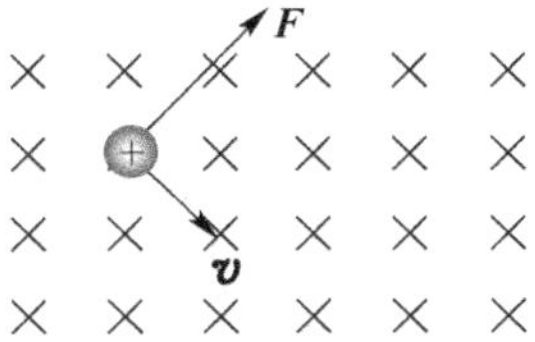

(b) 带电粒子进入磁场做匀速率圆周运动

图 6-17 磁场对运动电荷的作用

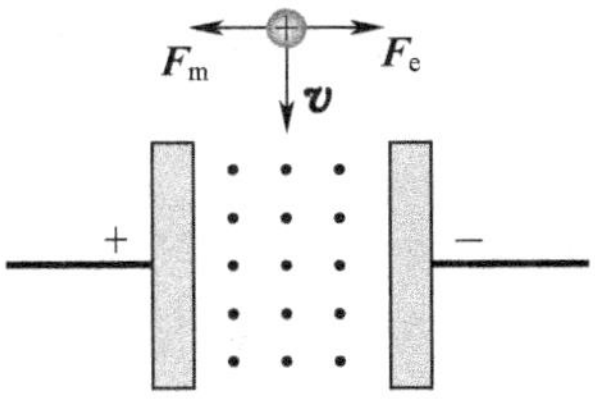

图 6-18 速度选择器

由 $qvB=m\dfrac{v^2}{R}$,得 $R=\dfrac{mv}{qB}$,则回转周期为

$$T=\frac{2\pi R}{v}=\frac{2\pi m}{qB}$$

若带电粒子进入磁场的速度$\boldsymbol{v}$与 $\boldsymbol{B}$ 有一个夹角,则电荷运动的轨迹为螺旋线。

静止的电荷只受到电场力的作用,而运动的电荷则会受到磁场与电场的共同作用。在磁场与电场共同存在的空间,有洛伦兹关系式

$$\boldsymbol{f}=\boldsymbol{f}_{\mathrm{e}}+\boldsymbol{f}_{\mathrm{m}}=q\boldsymbol{E}+q\boldsymbol{v}\times\boldsymbol{B} \tag{6-21}$$

如果选择恰当的磁场和电场的大小,带电粒子(电荷)可做直线运动,顺利通过这种“速度选择器”力,如图 6-18 所示。

6.5.2 磁场对载流导线的作用

1. 安培力

运动电荷或载流导线在磁场中均会受到磁场力的作用,其方向符合右手螺旋法则。载流导线在磁场中所受的作用力称为安培力。

$$\mathrm{d}\boldsymbol{F}=I\mathrm{d}\boldsymbol{l}\times\boldsymbol{B} \tag{6-22}$$

$\mathrm{d}\boldsymbol{F}$ 垂直于 $\mathrm{d}\boldsymbol{l}$ 与 $\boldsymbol{B}$ 所确定的平面。式(6-22)表示的电流元在稳恒磁场中所受安培力遵循的规律称为安培定律,也可表示为

$$\mathrm{d}F=I\mathrm{d}lB\cdot\cos\theta$$

(1) 对有限长载流导线在磁场中的受力

$$\boldsymbol{F}=\int_L\mathrm{d}\boldsymbol{F}=\int_L I\mathrm{d}\boldsymbol{l}\times\boldsymbol{B}$$

(2) 对整个载流闭合回路在磁场中所受到的作用力,可将闭合回路划分成许多电流元,整个闭合回路所受到的安培力就是各电流元所受到的安培力的矢量和,即

$$\boldsymbol{F}=\oint_L\mathrm{d}\boldsymbol{F}=\oint_L I\mathrm{d}\boldsymbol{l}\times\boldsymbol{B}$$

(3) 磁场对载流线圈的作用力,如图 6-19所示。

$$F_2=F'_2=Bll_2$$

磁场对线圈的磁力矩为

$$M=2F_2\frac{l_1}{2}\cos\theta=Bll_2l_1\cos\theta=BIS\sin\varphi \tag{6-23a}$$

即

$$\boldsymbol{M}=\boldsymbol{P}_{\mathrm{m}}\times\boldsymbol{B} \tag{6-23b}$$

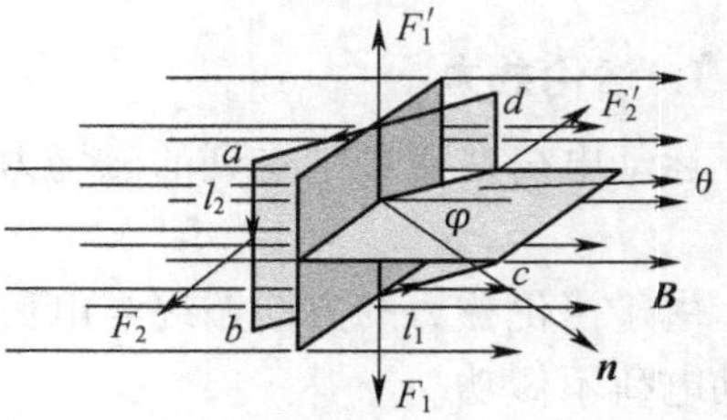

图 6-19 磁场对载流线圈的作用

式中,$\boldsymbol{P}_{\mathrm{m}}=\boldsymbol{IS}$。

式(6–23b)对任意形状的平面线圈也适用,磁力矩 $\boldsymbol{M}$ 的方向与 $\boldsymbol{r}\times\boldsymbol{F}$ 的方向一致,在磁矩 $\boldsymbol{P}_{\mathrm{m}}$ 的法线方向与 $\boldsymbol{B}$ 的夹角为$\frac{\pi}{2}$时,$\boldsymbol{M}$ 最大。这也是电动机和磁电式(指针式)电表的基本原理。

2. 讨论

(1) 洛伦兹力是安培力的微观本质,安培力是洛伦兹力的宏观表现,两者所受磁场力的本质是一致的。

(2) 洛伦兹力(微观的力)是不做功的,而安培力(宏观的力)却要做功。载流导线置于磁场中,做定向运动的自由电子将受到磁力的作用,通过导体内部自由电子与晶格点阵之间的相互作用,就会使导线在宏观上表现出受到了磁场的作用力。

6.6 磁介质及其磁化

6.6.1 磁介质

1. 磁导率

以上讨论的是真空中的磁场,其实磁场也可以存在于介质中。将介质放在磁场 $\boldsymbol{B}_0$ 中,介质将被磁化,使得原来的磁场发生变化。$\mu_r = B/B_0$,称为磁介质的相对磁导率;μ 称为磁介质的磁导率。

$$\mu = \mu_r \mu_0$$

2. 顺磁质和抗磁质

如图 6-20 所示,横坐标 H 为介质的磁场强度,纵坐标 B 为介质的磁感应强度。对于弱磁介质,$\mu_r \approx 1$;而 $\mu_r > 1$ 的,称为顺磁质;$\mu_r < 1$ 的,称为抗磁质。

对于强磁介质(铁、钴、镍等),$\mu_r \gg 1$ 的(且不为常数),也称为铁磁质,在实际应用中很有价值。

还有一种稀土永磁材料具有更广阔的应用前景。

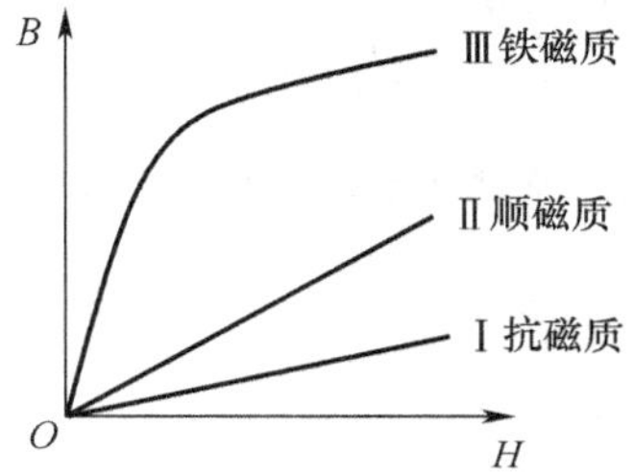

图 6-20　顺磁质、抗磁质和铁磁质

6.6.2 磁介质中的磁场

1. 有磁介质的安培环路定理

前面讲过电介质的极化,是指在外电场作用下,电介质表面或内部出现束缚电荷,电介质内部 $\boldsymbol{E} = \boldsymbol{E}_0 + \boldsymbol{E}'$,其中,$\boldsymbol{E}'$ 为束缚电荷产生的电场强度。

同理,当电流所产生的磁场中有磁介质时,磁场中任一点的磁感应强度,如图 6-21 所示。

$$\boldsymbol{B} = \boldsymbol{B}_0 + \boldsymbol{B}' \qquad (6\text{-}24)$$

式中,$\boldsymbol{B}'$ 为磁介质磁化后磁化电流产生的附加磁场。如顺磁质,$\boldsymbol{B}'$ 与 $\boldsymbol{B}_0$ 同向(见图 6-21)。这时安培环路定理表示为

$$\oint_L \boldsymbol{B} \cdot \mathrm{d}\boldsymbol{l} = \mu_0 \left(\sum I_i + I_S \right) \qquad (6\text{-}25)$$

式中,I_S 为磁化电流。

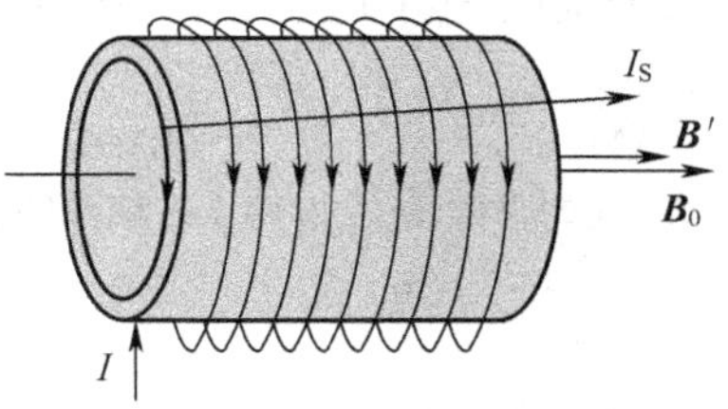

图 6-21　磁介质的磁化

2. 磁场强度

引入磁场强度 $\boldsymbol{H} = \boldsymbol{B}/\mu$,且 $\boldsymbol{H}$ 与 $\boldsymbol{B}$ 同向,而 $\mu = \mu_r \mu_0$,可得含磁介质时的安培环路定理

$$\oint_L \boldsymbol{H} \cdot \mathrm{d}\boldsymbol{l} = \sum_i I_{i内} \qquad (6\text{-}26)$$

说明:$\boldsymbol{H}$ 沿任一闭合路径的线积分,等于该闭合路径所包围的传导电流的代数和,与磁化电流以及闭合路径之外的传导电流无关。因此,引入磁场强度 $\boldsymbol{H}$ 后,在分析具有对称性分布

的磁场时,可以先由式(6-26)求出 $\boldsymbol{H}$,再得到磁感应强度 $\boldsymbol{B}$。

习　题

一、选择题

1. 如图 P6-1 所示,边长为 l 的正方形线圈中通有电流 I,此线圈在 A 点产生的磁感强度 B 为(　　)。

(A) $\dfrac{\sqrt{2}\mu_0 I}{4\pi l}$　　(B) $\dfrac{\sqrt{2}\mu_0 I}{2\pi l}$　　(C) $\dfrac{\sqrt{2}\mu_0 I}{\pi l}$　　(D) 以上均不对

2. 如图 P6-2 所示,在一圆形电流 I 所在的平面内,选取一个同心圆形闭合回路 L,则由安培环路定理可知

(A) $\oint_L \boldsymbol{B}\cdot \mathrm{d}\boldsymbol{l} = 0$,且环路上任意一点 $B = 0$　　(B) $\oint_L \boldsymbol{B}\cdot \mathrm{d}\boldsymbol{l} = 0$,且环路上任意一点 $B \neq 0$

(C) $\oint_L \boldsymbol{B}\cdot \mathrm{d}\boldsymbol{l} \neq 0$,且环路上任意一点 $B \neq 0$　　(D) $\oint_L \boldsymbol{B}\cdot \mathrm{d}\boldsymbol{l} \neq 0$,且环路上任意一点 B 为常量

3. 如图 P6-3 所示,两根直导线 ab 和 cd 沿半径方向被接到一个截面处处相等的铁环上,稳恒电流 I 从 a 端流入而从 d 端流出,则 $\boldsymbol{B}$ 沿图中闭合路径 L 的积分 $\oint_L \boldsymbol{B}\cdot \mathrm{d}\boldsymbol{l}$ 等于(　　)。

(A) $\mu_0 I$　　(B) $\dfrac{1}{3}\mu_0 I$　　(C) $\mu_0 I/4$　　(D) $2\mu_0 I/3$

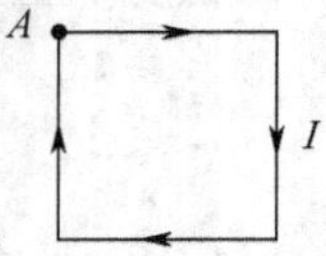

图 P6-1

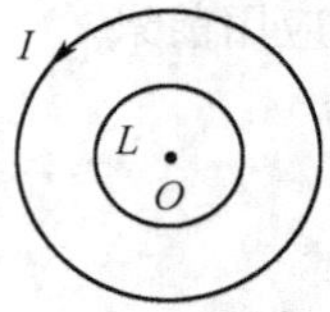

图 P6-2

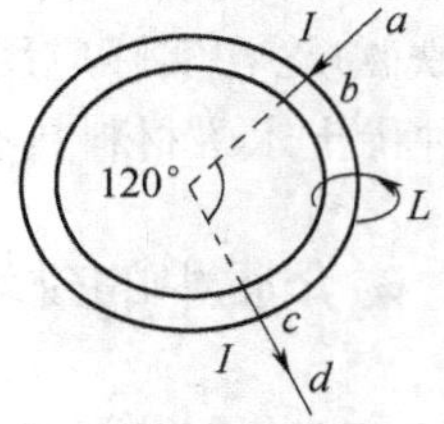

图 P6-3

4. 四个带电粒子在 O 点沿相同方向垂直于磁感线射入均匀磁场后的偏转轨迹如图 P6-4 所示,磁场方向垂直纸面向外,轨迹所对应的四个粒子的质量相等、电荷大小也相等,则其中动能最大的带负电的粒子的轨迹是(　　)。

(A) Oa　　(B) Ob　　(C) Oc　　(D) Od

5. 在匀强磁场中,有两个平面线圈,其面积 $A_1 = 2A_2$,通有电流 $I_1 = 2I_2$,它们所受的最大磁力矩之比 M_1/M_2 等于(　　)。

(A) 1　　(B) 2　　(C) 4　　(D) 1/4

6. 无限长直导线在 P 处弯成半径为 R 的圆(见图 P6-5),当通有电流 I 时,则在圆心 O 点的磁感应强度大小等于(　　)。

(A) $\dfrac{\mu_0 I}{2\pi R}$　　(B) $\dfrac{\mu_0 I}{4R}$　　(C) 0　　(D) $\dfrac{\mu_0 I}{2R}\left(1-\dfrac{1}{\pi}\right)$　　(E) $\dfrac{\mu_0 I}{4R}\left(1+\dfrac{1}{\pi}\right)$

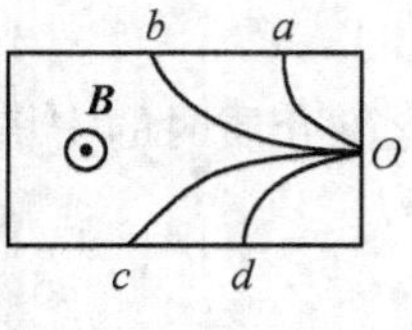

图 P6-4

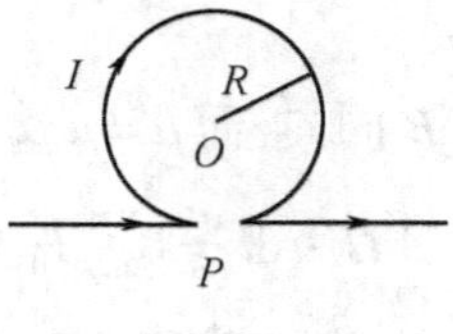

图 P6-5

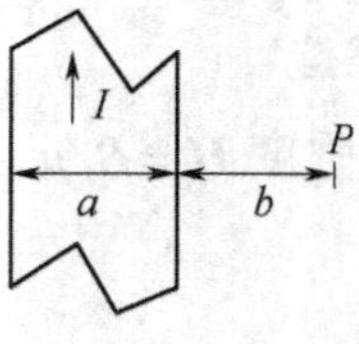

图 P6-6

7. 有一半径为 R 的单匝圆线圈,通有电流 I,若将该导线弯成匝数 $N = 2$ 的平面圆线圈,导线长度不变,并通有同样的电流,则线圈中心的磁感应强度和线圈的磁矩分别是原来的(　　)。

(A) 4 倍和 1/8　　(B) 4 倍和 1/2　　(C) 2 倍和 1/4　　(D) 2 倍和 1/2

8. 如图 P6-6 所示,有一无限长通电流的扁平铜片,宽度为 a,厚度不计,电流 I 在铜片上均匀分布,在铜片外与铜片共面,离铜片右边缘距离为 b 的 P 点 $\boldsymbol{B}$ 的大小为(　　)。

(A) $\dfrac{\mu_0 I}{2\pi(a+b)}$　　(B) $\dfrac{\mu_0 I}{2\pi a}\ln\dfrac{a+b}{b}$　　(C) $\dfrac{\mu_0 I}{2\pi b}\ln\dfrac{a+b}{b}$　　(D) $\dfrac{\mu_0 I}{\pi(a+2b)}$

二、填空题

1. 一磁场的磁感强度 $\boldsymbol{B} = a\boldsymbol{i} + b\boldsymbol{j} + c\boldsymbol{k}$ (SI),则通过一半径为 R,开口向 z 轴正方向的半球壳表面的磁通量的大小为__________ Wb。

2. 如图 P6-7 所示,在宽度为 d 的导体薄片上有电流 I 沿此导体长度方向流过,电流在导体宽度方向均匀分布。导体外在导体中线附近处 P 点的 $\boldsymbol{B}$ 的大小为__________。

3. 一无限长载流直导线,通有电流 I,弯成如图 P6-8 所示的形状。设各线段皆在纸面内,则 P 点 $\boldsymbol{B}$ 的大小为__________。

4. 如图 P6-9 所示,用均匀细金属丝构成一半径为 R 的圆环 C,电流 I 由导线 1 流入圆环 A 点,并由圆环 B 点流入导线 2。设导线 1 和导线 2 与圆环共面,则环心 O 处的磁感强度大小为__________,方向__________。

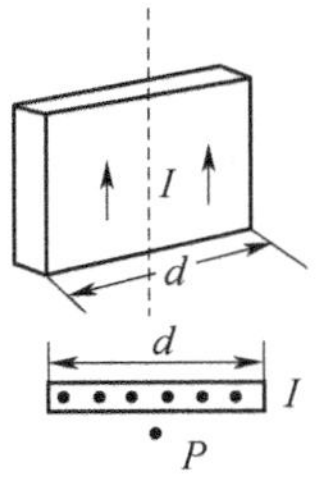

图 P6-7

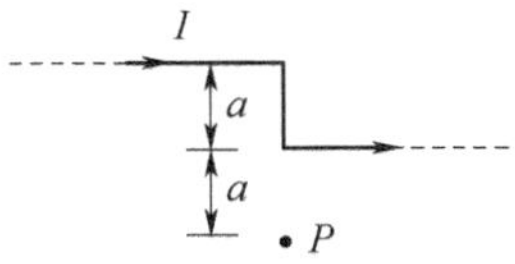

图 P6-8

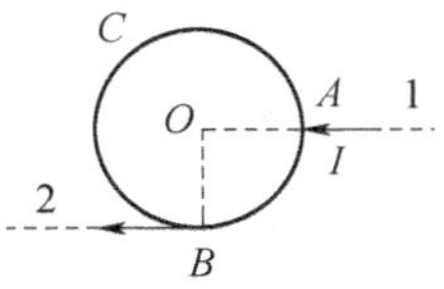

图 P6-9

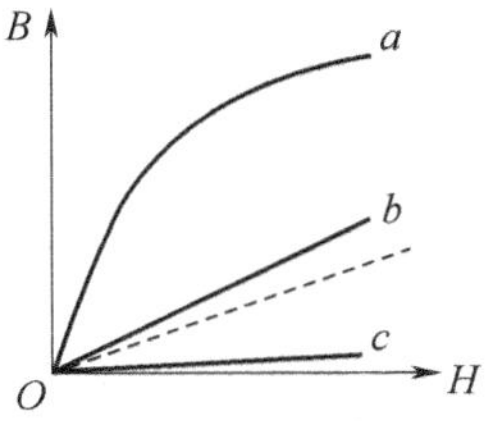

图 P6-10

5. 图 P6-10 所示为三种不同的磁介质的 B-H 关系曲线,其中虚线表示的是 $B = \mu_0 H$ 的关系。说明 a、b、c 各代表哪一类磁介质的 B-H 关系曲线: a 代表__________的 B-H 关系曲线; b 代表__________的 B-H 关系曲线; c 代表__________的 B-H 关系曲线。

三、计算题

1. 一无限长圆柱形铜导体(磁导率可近似为 μ_0),半径为 R,通有均匀分布的电流 I。今取一矩形平面 S (长为 1m、宽为 2 R),位置如图 P6-11 所示,求通过该矩形平面的磁通量。

2. 横截面为矩形的环形螺线管(见图 P6-12),圆环内外半径分别为 R_1 和 R_2,芯子材料的磁导率为 μ,导线总匝数为 N,绕得很密,若线圈通电流 I,求:(1) 芯子中的 B 值和芯子截面的磁通量;(2) 在 $r < R_1$ 和 $r > R_2$ 处的 B 值。

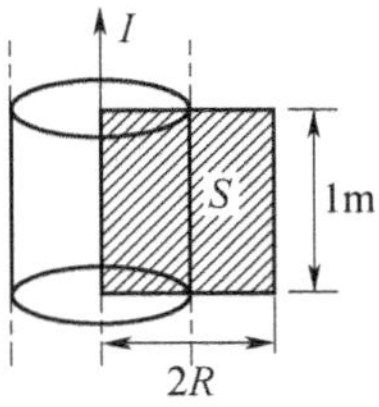

图 P6-11

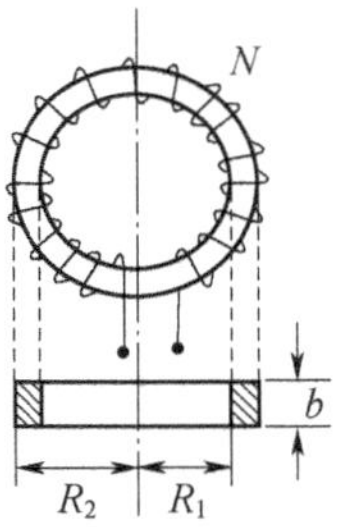

图 P6-12

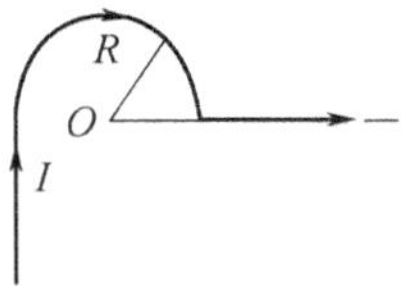

图 P6-13

3. 将通有电流 $I = 5.0\text{A}$ 的无限长导线折成如图 P6-13 所示形状,已知半圆环的半径 $R = 0.10\text{m}$。求圆心 O 点的磁感应强度。

4. 如图 P6-14 所示,有一密绕平面螺旋线圈,其上通有电流 I,总匝数为 N,它被限制在半径为 R_1 和 R_2 的两个圆周之间。求此螺旋线中心 O 处的磁感应强度。

5. 同轴电缆由中心轴向导体圆柱和同轴导体圆筒构成,导体圆柱的半径为 r_1,导体圆筒的内外半径分别为 r_2 和 r_3,若有电流 I 从中心导体流入,又从另一导体圆筒流回,且电流均匀分布在横截面上。如图 P6-15 所示,设场点到中心轴线的距离为 r,试求 r 从 0 到 ∞ 各处磁感应强度的大小。

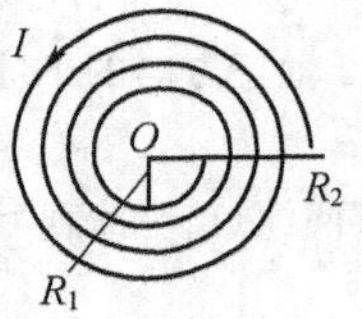

图 P6-14

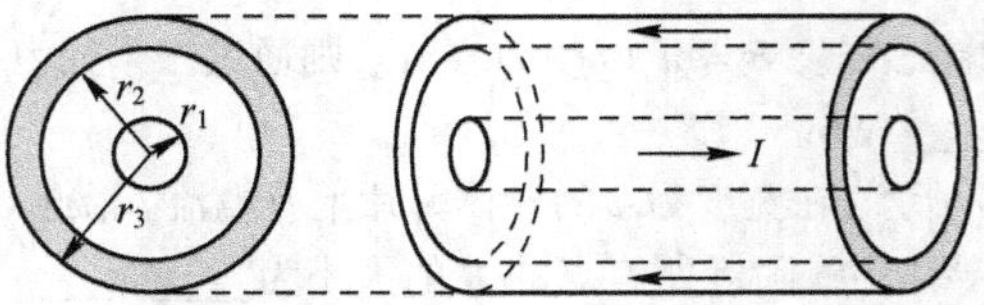

图 P6-15

6. 一根很长的直输电线,通有 100A 的电流,在离它 0.50m 远的地方,磁感应强度为多大?

7. 半径为 1.0cm 的圆线圈,通有 5.0A 的稳恒电流,问在圆心处及轴线上离圆心 2.0cm 处的磁感应强度各为多少?

8. 求下面各图中 P 点的磁感应强度的大小和方向。

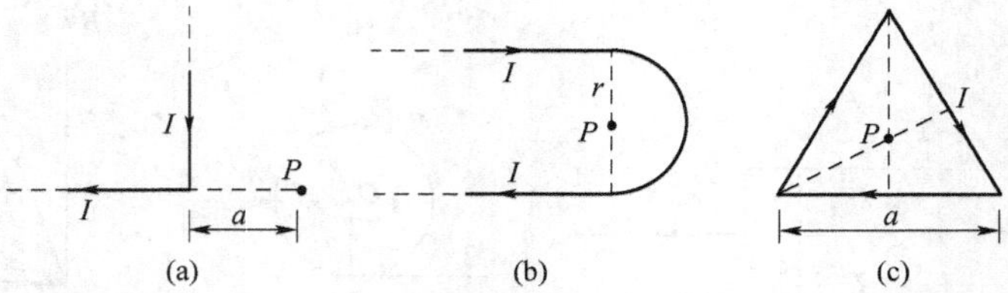

9. 氢原子处在基态时,根据经典模型,它的电子在半径为 $a = 0.529 \times 10^{-8}\text{cm}$ 的轨道(玻耳轨道)上做匀速圆周运动,速率为 $v = 2.19 \times 10^{8}\text{cm/s}$。试求电子的运动在轨道中心处产生的磁感应强度的大小。

10. 有一环形铁芯,横截面是半径为 3.0cm 的圆。已知铁芯中的磁场强度为 400A/m,铁芯的相对磁导率为 400,求铁芯中的磁感应强度的大小和穿过横截面的磁通量。

第 7 章　电磁感应和变化的电磁场

前面研究了不随时间变化的磁场——稳恒磁场,可知电与磁是有一定联系的,电流在其周围空间产生磁场,磁场又对电流有作用力。

问题:“电流既然能够产生磁场,那么,反过来能否利用磁场的作用来产生电流?”

1831 年,英国物理学家法拉第从实验中发现“当产生磁场的电流发生变化的时候,才会在周围另一导体回路中产生感应电流”。

本章主要研究随时间变化的磁场和变化的电场之间的相互联系,即变化的电场要激发磁场,变化的磁场也要激发电场。本章研究的重点是法拉第电磁感应定律,使用的基本方法是微积分。

7.1　电源和电动势

1. 电源

如图 7-1 所示,用导线将电势不等的带电导体 A、B 连起来,则在电场力的作用下,正电荷从高电势导体 A 经导线向低电势导体 B 流动形成电流。那么,仅依靠静电力的作用,电路中的电流是瞬间的,很快导体 A、B 就成为等电势体而达到静电平衡状态。欲维持电流不断,就必须依靠某种非静电力反抗静电场力将正电荷由低电势搬运到高电势处。这种能够提供非静电力的装置称为电源。

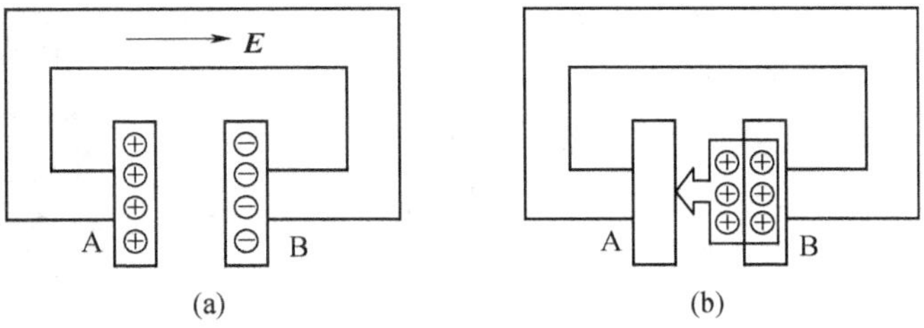

图 7-1　电源

所以,电源实际上是将其他形式的能量转化为电能。例如,电池是将化学能转换成电能,而发电机则是将机械能转变成电能。

2. 电源的电动势

为了定量描述非静电力做功本领的大小,把单位正电荷从负极(低电势)通过电源内部搬运到正极(高电势)非静电场力所做的功,称为电动势,用 ε 表示。

$$A_{非} = \int_{内} \boldsymbol{F}_{非} \cdot \mathrm{d}\boldsymbol{l} = \int_{内} q_0 \boldsymbol{E}_{\mathrm{k}} \cdot \mathrm{d}\boldsymbol{l}$$

取 $q_0 = 1$,即

$$\varepsilon = \int_{-}^{+} \boldsymbol{E}_{\mathrm{k}} \cdot \mathrm{d}\boldsymbol{l} \tag{7-1}$$

式中,$\boldsymbol{E}_{\mathrm{k}}$ 为非静电性场强。

规定,在电源内部电动势的方向是由负极指向正极的。

3. 讨论

(1) 静电场与非静电性场的本质区别:

对静电场 $$\oint_L \boldsymbol{E} \cdot \mathrm{d}\boldsymbol{l} = 0$$

对非静电性场 $$\varepsilon = \int_-^+ \boldsymbol{E}_\mathrm{k} \cdot \mathrm{d}\boldsymbol{l} = \int_L \boldsymbol{E}_\mathrm{k} \cdot \mathrm{d}\boldsymbol{l} \neq 0$$

说明非静电性场的环流不为零,且在电源内部,非静电性场的方向是由负极指向正极。

(2) 事实证明,电源电动势是表征电源本身性质的物理量,一般与外电路的性质以及电路是否接通无关。电势、电动势是标量;场强、非静电性场强是矢量。

7.2 电磁感应的基本规律

7.2.1 法拉第电磁感应定律

1. 电磁感应现象

在丹麦物理学家奥斯特发现电流的磁效应之后,1825 年,瑞士物理学家科拉顿做过磁生电的试验,他将磁铁插入闭合线圈,试图观察线圈中是否会产生感应电流。但是为了避免磁铁对电流计的影响,他把电流计特意放在另一个房间,一个人做试验时只能来回奔跑,当然就失去了观察到电流计瞬时变化的良机。

法拉第和奥斯特一样,深信自然力的统一。他从 1824 年到 1828 年一直在做寻找磁生电的试验,1831 年 8 月,他观察到了瞬时的电磁感应现象;他继续试验,于 1831 年,以条形磁铁插入闭合的线圈,发现在磁铁插入和拔出的瞬间,线圈中会产生感应电流。

法拉第经过多次反复试验和研究发现:不论用什么方法,只要使穿过闭合导体回路的磁通量发生变化,此回路中就会有电流产生。这一现象称为电磁感应现象(见图 7-2),回路中产生的电流称为感应电流。

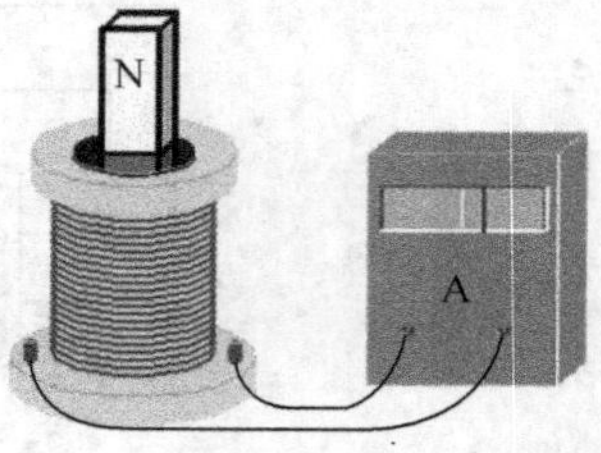

图 7-2 电磁感应现象

2. 法拉第电磁感应定律

当穿过闭合导体回路的磁通量发生变化时,此回路中就产生电流,感应电动势的大小和通过导体回路的磁通量对时间的变化率成正比,即

$$\varepsilon = -k\frac{\mathrm{d}\Phi}{\mathrm{d}t} \tag{7-2a}$$

感应电动势是标量,它的方向"取决于磁场的变化"情况,可由楞次定律确定。采用国际单位制则 $k=1$。

如果闭合导体回路的总电阻为 R,则感应电流为

$$i = \frac{\varepsilon}{R} = -\frac{1}{R}\frac{\mathrm{d}\phi}{\mathrm{d}t} \tag{7-2b}$$

3. 楞次定律

作用:判定感应电流或感应电动势的方向。

内容：闭合回路中，感应电流的方向总是使得它自身所产生的磁通量反抗引起感应电流的磁通量的变化。即感应电流的效果总是阻碍引起感应电流的原因。

意义：能量守恒定律在电磁感应现象中的体现，其数学形式即法拉第电磁感应定律中的负号。

如图7-3(a)所示，设L为规定的绕行方向，当回路中磁通量增加时，感应电动势如图7-3(b)所示；当回路中磁通量减少时，则感应电动势如图7-3(c)所示。因此，根据回路中磁通量Φ的变化趋势及“阻碍”含义，可由右手定则来确定感应电流方向。

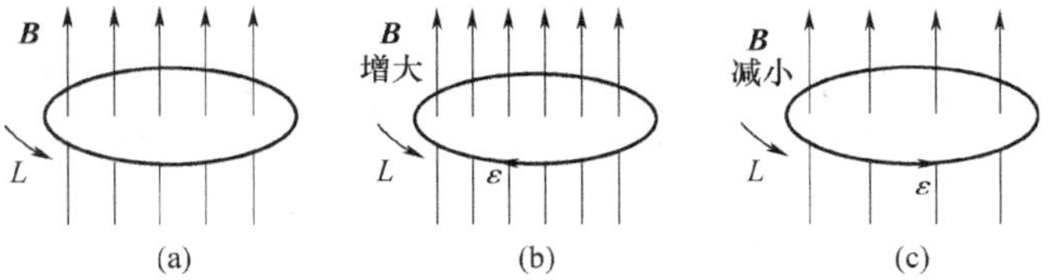

图7-3 感应电动势方向的判定

4. 讨论

(1) N匝串联，总电动势为

$$\varepsilon = \sum_{i=1}^{N} \varepsilon_i = -\frac{\mathrm{d}}{\mathrm{d}t}\sum_{i=1}^{N}\Phi_i = -\frac{\mathrm{d}\psi}{\mathrm{d}t} \tag{7-3a}$$

式中，$\psi = \sum_{i=1}^{N}\Phi_i$，称为总磁通，或称为磁链数。

若$\Phi_1 = \Phi_2 = \cdots = \Phi_N = \Phi$，则$\psi = N\Phi$，有

$$\varepsilon = -N\frac{\mathrm{d}\Phi}{\mathrm{d}t} = -\frac{\mathrm{d}\psi}{\mathrm{d}t} \tag{7-3b}$$

式中，ε、Φ均为代数量，可正、可负或为零。

(2) ε的大小为$|\varepsilon| \propto \left|\frac{\mathrm{d}\Phi}{\mathrm{d}t}\right|$，并非$|\varepsilon| \propto |\Phi|$。

(3) ε的方向。

$\Phi = \int_S \boldsymbol{B}\cdot\mathrm{d}\boldsymbol{S}$的正、负，在前面已有规定：回路绕行方向与法向$\boldsymbol{n}$组成右手关系，若$\boldsymbol{B}$与$\boldsymbol{n}$成锐角，则$\Phi > 0$；若$\boldsymbol{B}$与$\boldsymbol{n}$成钝角，则$\Phi < 0$。

① $\Phi > 0, \mathrm{d}\Phi > 0, \mathrm{d}\Phi/\mathrm{d}t > 0, \varepsilon = -\mathrm{d}\Phi/\mathrm{d}t < 0$

② $\Phi < 0, \mathrm{d}\Phi < 0, \mathrm{d}\Phi/\mathrm{d}t < 0, \varepsilon = -\mathrm{d}\Phi/\mathrm{d}t > 0$

③ $\Phi > 0, \mathrm{d}\Phi < 0, \mathrm{d}\Phi/\mathrm{d}t < 0, \varepsilon = -\mathrm{d}\Phi/\mathrm{d}t > 0$

④ $\Phi < 0, \mathrm{d}\Phi > 0, \mathrm{d}\Phi/\mathrm{d}t > 0, \varepsilon = -\mathrm{d}\Phi/\mathrm{d}t < 0$

综合四种情况分析发现：回路中感应电动势ε的取向，进而感应电流i的流向，总是使其激发的回路磁通来阻碍(反抗)原磁通的变化。这实际上就是电感线圈表现出的“电磁惯性”。

法拉第电磁感应定律既给出了计算ε大小的方法，又给出了判定ε方向的方法，此方法比较系统，但并不是很方便，而用楞次定律，可简明地判定ε和i的方向。

5. 求感应电动势的步骤

(1) 选取面元$\mathrm{d}S$→写出$\mathrm{d}\Phi_{\mathrm{m}} = \boldsymbol{B}\cdot\mathrm{d}\boldsymbol{S}$→先积分$\Phi_{\mathrm{m}} = \int \mathrm{d}\Phi_{\mathrm{m}}$→再求导$\varepsilon_i = \mathrm{d}\Phi_{\mathrm{m}}/\mathrm{d}t$。

(2) 对于特殊情况，若$\boldsymbol{B}$为匀强磁场，而导线在磁场中做切割磁力线的垂直运动，则

$$\varepsilon_i = \mathrm{d}\Phi_{\mathrm{m}}/\mathrm{d}t = B\mathrm{d}S/\mathrm{d}t = Blv \tag{7-4}$$

例 7-1 如图 7-4 所示,载流导线中通有电流为 I,与导线共面的矩形线圈长为 b、宽为 a,线圈 a 边与导线相距为 x,且线圈以速度 v 做如图 7-4 所示平面内的运动。试求以下三种情况下矩形线圈中产生的感应电动势:(1)线圈沿导线方向运动;(2)线圈垂直于导线方向运动;(3)线圈不动,但导线中的电流变化为 $I=I_0\sin\omega t$。

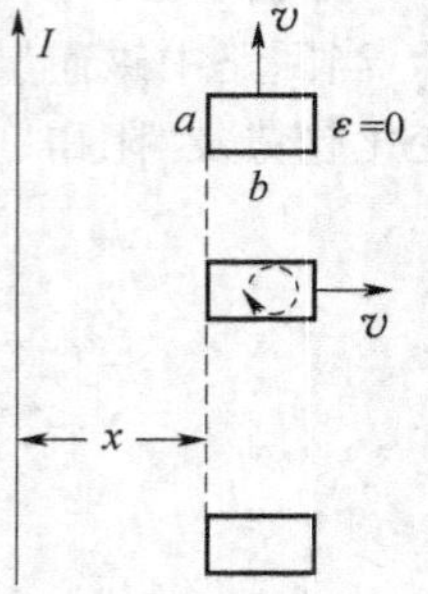

图 7-4 例 7-1 的图

解 (1) $\varepsilon=0$,因线圈中磁通量未变。

(2) $\Phi=\int_x^{x+b}\frac{\mu_0 I}{2\pi r}a\mathrm{d}r=\frac{\mu_0 Ia}{2\pi}\ln\frac{x+b}{x}$

$$\varepsilon=-\frac{\mathrm{d}\Phi}{\mathrm{d}t}=\frac{\mu_0 Iav}{2\pi}\left(\frac{1}{x}-\frac{1}{x+b}\right)>0$$

方向同参考方向。

(3) 线圈不动,令 $I=I_0\sin\omega t$,则

$$\Phi=\frac{\mu_0 Ia}{2\pi}\ln\frac{x+b}{x}$$

$$\varepsilon=-\frac{\mathrm{d}\Phi}{\mathrm{d}t}=-\frac{\mu_0\omega a}{2\pi}(I_0\cos\omega t)\ln\frac{x+b}{x}$$

7.2.2 涡电流及其热效应

1. 涡电流

处在变化磁场中的大块金属物质,在其内部也会产生感应电流。对于圆柱形铁心,其内部电流方向如图 7-5 所示,断面俯视有涡旋状电流,在金属内部形成闭合回路,称为涡电流。

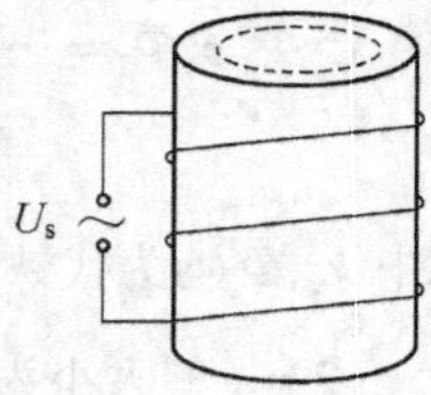

图 7-5 涡电流

2. 涡电流的效应

(1) 热效应:由于大块铁心电阻很小,涡电流很大,电流通过导体发热,在铁心内部释放大量的焦耳热。如:

① 高频感应炉——应用于冶炼;

② 涡电流损耗——变压器、电机铁心,制成片状,缩小涡电流范围,减少损耗。

(2) 电磁阻尼效应:磁极与金属发生相对运动,在金属中形成涡电流,此涡电流又处于磁场中受到安培力,是阻碍引起这一运动的原因。这种阻尼源于电磁感应,称为电磁阻尼。

3. 电磁灶

电流的频率越高,$\boldsymbol{B}$ 和 Φ 的变化也越快,产生 ε 也越大,涡电流也越大。家用电磁灶就是利用交变磁场在铁锅底部产生涡电流而发热的,电磁灶的核心是一个高频载流线圈,高频电流产生高频磁场,于是在铁锅中产生涡电流,通过其热效应来加热食物。显然,电磁灶不能对玻璃锅加热。

7.3 动生电动势

1. 动生电动势的产生

(1) 动生电动势的特例分析

如图 7-6(a)所示,在匀强磁场中,动生电动势为

$$\varepsilon=Blv$$

ab 运动段：如图 7-6(b)所示，电子受静电力及洛伦兹力分别为

$$\boldsymbol{F}_e = -e\boldsymbol{E}$$

$$\boldsymbol{f}_L = -e\boldsymbol{v} \times \boldsymbol{B}$$

平衡后，a、b 间建立一定电势差，$U_a > U_b$，相当于

$$\varepsilon_{ba} = -U_{ba} = U_{ab} = U_a - U_b$$

外路 acb 段：导体框 acb 外路导通，形成电流，平衡被破坏，电子在 $\boldsymbol{f}_L = -e\boldsymbol{v} \times \boldsymbol{B}$ 作用下继续 $a \to b$，等效成闭合电路，如图 7-6（c）所示。

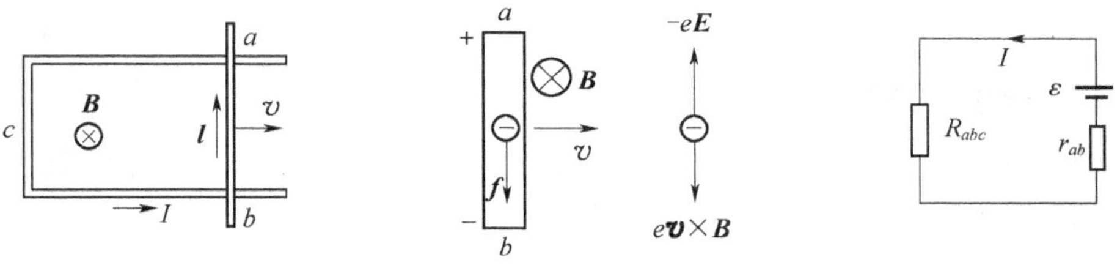

图 7-6　动生电动势

分析可见：$\boldsymbol{f}_L$ 扮演非静电力作用，ab 运动段相当于电源内部，不动的外路 acb 仅提供形成电流 I 的闭路通道。

定义单位正电荷所受洛伦兹力为非静电场强：

$$\boldsymbol{E}_k = \frac{\boldsymbol{f}_L}{-e} = \frac{-e\boldsymbol{v} \times \boldsymbol{B}}{-e} = \boldsymbol{v} \times \boldsymbol{B}$$

则

$$\varepsilon_{ba} = \int_b^a \boldsymbol{E}_k \cdot \mathrm{d}\boldsymbol{l} = \int_b^a (\boldsymbol{v} \times \boldsymbol{B}) \cdot \mathrm{d}\boldsymbol{l} = \int_b^a vB\mathrm{d}l = Blv \tag{7-5}$$

$$\varepsilon_{ba} = -U_{ba} = U_{ab} = U_a - U_b$$

与用 $\varepsilon = -\mathrm{d}\Phi/\mathrm{d}t$ 求得结果相一致。

（2）动生电动势的一般情况

当磁场在空间的分布不均匀，或运动导线非直线，或运动导线各部分速度不一，此时求感应电动势则用微分法。

如图 7-7 所示，在无限长载流直导线激发的磁场中，半圆形导线定轴转动，出现 $\boldsymbol{B}$ 非均匀、运动部分非直线，且各元段上不等速。此时处理方法：在运动导线上取元段 $\Delta\boldsymbol{l}_i$，则

$$\Delta\varepsilon_i = (\boldsymbol{v}_i \times \boldsymbol{B}_i) \cdot \Delta\boldsymbol{l}_i$$

然后标量叠加，得总电动势为

$$\varepsilon = \sum_i \Delta\varepsilon_i = \sum_i (\boldsymbol{v}_i \times \boldsymbol{B}_i) \cdot \Delta\boldsymbol{l}_i$$

对于连续情况，写成一般表达式为

$$\varepsilon = \int_l (\boldsymbol{v} \times \boldsymbol{B}) \cdot \mathrm{d}\boldsymbol{l} \tag{7-6}$$

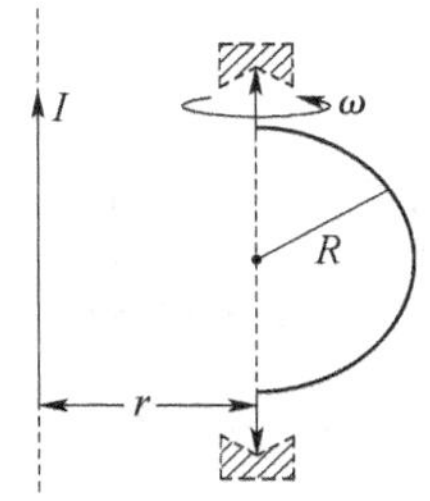

图 7-7　无限长载流直导线激发的磁场

ε 的大小可由此积分公式计算，ε 的方向可结合 $\boldsymbol{E}_k = \boldsymbol{v} \times \boldsymbol{B}$ 判知。

2. 讨论

(1) 电动势 $\varepsilon_{动}$ 仅存在于运动导线段上,此段相当于电源;

(2) 若一段导线在 $\boldsymbol{B}$ 中运动而无回路,则有电动势 $\varepsilon_{动}$,而无电流 I;

(3) 电动势 $\varepsilon_{动}$ 对应的非静电力为洛伦兹力 $\boldsymbol{f}_{\mathrm{L}}=q(\boldsymbol{v}\times\boldsymbol{B})$;

(4) 导体怎样运动才产生电动势 $\varepsilon_{动}$: 形象地说,导线切割磁感应线产生 $\varepsilon_{动}$。

7.4 感生电动势

1. 感生电动势的表示

(1) 感生电动势: 当磁场 $\boldsymbol{B}(t)$ 随时间变化,而回路不变时产生的感应电动势。由法拉第电磁感应定律给出:

$$\varepsilon=-\frac{\mathrm{d}\Phi}{\mathrm{d}t}=-\frac{\mathrm{d}}{\mathrm{d}t}\int_S\boldsymbol{B}\cdot\mathrm{d}\boldsymbol{S}=-\int_S\frac{\partial\boldsymbol{B}}{\partial t}\cdot\mathrm{d}\boldsymbol{S} \tag{7-7}$$

式中,S 为由回路 L 所围的任意曲面。只有当回路不变时,上式才成立。

(2) 涡旋电场: 产生感生电动势的非静电性场。实验表明,感生电动势 ε 与导体种类和性质无关,完全由变化的 $\boldsymbol{B}(t)$ 引起。麦克斯韦分析了一些电磁感应现象后,敏锐地感觉到:感生电动势现象预示着有关电磁场的新效应,他相信,即使不存在导体回路,变化的磁场周围也会激发一种电场,称为涡旋电场 $\boldsymbol{E}_{旋}$,此场即产生 $\varepsilon_{感}$ 的非静电性场。故上述回路中感生电动势 ε 为

$$\varepsilon=\oint_L\boldsymbol{E}_{旋}\cdot\mathrm{d}\boldsymbol{l}$$

所以

$$\oint_L\boldsymbol{E}_{旋}\cdot\mathrm{d}\boldsymbol{l}=-\int_S\frac{\partial\boldsymbol{B}}{\partial t}\cdot\mathrm{d}\boldsymbol{S}$$

一般地,静电场 $\boldsymbol{E}_{静}$ 与涡旋电场 $\boldsymbol{E}_{旋}$ 并存,有总场:

$$\boldsymbol{E}=\boldsymbol{E}_{静}+\boldsymbol{E}_{旋}$$

因为

$$\oint_L\boldsymbol{E}_{静}\cdot\mathrm{d}\boldsymbol{l}=0$$

故

$$\oint_L\boldsymbol{E}\cdot\mathrm{d}\boldsymbol{l}=\oint_L\boldsymbol{E}_{静}\cdot\mathrm{d}\boldsymbol{l}+\oint_L\boldsymbol{E}_{旋}\cdot\mathrm{d}\boldsymbol{l}=\oint\boldsymbol{E}_{旋}\cdot\mathrm{d}\boldsymbol{l}\neq0$$

因此,场方程可写为

$$\varepsilon=\oint_L\boldsymbol{E}\cdot\mathrm{d}\boldsymbol{l}=-\int_S\frac{\partial\boldsymbol{B}}{\partial t}\cdot\mathrm{d}\boldsymbol{S} \tag{7-8}$$

由此表明,电场和磁场不可分割,有变化的磁场就会有电场。

2. 涡旋电场的性质

(1) $\boldsymbol{E}_{旋}$ 为有旋场,旋涡就在变化磁场处

$$\oint_L\boldsymbol{E}_{旋}\cdot\mathrm{d}\boldsymbol{l}=-\int_S\frac{\partial\boldsymbol{B}}{\partial t}\cdot\mathrm{d}\boldsymbol{S}\neq0$$

表明 $\boldsymbol{E}_{旋}$ 有旋无势。$\boldsymbol{E}_{旋}$ 与 $\frac{\partial\boldsymbol{B}}{\partial t}$ 方向间的关系如图 7-8 所示 $\left(若\frac{\partial B}{\partial t}>0\right)$。

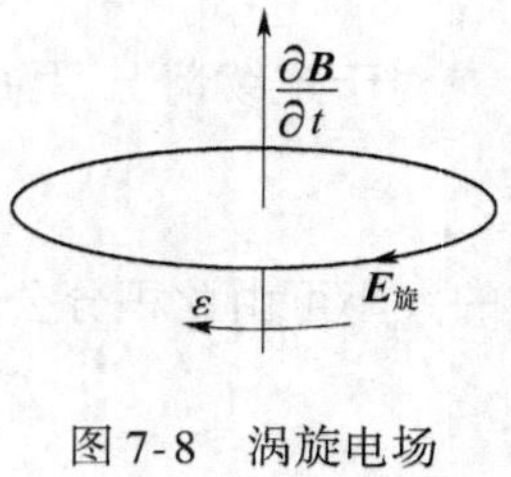

图 7-8 涡旋电场

$\boldsymbol{E}_{旋}$ 对电荷施力作用为 $q\boldsymbol{E}_{旋}$。

(2) $\boldsymbol{E}_{旋}$ 为无源场,$\boldsymbol{E}_{旋}$ 线为无头无尾闭合线。

$$\oint_S \boldsymbol{E}_{旋} \cdot \mathrm{d}\boldsymbol{S} = 0$$

$\boldsymbol{E}_{旋}$ 场通量为零(作为假设),所以

$$\oint_S \boldsymbol{E} \cdot \mathrm{d}\boldsymbol{S} = \oint_S \boldsymbol{E}_{静} \cdot \mathrm{d}\boldsymbol{S} = \frac{q}{\varepsilon_0}$$

表明高斯定理仍成立。

3. 讨论

(1) 有$\dfrac{\partial \boldsymbol{B}}{\partial t} \neq 0$,就有 $\boldsymbol{E}_{旋}$;但若有导体回路,则存在感应电流。

(2) 变化场情况,区域内处处有电源,不宜划分源内、源外。

(3) 动生电动势、感生电动势的划分只具有相对意义。

4. 举例

法拉第电磁感应定律

$$\varepsilon = -\frac{\mathrm{d}\Phi}{\mathrm{d}t} = -\frac{\mathrm{d}}{\mathrm{d}t}\int_S \boldsymbol{B} \cdot \mathrm{d}\boldsymbol{S}$$

动生电动势

$$\varepsilon = \int_L (\boldsymbol{v} \times \boldsymbol{B}) \cdot \mathrm{d}\boldsymbol{l}$$

非静电力为洛伦兹力 $\boldsymbol{f} = \boldsymbol{v} \times \boldsymbol{B}$。

感生电动势

$$\varepsilon = \oint_L \boldsymbol{E}_{旋} \cdot \mathrm{d}\boldsymbol{l} = -\int_S \frac{\partial \boldsymbol{B}}{\partial t} \cdot \mathrm{d}\boldsymbol{S}$$

非静电性场为涡旋电场。

一般情况下,有 $\varepsilon = \varepsilon_{动} + \varepsilon_{感}$

例 7-2 长直螺线管半径为 R,通电电流为 I,求管内、外 $\boldsymbol{E}_{旋}$。

解 如图 7-9(a)所示,$\boldsymbol{E}_{旋}$ 具有轴对称性,可由环路定理直接求 $\boldsymbol{E}_{旋}$。(1) $r < R$:

$$B = \mu_0 n I(t)$$

$$E_{旋} \cdot 2\pi r = -\frac{\partial B}{\partial t} \cdot \pi r^2$$

$$E_{旋} = -\frac{1}{2} r \frac{\partial B}{\partial t}$$

(2) $r > R$:

$$B = 0$$

$$E_{旋} \cdot 2\pi r = -\frac{\partial B}{\partial t} \pi R^2$$

$$E_{旋} = -\frac{1}{2r} R^2 \frac{\partial B}{\partial t}$$

式中负号表示与参考正方向相反,如图 7-9(b)所示。

说明:(1)若给出 $B(t)$—t 的具体形式,便可代入计算,进一步讨论结果;

(2) 如图 7-9(c)所示,若在长螺线管内沿截面弦上置 AB 段导线,求 ε_{AB}。

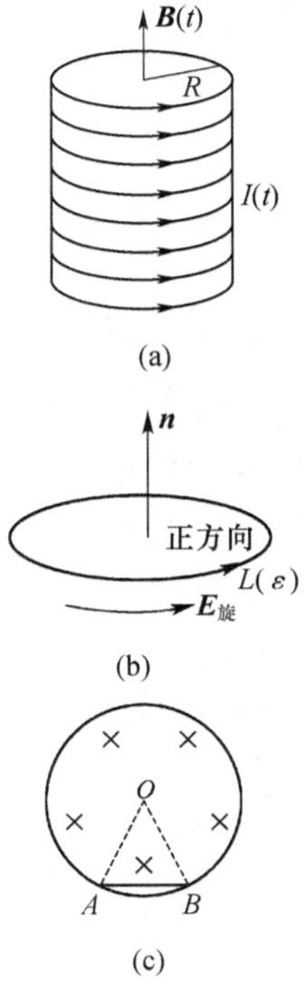

图 7-9 通电长螺线管内、外的磁感应强度

方法一：$\varepsilon_{AB} = \int_B^A \boldsymbol{E}_{旋} \cdot \mathrm{d}\boldsymbol{l}$；

方法二：$\varepsilon_{AB} = -\mathrm{d}\Phi_{OAB}/\mathrm{d}t$（作辅助线使△$OAB$闭合，对各边情况研究，请读者自行思考）。

例 7-3 半径为 r 的小导线圆环置于半径为 R 的大导线圆环的中心，二者在同一平面内，且 $r \ll R$，若在大导线圆环中通有电流 $i = I_0 \sin\omega t$，其中 I_0 为常数，则在任意时刻，小导线圆环中感应电动势的大小是多少？

解 因为 $r \ll R$，所以，在大圆环中央 $B = \dfrac{\mu_0 i}{2R}$；

在小圆环中感应电动势的大小为

$$\varepsilon_i = \frac{\mathrm{d}\Phi_{\mathrm{m}}}{\mathrm{d}t} = \frac{\mathrm{d}}{\mathrm{d}t}(\boldsymbol{B} \cdot \mathrm{d}\boldsymbol{S}) = S\frac{\mathrm{d}B}{\mathrm{d}t} = \pi r^2 \cdot \frac{\mu_0}{2R} \cdot \frac{\mathrm{d}i}{\mathrm{d}t} = \frac{\pi r^2}{2R}\mu_0 I_0 \omega\cos\omega t$$

7.5 自感、互感和磁场的能量

1. 自感电动势

任何导体回路的电流发生变化时，穿过回路自身的磁通量也在变化，从而在自身回路中同样要产生感应电动势。如在闭合回路中，该电流在空间激发的磁感应强度与电流 I 成正比。则穿过回路自身所围面积的磁感应通量为

$$\Phi_L = LI \tag{7-9}$$

若回路几何形状、磁介质等因素不变，则 $\mathrm{d}L/\mathrm{d}t = 0$。

由法拉第电磁感应定律，自感电动势为

$$\varepsilon_L = -L\frac{\mathrm{d}I}{\mathrm{d}t} \tag{7-10}$$

式中，负号"－"表示自感电动势将反抗回路中电流的改变。任何回路都具有力图保持原有电流不变的属性，称为"电磁惯性"。

当电流增加时，自感电动势的指向与原来电流流向相反；当电流减小时，自感电动势的指向与原来电流流向相同。

2. 互感电动势

两个载流回路中，当某一个导体回路中电流发生变化时，在邻近导体回路中产生感应电动势的现象，或相互在对方回路中激起感应电动势的现象，称为互感现象。由互感所产生的电动势称互感电动势。

同理，当回路的形状、相对位置和周围磁介质保持不变时

$$\Phi_{21} = M_{21} I_1, \quad \Phi_{12} = M_{12} I_2 \tag{7-11}$$

$M = M_{12} = M_{21}$，称为互感系数。

由法拉第电磁感应定律可得

$$\begin{cases} \varepsilon_{21} = -\dfrac{\mathrm{d}\Phi_{21}}{\mathrm{d}t} = -M\dfrac{\mathrm{d}I_1}{\mathrm{d}t} \\ \varepsilon_{12} = -\dfrac{\mathrm{d}\Phi_{12}}{\mathrm{d}t} = -M\dfrac{\mathrm{d}I_2}{\mathrm{d}t} \end{cases} \tag{7-12}$$

3. 磁场的能量

磁场和电场一样，也具有能量。如图 7-10 所示，S 闭合，$t \to t+\mathrm{d}t$内

$$\varepsilon i\mathrm{d}t = i^2 R\mathrm{d}t + \mathrm{d}A$$

其中克服自感电动势电源所做的功为

$$\mathrm{d}A = -\varepsilon_L i\mathrm{d}t = -\left(-L\frac{\mathrm{d}i}{\mathrm{d}t}\right)i\mathrm{d}t = Li\mathrm{d}i$$

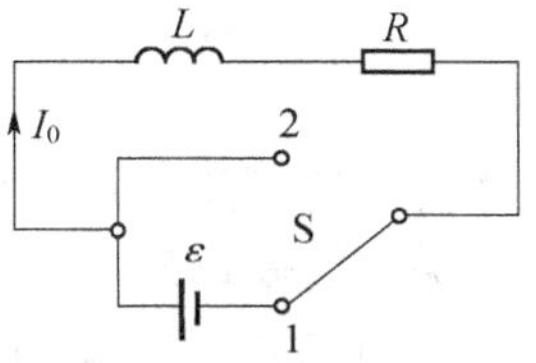

图 7-10　磁场的能量

线圈中电流从 0 增大到稳定值 I 的过程中，电源克服自感电动势所做的功为

$$A = \int_0^I Li\mathrm{d}i = \frac{1}{2}LI^2$$

这就是储存在线圈中的能量，即磁场的能量

$$W_\mathrm{m} = \frac{1}{2}LI^2 \tag{7-13}$$

对于长直螺线管，可以证明其自感为

$$L = \mu n^2 V \tag{7-14}$$

当管中导线通有电流为 I 时，管内磁场均匀分布，因此，均匀磁场的 $B=\mu nI$，$H=nI$，则

$$W_\mathrm{m} = \frac{1}{2}LI^2 = \frac{1}{2}\mu n^2 I^2 V = \frac{1}{2}BHV$$

所以，单位体积中的磁场能量，即能量密度的大小为

$$w_\mathrm{m} = \frac{1}{2}BH = \frac{1}{2}\mu H^2 = \frac{B^2}{2\mu} \tag{7-15}$$

那么，对于非均匀磁场，可以取体积元 $\mathrm{d}V$ 中的磁能为

$$\mathrm{d}W_\mathrm{m} = \frac{1}{2}BH\mathrm{d}V$$

则有限体积内的磁能为

$$W_\mathrm{m} = \int_V \mathrm{d}W_\mathrm{m} = \int_V w_\mathrm{m}\mathrm{d}V = \frac{1}{2}\int_V BH\mathrm{d}V \tag{7-16}$$

7.6　麦克斯韦电磁场理论简介

1. 位移电流

恒定电流的磁场遵从有介质时的安培环路定理，由式(6-26)，即

$$\oint_L \boldsymbol{H}\cdot\mathrm{d}\boldsymbol{l} = \sum_i I_{i内}$$

式中的电流是穿过以闭合曲线 L 为边界的任意曲面 S 的由电荷定向运动形成的传导电流。然而，如图 7-11 所示，在电容器的充、放电过程中，取一包围载流导线的闭合曲线 L，并以 L 为边界作 S_1、S_2 两个曲面，应用安培环路定理

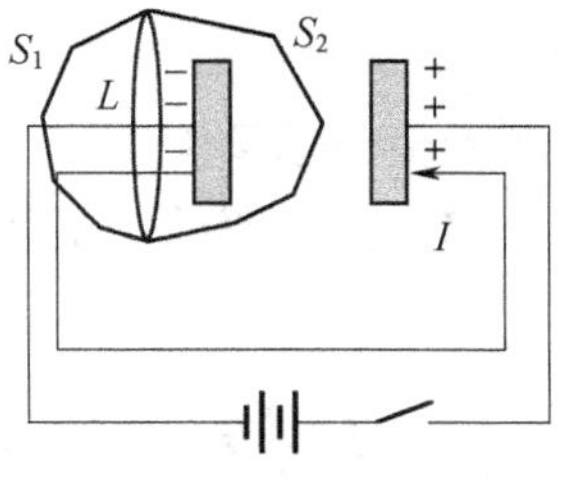

图 7-11　电容器的充、放电过程

对曲面 S_1，有 $$\oint_L \boldsymbol{H} \cdot \mathrm{d}\boldsymbol{l} = I$$

对曲面 S_2，有 $$\oint_L \boldsymbol{H} \cdot \mathrm{d}\boldsymbol{l} = 0$$

将安培环路定理应用于同一闭合曲线 L 为边界的不同曲面，得到完全不同的结果，因此，稳恒磁场的安培环路定理已不适用于非稳恒电流的电路。麦克斯韦研究了上述矛盾指出，在电容器的充、放电过程中，电容器的极板间虽无传导电流，却存在着电场，电容器极板上的自由电荷 q 随时间变化形成传导电流的同时，极板间的电场和电位移矢量也在随时间变化。

设极板面积为 S，某时刻极板上的自由电荷面密度为 σ，应用有介质时的高斯定理可得极板间的电位移 $D=\sigma$，故有

$$\frac{\mathrm{d}q}{\mathrm{d}t} = \frac{\mathrm{d}}{\mathrm{d}t}(\sigma S) = \frac{\mathrm{d}}{\mathrm{d}t}(DS) = \frac{\mathrm{d}\Phi_D}{\mathrm{d}t}$$

位移电流可表示为 $$I_D = \frac{\mathrm{d}\Phi_D}{\mathrm{d}t} = \frac{\mathrm{d}}{\mathrm{d}t}\int_S \boldsymbol{D} \cdot \mathrm{d}\boldsymbol{S}$$

传导电流和位移电流之和称为全电流。这就使得全电流在电流不恒定的情况下也保持连续，因此，安培环路定理可推广为全电流的安培环路定理，即

$$\oint_L \boldsymbol{H} \cdot \mathrm{d}\boldsymbol{l} = I + I_D = \int_S \boldsymbol{J} \cdot \mathrm{d}\boldsymbol{S} + \frac{\mathrm{d}\Phi_D}{\mathrm{d}t} \tag{7-17}$$

式(7-17)表明，不仅传导电流能够产生有旋磁场，位移电流也能产生有旋磁场。位移电流只表示电位移通量随时间的变化率，并非有真实的电荷在空间运动。显然，形成位移电流不需要导体，它不会产生热效应，仅仅在产生磁场这一点上与传导电流相同。

2. 麦克斯韦方程组

麦克斯韦提出“变化的磁场能够产生有旋电场”和“变化的电场(位移电流)能够产生磁场”两个假设，并用一组方程概括了电场和磁场的基本规律，建立了完整的电磁场理论。

(1) 电场的高斯定理：

$$\oint_S \boldsymbol{D} \cdot \mathrm{d}\boldsymbol{S} = \sum_i q_i \tag{7-18}$$

表明静电场是有源场，电荷是产生电场的源头。

(2) 法拉第电磁感应定律：

$$\oint_L \boldsymbol{E} \cdot \mathrm{d}\boldsymbol{l} = -\int_S \frac{\partial \boldsymbol{B}}{\partial t} \cdot \mathrm{d}\boldsymbol{S} \tag{7-19}$$

表明电场、磁场不可分割，有了变化的磁场其周围空间就有电场。

(3) 磁场的高斯定理：

$$\oint_S \boldsymbol{B} \cdot \mathrm{d}\boldsymbol{S} = 0 \tag{7-20}$$

表明稳恒磁场是无源场，磁场线是闭合曲线。

(4) 全电流的安培环路定理：

$$\oint_L \boldsymbol{H} \cdot \mathrm{d}\boldsymbol{l} = \sum (I + I_D) = \int_S \boldsymbol{J} \cdot \mathrm{d}\boldsymbol{S} + \int_S \frac{\partial \boldsymbol{D}}{\partial t} \mathrm{d}\boldsymbol{S} \tag{7-21}$$

由麦克斯韦两个假设可知，电场与磁场之间能够相互激发，形成密切联系不可分割的电磁场，并可由近及远传播，从而形成电磁波。同一空间不可能被几个实物同时占据，但若干个电磁场可以在同一空间叠加。

习　　题

一、选择题

1. 如图 P7-1 所示，矩形区域为均匀稳恒磁场，半圆形闭合导线回路在纸面内绕轴 O 做逆时针方向匀角速转动，O 点是圆心且恰好落在磁场的边缘上，半圆形闭合导线完全在磁场外时开始计时。图(a)～(d)的 ε-t 函数图像中哪一条属于半圆形导线回路中产生的感应电动势？(　　)

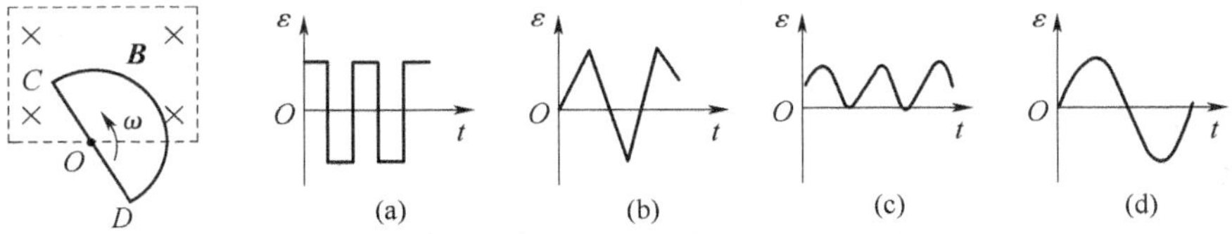

图 P7-1

2. 将形状完全相同的铜环和木环静止放置，并使通过两环面的磁通量随时间的变化率相等，则不计自感时(　　)。

(A) 铜环中有感应电动势，木环中无感应电动势

(B) 铜环中感应电动势大，木环中感应电动势小

(C) 铜环中感应电动势小，木环中感应电动势大

(D) 两环中感应电动势相等

3. 如图 P7-2 所示，导体棒 AB 在均匀磁场 B 中绕通过 C 点的垂直于棒长且沿磁场方向的轴 OO'转动(角速度 $\boldsymbol{\omega}$ 与 $\boldsymbol{B}$ 同方向)，BC 的长度为棒长的 1/3，则(　　)。

(A) A 点比 B 点电势高　　(B) A 点与 B 点电势相等

(C) A 点比 B 点电势低　　(D) 有稳恒电流从 A 点流向 B 点

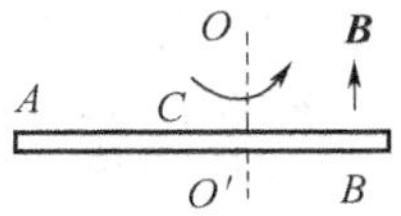

图 P7-2

4. 自感为 0.25H 的线圈中，当电流在(1/16)s 内由 2A 均匀减小到零时，线圈中自感电动势的大小为(　　)。

(A) 7.8×10^{-3}V　　(B) 3.1×10^{-2}V　　(C) 8.0V　　(D) 12.0V

5. 在感应电场中电磁感应定律可写成 $\oint_L \boldsymbol{E}_k\cdot d\boldsymbol{l}=-\dfrac{d\Phi}{dt}$，式中 $\boldsymbol{E}_k$ 为感应电场的电场强度。此式表明(　　)。

(A) 闭合曲线 L 上 $\boldsymbol{E}_k$ 处处相等　　(B) 感应电场是保守力场

(C) 感应电场的电场强度线不是闭合曲线　　(D) 在感应电场中不能像对静电场那样引入电势的概念

二、填空题

1. 用导线制成一半径 $r=10$cm 的闭合圆形线圈，其电阻 $R=10\Omega$，均匀磁场垂直于线圈平面。欲使电路中有一稳定的感应电流 $i=0.01$A，B 的变化率 $dB/dt=$__________。

2. 磁换能器常用来检测微小的振动。如图 P7-3 所示，在振动杆的一端固接一个 N 匝的矩形线圈，线圈的一部分在匀强磁场 $\boldsymbol{B}$ 中，设杆的微小振动规律为 $x=A\cos\omega t$，线圈随杆振动时，线圈的感应电动势为__________。

3. 如图 P7-4 所示，aOc 为一折成角形的金属导线($aO=Oc=L$)，位于 Oxy 平面中；磁感强度为 $\boldsymbol{B}$ 的匀强磁场垂直于 Oxy 平面。当 aOc 以速度$\boldsymbol{v}$ 沿 x 轴正向运动时，导线上 a、c 两点间电势差 $U_{ac}=$__________；当 aOc 以速度$\boldsymbol{v}$ 沿 y 轴正向运动时，a、c 两点的电势相比较，是__________点电势高。

4. 反映电磁场基本性质和规律的积分形式的麦克斯韦方程组为

$$①:\oint_S \boldsymbol{D}\cdot d\boldsymbol{S}=\int_V \rho dV\quad ②:\oint_L \boldsymbol{E}\cdot d\boldsymbol{l}=-\int_S \frac{\partial \boldsymbol{B}}{\partial t}\cdot d\boldsymbol{S}\quad ③:\oint_S \boldsymbol{B}\cdot d\boldsymbol{S}=0\quad ④:\oint_L \boldsymbol{H}\cdot d\boldsymbol{l}=\int_S\left(\boldsymbol{J}+\frac{\partial \boldsymbol{D}}{\partial t}\right)\cdot d\boldsymbol{S}$$

试判断下列结论是包含于或等效于哪一个麦克斯韦方程式的，将确定的方程式用代号填在相应结论后的空白处。(1) 变化的磁场一定伴随有电场________；(2) 磁感线是无头无尾的________；(3) 电荷总伴随有电场________。

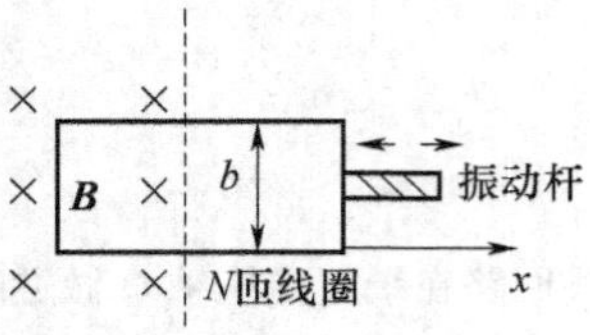

图 P7-3

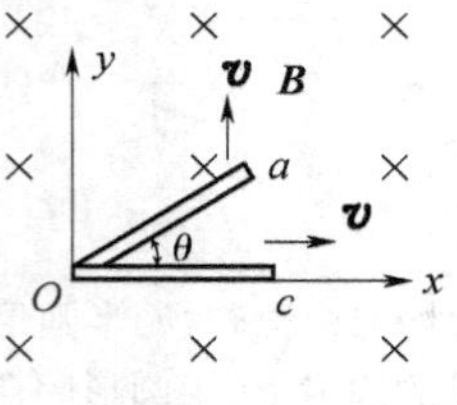

图 P7-4

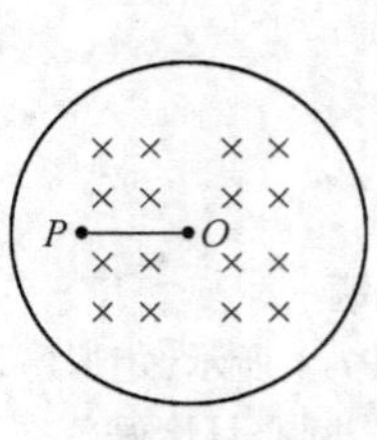

图 P7-5

5. 图 P7-5 所示为一圆柱体的横截面,圆柱体内有一均匀电场 $\boldsymbol{E}$,其方向垂直纸面向内,$\boldsymbol{E}$ 的大小随时间 t 线性增加,P 为柱体内与轴线相距为 r 的一点,则:(1) P 点的位移电流密度的方向为________;(2) P 点感生磁场的方向为________。

三、计算题

1. 如图 P7-6 所示,一长直导线通有电流 I,其旁共面地放置一匀质金属梯形线框 $abcda$,已知:$da=ab=bc=L$,两斜边与下底边夹角均为 60°,d 点与导线相距 l。今线框从静止开始自由下落 H 高度,且保持线框平面与长直导线始终共面,求:

(1) 下落高度为 H 的瞬间,线框中的感应电流为多少?

(2) 该瞬时线框中电势最高处与电势最低处之间的电势差为多少?

2. 给电容为 C 的平行板电容器充电,电流 $i=0.2e^{-t}$(SI),$t=0$ 时电容器极板上无电荷。求:(1) 极板间电压 U 随时间 t 而变化的关系;(2) t 时刻极板间总的位移电流 I_d(忽略边缘效应)。

3. 电荷 Q 均匀分布在半径为 a、长为 L($L \gg a$)的绝缘薄壁长圆筒表面上,圆筒以角速度 ω 绕中心轴线旋转。一半径为 $2a$、电阻为 R 的单匝圆形线圈套在圆筒上(如图 P7-7 所示)。若圆筒转速按照 $\omega=\omega_0(1-t/t_0)$ 的规律(ω_0 和 t_0 是已知常数)随时间线性减小,求圆形线圈中感应电流的大小和流向。

4. 两根平行无限长直导线相距为 d,载有大小相等方向相反的电流 I,电流变化率 $dI/dt=\alpha>0$。一个边长为 d 的正方形线圈位于导线平面内与一根导线相距 d,如图 P7-8 所示。求线圈中的感应电动势 ε,并说明线圈中的感应电流是顺时针还是逆时针方向?

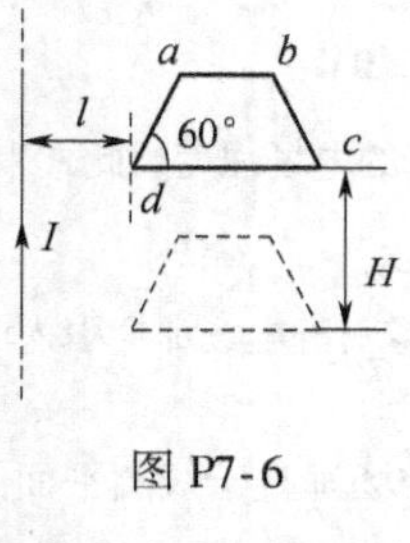

图 P7-6

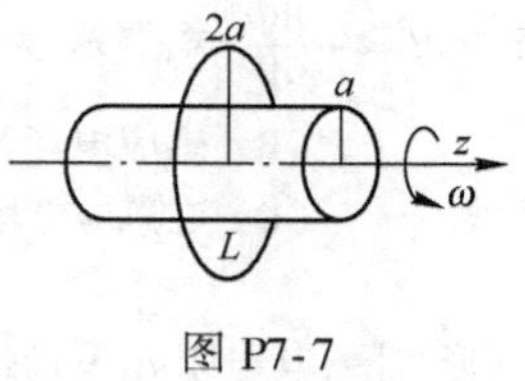

图 P7-7

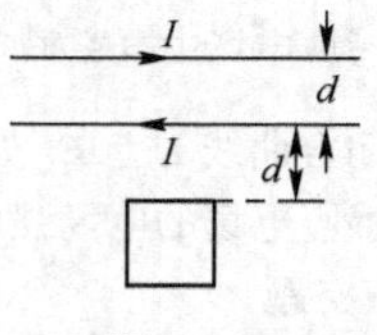

图 P7-8

5. 法拉第圆盘发电机是一个在磁场中转动的导体圆盘。设圆盘的半径为 R,它的转轴与均匀外磁场平行,圆盘以角速度 ω 绕转轴转动。求:(1) 盘边与盘心的电势差。(2) 当 $R=15\text{cm}$,$B=0.60\text{T}$,转速为每秒 30 转时,电势差为多少?(3) 盘边与盘心哪点的电势高?当盘反转时,电势的高低是否会反过来?

6. 均匀磁场 $\boldsymbol{B}$ 限定在在半径为 R 的无限长圆柱体内(见图 P7-9)。有一长为 l 的金属棒放在磁场中。设磁场以恒定变化率 dB/dt 增强,求棒中的感应电动势,并指出哪一端电势高。

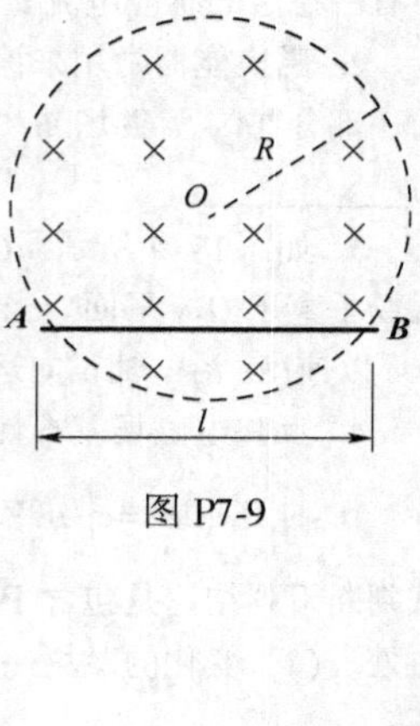

图 P7-9

第 8 章　机械振动和机械波

物体在一定的位置附近所做的来回往复的运动称为机械振动。广义地说，任何一个物理量（如位移、电流、电场强度等）在某个定值附近反复变化，都可称为振动。波动则是振动的传播过程，而研究光的传播及规律则称为波动光学。在力学问题中有机械振动和机械波，在电学问题中有电磁振荡和电磁波。但是，机械波与电磁波又有本质的区别。

8.1　简谐振动

8.1.1　简谐振动的概念

简谐振动（简称谐振动），即周期性的直线振动。简谐振动是最简单的、最基本的振动，通常能用一个谐和函数（如余弦或正弦函数）来描述。后面主要运用旋转矢量来分析。

任何复杂的振动都可视作若干简谐振动的合成。

研究谐振动的物理模型是“弹簧振子”模型，即由轻质弹簧与不发生形变的物体组成。若物体质量远大于弹簧质量，且物体可视作质点时，即可作为“弹簧振子”模型，如图 8-1 所示。简谐振动只适用于弹簧在其弹性限度内的情况，做简谐振动的振子称为谐振子。

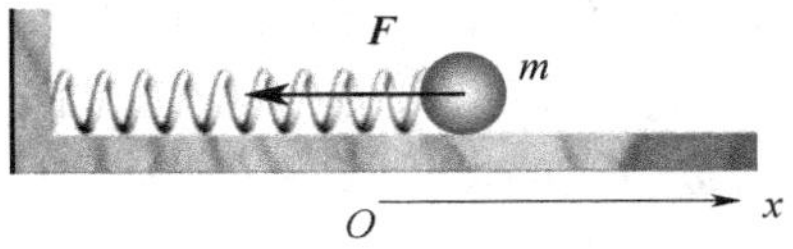

图 8-1　弹簧振子

8.1.2　简谐振动的基本规律

1. 简谐振动的动力学方程

当谐振子偏离平衡位置水平位移为 x 时，对其进行受力分析，水平方向的力与位移成正比且反向，由胡克定律：

$$f=m\frac{\mathrm{d}^2x}{\mathrm{d}t^2}=-kx \tag{8-1}$$

则

$$\frac{\mathrm{d}^2x}{\mathrm{d}t^2}+\frac{k}{m}x=0$$

令 $\omega^2=\frac{k}{m}$，则

$$\frac{\mathrm{d}^2x}{\mathrm{d}t^2}+\omega^2x=0 \tag{8-2}$$

满足式(8-2)的形式，即可认为该质点在做简谐振动。式(8-2)为简谐振动的动力学方程，解此二阶线性齐次微分方程，即可得简谐振动的运动学方程。

2. 简谐振动的运动学方程

$$x(t)=A\cos(\omega t+\varphi) \tag{8-3}$$

式中

$$\omega=\sqrt{k/m} \tag{8-4}$$

式(8-3)是微分方程(8-2)的特解。$(\omega t+\varphi)$称为谐振动的相位或位相。用相位来表征质

点做简谐振动的状态。φ 表示 $t=0$ 时刻的相位，称作初相位。

3. 简谐振动的特征量

（1）式(8-3)中 A 称作振幅，它是做谐振动的物体离开平衡位置的最大位移的绝对值（正值）

$$|x(t)| \leqslant A$$

谐振动的振幅决定物体振动的范围（或幅值）。

（2）谐振动的频率 ν 是指物体在单位时间内谐振子做全振动的次数；而角频率 ω 是指 2π 秒内谐振子做全振动的次数，则

$$\omega = 2\pi\nu = 2\pi/T \tag{8-5}$$

（3）物体完成一次全振动所需要的时间为周期，周期的倒数为频率。周期 T 和频率 ν 均是描述谐振动快慢的物理量，由式(8-4)和式(8-5)可得

$$T = \frac{2\pi}{\omega} = 2\pi\sqrt{\frac{m}{k}} \tag{8-6}$$

$$\nu = \frac{1}{2\pi}\sqrt{\frac{k}{m}} \tag{8-7}$$

可见，周期 T 和频率 ν 均由谐振子的质量 m 和弹簧的劲度 k 决定，故 T 和 ν 分别称为固有周期和固有频率，它们决定物体振动的快慢。

（4）决定谐振动运动状态的物理量即相位 $(\omega t+\varphi)$，$t=0$ 时的相位 φ 即初相位，它决定初始时刻质点的振动状态。A、ω 和 $(\omega t+\varphi)$ 一定时，谐振动的位移、速度和加速度也就确定了。谐振动就是一种无阻尼的等幅振动。

4. 谐振动的速度和加速度

$$v = \mathrm{d}x/\mathrm{d}t = -\omega A\sin(\omega t+\varphi) \tag{8-8}$$

$$a = \mathrm{d}^2x/\mathrm{d}t^2 = -\omega^2 A\cos(\omega t+\varphi) \tag{8-9}$$

将式(8-3)和式(8-9)代入式(8-2)，可以验证式(8-2)成立。式(8-8)和式(8-9)还可以表示为

$$v = \omega A\cos\left(\omega t+\varphi+\frac{\pi}{2}\right) = A_v\cos\left(\omega t+\varphi+\frac{\pi}{2}\right)$$

$$a = -\omega^2 A\cos(\omega t+\varphi) = A_a\cos(\omega t+\varphi+\pi)$$

其中，速度最大值 $A_v=\omega A$，加速度最大值 $A_a=\omega^2 A$，速度的初相位 $\varphi_v=\varphi+\frac{\pi}{2}$，加速度的初相位 $\varphi_a=\varphi+\pi$。可以看出，谐振动的速度和加速度均在做简谐振动，其角频率均为 ω。

8.1.3 相位差

1. 两个同方向的振动在同一时刻的相位差

振动 1： $x_1 = A_1\cos(\omega_1 t+\varphi_1)$

振动 2： $x_2 = A_2\cos(\omega_2 t+\varphi_2)$

则位相差 $\delta = (\omega_2 t+\varphi_2)-(\omega_1 t+\varphi_1) = (\omega_2-\omega_1)t+(\varphi_2-\varphi_1)$

当两个振动频率相同时，$\omega_2=\omega_1$，则相位差

$$\delta=(\varphi_2-\varphi_1) \tag{8-10}$$

即两个同频率谐振动的相位差等于初相之差。δ 取值在$(-\pi,\pi)$之间：

(1) $\delta>0$ 时，称振动 2 超前振动 1；即 x_2 比 x_1 较早达到最大值，x_2 领先。

(2) $\delta<0$ 时，称振动 1 超前振动 2；即 x_1 比 x_2 较早达到最大值，x_1 领先。

(3) $\delta=0$ 时，称两个振动同相，即振动的位移同时达到最大或最小。

(4) $\delta=\pi$ 时，称两个振动反相，若振动 1 在 A_1 处时，则振动 2 在 $-A_2$ 处。

2. 同一个振动在不同时刻的相位差

振动 1：$$x_1=A\cos(\omega t_1+\varphi)$$

振动 2：$$x_2=A\cos(\omega t_2+\varphi)$$

$$\delta=(\omega t_2+\varphi)-(\omega t_1+\varphi)=\omega(t_2-t_1)=\omega\cdot\Delta t \tag{8-11}$$

3. 振幅和初相的确定

谐振动的振幅 A 和初相位 φ 并非由系统本身确定，而是由振动的初始条件决定。

初始条件 $t=0$ 时，代入式(8-3)和式(8-8)，得

$$x_0=A\cos\varphi \tag{8-12}$$

$$v_0=-\omega A\sin\varphi \tag{8-13}$$

两式相比可得初相位

$$\varphi=\arctan\left(-\frac{v_0}{\omega x_0}\right) \tag{8-14}$$

由式(8-12)和式(8-13)得

$$x_0^2=A^2\cos^2\varphi,\quad v_0^2=\omega^2A^2\sin^2\varphi$$

所以 $$x_0^2+\frac{v_0^2}{\omega^2}=A^2$$

即振幅为 $$A=\left(x_0^2+\frac{v_0^2}{\omega^2}\right)^{1/2} \tag{8-15}$$

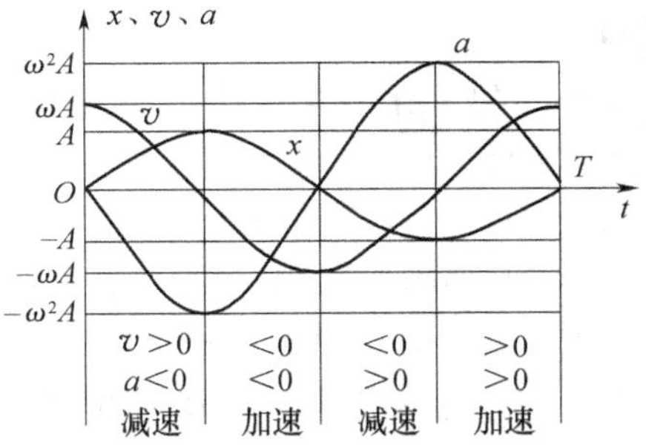

图 8-2　谐振动的曲线

(1) ω、ν、T 由振动系统本身决定，而 A 和 φ 由初始条件(x_0,v_0)决定；由此写出谐振动方程的，称为解析法。

(2) 初始时刻不一定是指物体开始振动的时刻，而是选取计时起点的时刻，也许在 $t=0$ 时刻前，振子就已开始振动了。

(3) 谐振动的曲线，即描述位移、速度、加速度等物理量与时间的关系曲线。有 x-t、v-t、a-t 等曲线经常用到，也可用曲线法来描述振动，如图 8-2 所示。

8.2　简谐振动的矢量图示法

8.2.1　旋转矢量法

简谐振动除了用谐振动的运动学方程(解析法)和振动曲线(曲线法)描述外，还可以用旋转矢量的矢端在坐标轴上的投影来表示，旋转矢量法可更形象直观地分析谐振动问题。但须特别注意谐振动的振幅、角频率和相位等物理量的意义。

如图 8-3 所示，建立坐标 Ox，设矢量 $\boldsymbol{A}$ 绕 O 点做逆时针方向的匀速转动，矢量长度

$|OM|=A$，称 $\boldsymbol{A}$ 为旋转矢量，则振幅 A 看作旋转矢量 $\boldsymbol{A}$ 的模 $|\boldsymbol{A}|$，角频率 ω 对应 $\boldsymbol{A}$ 的角速度的值，初相 φ 对应 $t=0$ 时刻 $\boldsymbol{A}$ 与 Ox 轴的夹角，相位 $(\omega t+\varphi)$ 对应 t 时刻 $\boldsymbol{A}$ 与 Ox 轴的夹角。

显然，$\boldsymbol{A}$ 的矢端 M 在 x 轴上的投影点 P 的坐标满足式(8-3)，投影点 P 的运动与质点(即弹簧振子)在 Ox 轴上的谐振动规律完全相同。所以，一个谐振动的位置与时间的关系 $x-t$，可以用 $\boldsymbol{A}$ 的矢端在 x 方向上的投影随时间的变化关系来描述，即

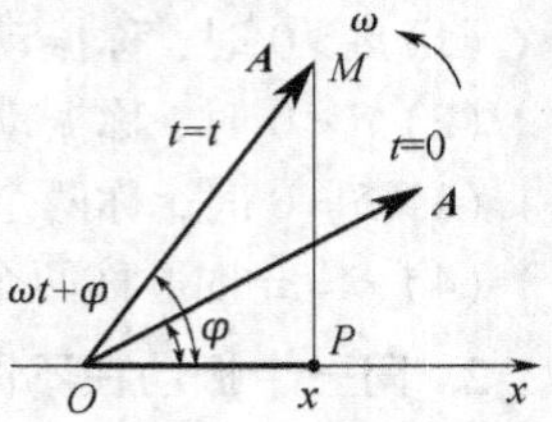

图 8-3　旋转矢量

$$x=A\cos(\omega t+\varphi)$$

注意：(1) 旋转矢量 $\boldsymbol{A}$ 的矢端 M 是匀速率圆周运动，其投影点 P 的运动才满足谐振动的规律；

(2) 角频率 ω 在物理意义上并不等同于物体做圆周运动的角速度，因单位时间内转过的角度与 2π 秒内谐振子做全振动的次数概念是有区别的；

(3) 不要把相位 $(\omega t+\varphi)$ 误认为是几何角度，它们之间也有本质的区别。

可见，旋转矢量法本身具有参考意义，也就是说其与质点做圆周运动对应数值可以相等，但物理意义与振动学不同。

计算：利用旋转矢量图，由初始条件可求一维弹簧振子的谐振动规律，即求 A、ω、φ。

例 8-1　一物体沿 x 方向做谐振动，已知 $A=0.24\text{m}$，$T=2\text{s}$，$t=0$，$x_0=0.12\text{m}$，$v_0>0$。求：(1) 一维谐振子的振动方程；(2) 从 $x=-0.12\text{m}$ 且向 $-x$ 方向运动回到平衡位置所需的最短时间。

解　(1) 由题意做旋转矢量图，如图 8-4 所示。

$$\omega=2\pi/T=\pi$$

$$\cos\varphi=x_0/A=1/2$$

因为 $v_0>0$，所以 $\varphi=-\pi/3$。

由 A、ω、φ 等可确定其振动方程为

$$x=0.24\cos\left(\pi t-\frac{\pi}{3}\right)\text{(m)}$$

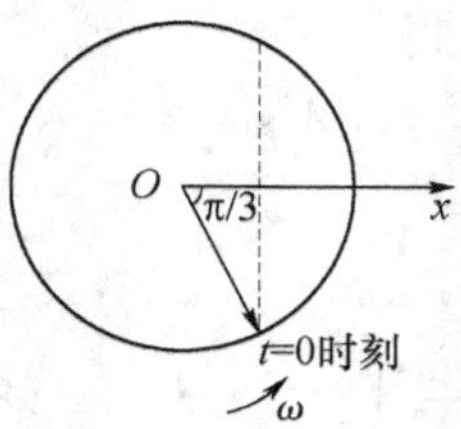

图 8-4

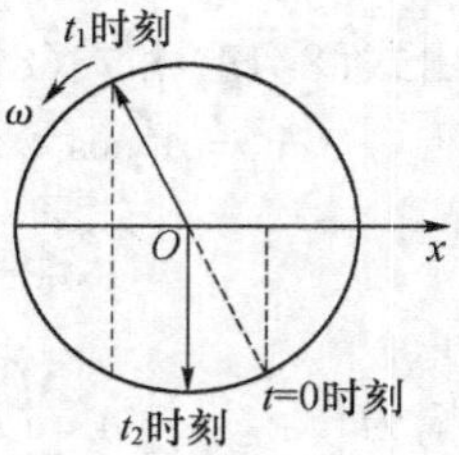

图 8-5

(2) 由题意，$x(t_1)=-0.12\text{m}$，且 $v(t_1)<0$。

设回到平衡位置时刻为 t_2，如图 8-5 所示，从 t_1 时刻到 t_2 时刻矢量 $\boldsymbol{A}$ 所转过的角度数值上对应于这两个时刻的位相差，即

$$\delta=\omega\cdot\Delta t=\frac{\pi}{3}+\frac{\pi}{2}=\frac{5\pi}{6}$$

8.2.2　简谐振动的实例

如图 8-6 所示，单摆在竖直面内来回摆动，当摆线与竖直方向成小角度 $\theta(\theta<5°)$ 时，所受合力沿圆弧切线方向。

$$f_\tau=-mg\sin\theta\approx-mg\theta$$

所以单摆摆锤所受切向力与角位移成正比且反向，为准弹性力。由牛顿第二定律

$$f_\tau=ma=ml\beta=ml\frac{\mathrm{d}^2\theta}{\mathrm{d}t^2}=-mg\theta$$

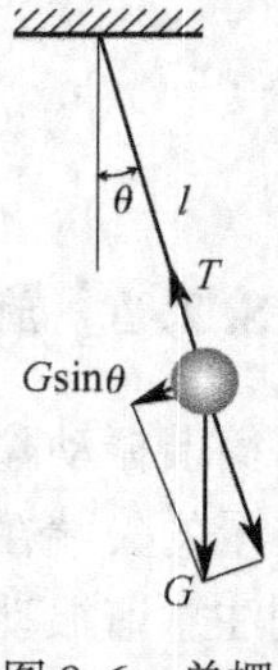

图 8-6　单摆

即
$$\frac{d^2\theta}{dt^2}+\frac{g}{l}\theta=0$$

令 $\omega^2=\frac{g}{l}$，则
$$\frac{d^2\theta}{dt^2}+\omega^2\theta=0 \tag{8-16}$$

满足式(8-2)的形式，即可认为该质点在切线方向做简谐振动。所以，在摆角 $\theta<5°$时单摆的摆锤可视作简谐振动。振动的周期为

$$T=2\pi/\omega=2\pi\sqrt{l/g} \tag{8-17}$$

8.3 谐振子振动的能量

力学中有机械能，热学问题涉及内能，电学中又有静电场能量和磁场能量。现在讨论振动的能量，以后还会阐述波动的能量。所以能量问题几乎贯穿整个物理学问题。

当物体所受到的回复力与位移成正比而又反向时，如前所述，物体所做的振动是简谐振动，即无阻尼的周期性自由振动。

1. 简谐振动的动能和势能

以水平弹簧振子为例，由式(8-3)

$$x=A\cos(\omega t+\varphi)$$

所以，振动系统的势能为

$$E_p=\frac{1}{2}kx^2=\frac{1}{2}kA^2\cos^2(\omega t+\varphi) \tag{8-18}$$

又由式(8-8)
$$v=-\omega A\sin(\omega t+\varphi)$$

可得振动系统的动能为

$$E_k=\frac{1}{2}mv^2=\frac{1}{2}m\omega^2A^2\sin^2(\omega t+\varphi) \tag{8-19a}$$

式中，$\omega^2=k/m$，即 $m\omega^2=k$。

振动系统的动能也可表示为

$$E_k=\frac{1}{2}kA^2\sin^2(\omega t+\varphi) \tag{8-19b}$$

由式(8-18)和式(8-19b)可知，简谐振动系统的动能和势能在振动过程中分别按正弦的平方和余弦的平方随时间变化。势能最大时，动能最小(如谐振子在最大位移处)；势能最小时，动能最大(如谐振子在平衡位置)。

2. 振动能量的周期性

由
$$\cos^2\alpha=\frac{1}{2}(1+\cos2\alpha),\quad \sin^2\alpha=\frac{1}{2}(1-\cos2\alpha)$$

式(8-18)和式(8-19b)还可表示为

$$E_p=\frac{1}{2}kA^2\times\frac{1}{2}[1+\cos2(\omega t+\varphi)]$$

$$E_k=\frac{1}{2}kA^2\times\frac{1}{2}[1-\cos2(\omega t+\varphi)]$$

可见，能量变化的角频率 $\omega'=2\omega$，能量变化的频率 $\nu'=2\nu$，能量的变化周期为

$$T'=T/2 \tag{8-20}$$

因此，做简谐振动的系统动能和势能按振动周期一半的周期变化。即在一个振动周期内，能量有两次动能（或势能）达最大（或最小）。

3. 振动系统的总能量

由式（8-18）和式（8-19b）可知，任一时刻振动系统的总能量为

$$E=E_p+E_k=\frac{1}{2}kA^2=\frac{1}{2}m\omega^2A^2 \qquad (8\text{-}21)$$

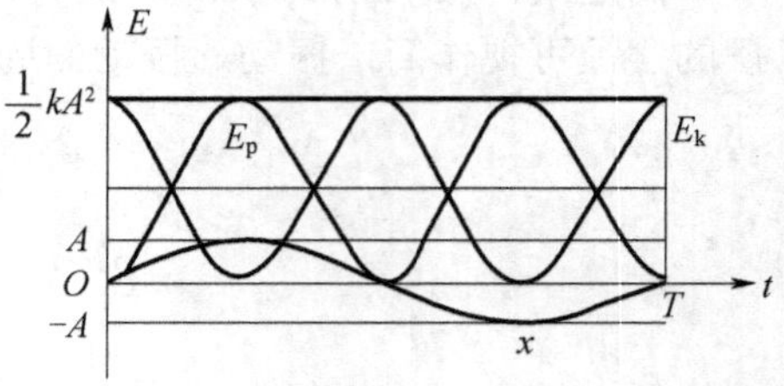

图 8-7　能量曲线

（1）简谐振动系统的动能和势能相互转换，但总能量在任一时刻为一恒量。因为系统只有弹性力（保守内力）做功，机械能守恒。

（2）$E\propto A^2$，$E\propto\omega^2$ 是简谐振动的共性。

（3）能量曲线如图 8-7 所示，$\overline{E}_p=\frac{1}{2}E_0$，$\overline{E}_k=\frac{1}{2}E_0$，$E_0$为初始时刻振动系统的机械能。可见，谐振动在一个周期内的平均势能和平均动能相等。

8.4　简谐振动的合成

理论和实验证明，任意一个复杂的周期性振动，都可以分解成若干个简谐振动的合成，或者说一个复杂的周期性振动可由若干个简谐振动合成。所以有合成电子乐器，如电子琴等。故最简单、最基本的振动是简谐振动。振动合成问题在研究声、光等波动过程的干涉和衍射问题时均有涉及。

8.4.1　两个同方向、同频率的简谐振动的合成

设一个振子同时参与两个谐振动：

振动 1：　$x_1=A_1\cos(\omega t+\varphi_1)$

振动 2：　$x_2=A_2\cos(\omega t+\varphi_2)$

$$x=x_1+x_2=A\cos(\omega t+\varphi) \qquad (8\text{-}22)$$

因为用数学分析法较烦琐，所以用旋转矢量法来求此振动的合成。用旋转矢量 $\boldsymbol{A}_1$ 和 $\boldsymbol{A}_2$ 分别表示以上两个分振动，它们在初始时刻与 x 轴的夹角，在数值上分别等于两振动的初相位 φ_1 和 φ_2。因为 $\omega_1=\omega_2=\omega$，所以，它们的相对位置保持不变，这样代表合振动的旋转矢量 $\boldsymbol{A}$ 也以相同的 ω 转动，且旋转矢量长度 $|\boldsymbol{A}|$ 保持不变。这说明，合矢量 $\boldsymbol{A}$ 所代表的合振动仍是谐振动。

1. 确定合振动的 A 与 φ

由平行四边形法则（余弦定理），式（8-22）中的合振幅 A 由图8-8可得

$$A^2=A_1^2+A_2^2-2A_1A_2\cos\alpha$$

因为 $\alpha=\pi-(\varphi_2-\varphi_1)$，则

$$A=[A_1^2+A_2^2+2A_1A_2\cos(\varphi_2-\varphi_1)]^{1/2} \qquad (8\text{-}23)$$

$$\tan\varphi=\frac{A_1\sin\varphi_1+A_2\sin\varphi_2}{A_1\cos\varphi_1+A_2\cos\varphi_2} \qquad (8\text{-}24)$$

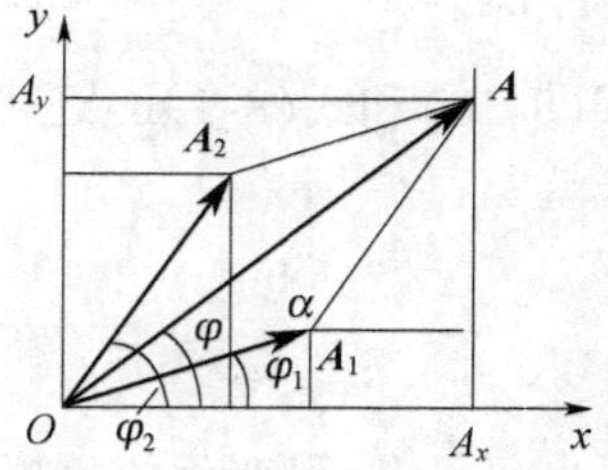

图 8-8　谐振动的合成

2. 讨论

(1) 合振幅 A 除与分振幅 A_1 和 A_2 有关外，还取决于分振动的相位差 $\Delta\varphi=\varphi_2-\varphi_1$。这对以后讨论波的叠加问题至关重要。

(2) 当 $\Delta\varphi=\varphi_2-\varphi_1=\pm 2k\pi(k=0,1,2,\cdots)$ 时，$\cos(\varphi_2-\varphi_1)=1$ 为最大值，即两个分振动同相位。由式(8-23)可得 $A=A_1+A_2$，即合振幅等于分振幅之和，合振动的振幅有最大值。

(3) 当 $\Delta\varphi=\varphi_2-\varphi_1=\pm(2k+1)\pi\ (k=0,1,2,\cdots)$ 时，$\cos(\varphi_2-\varphi_1)=-1$ 为最小值，即两个分振动反相位。由式(8-23)可得 $A=|A_1-A_2|$，即合振幅等于分振幅之差，合振动的振幅有最小值。且当 $A_1=A_2$ 时，有 $A=0$。

(4) 若两个分振动既不同相也不反相，则合振幅介于 (A_1+A_2) 和 $|A_1-A_2|$ 之间。

8.4.2 两个同方向、不同频率的简谐振动的合成

定性分析，对两个同方向、不同频率的谐振动的合成，旋转矢量 $\boldsymbol{A}_1$ 和 $\boldsymbol{A}_2$ 之间的相位差将随时间而改变。此时，合矢量的长度 $|\boldsymbol{A}|$ 和角速度(对应角频率 ω)都将随时间而改变。此时 $\boldsymbol{A}$ 的振动仍在 x 方向上，却是较为复杂的周期运动，如图 8-9 所示。合振动的振幅随时间发生周期性的变化，称为拍。合振动在单位时间内加强或减弱的次数称为拍频。

$$\nu=|\nu_2-\nu_1|$$

有关调频、调幅的概念，可参考电工技术有关书籍，但其合振动都不是简谐振动。

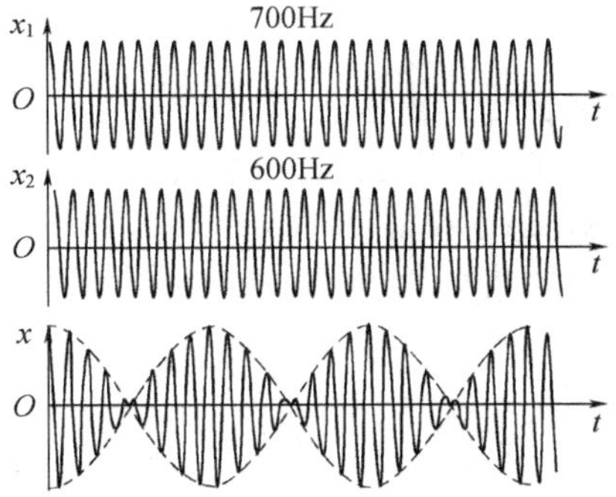

图 8-9

8.4.3 相互垂直的简谐振动的合成

振动 1： $x=A_1\cos(\omega t+\varphi_1)$

振动 2： $y=A_2\cos(\omega t+\varphi_2)$

如果两个振动的频率(或周期)相等，使用双踪示波器可得到李萨育图(见图 8-10)。

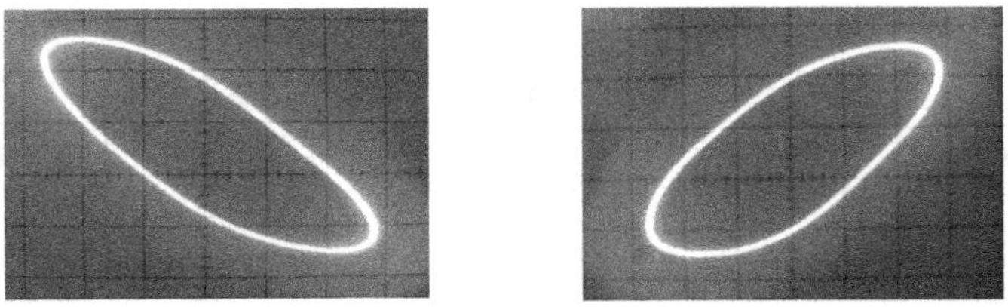

(a) (b)

图 8-10 李萨育图(周期或频率相等)

如果两个振动的频率(或周期)相差很大，但有简单的整数比值关系时，可得到李萨育图(见图 8-11)，其频率或周期为

$$\frac{\nu_y}{\nu_x}=\frac{n_x}{n_y}$$

或

$$\frac{T_x}{T_y}=\frac{n_x}{n_y} \tag{8-25}$$

式中，n_x、n_y 分别为李萨育图形与 x、y 轴的切点数。

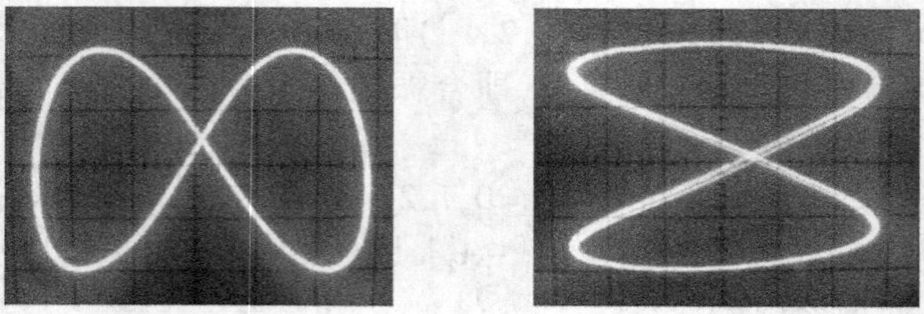

(a)　　(b)

图 8-11　李萨育图(周期或频率不相等)

例 8-2　一质点同时参与两个在同一直线上的振动，其表达式分别为

$$x_1=0.06\cos\left(2t+\frac{\pi}{6}\right)(\mathrm{m}),\ x_2=0.09\cos\left(2t-\frac{5\pi}{6}\right)(\mathrm{m})$$

试用旋转矢量图法，求出合成振动的方程。

解　由题意知，两个振动是同方向、同频率的简谐振动，且为反相位振动，所以 $A=0.09-0.06=0.03(\mathrm{m})$。

如图 8-12 所示，合振动方程为

$$x=0.03\cos\left(2t-\frac{5\pi}{6}\right)(\mathrm{m})$$

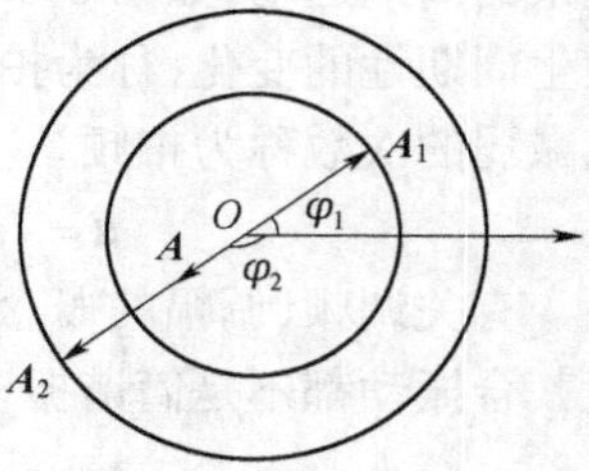

图 8-12　例 8-2 的图

例 8-3　已知两个简谐振动的运动学方程分别为

$$x_1=0.05\cos\left(10t+\frac{3\pi}{4}\right)(\mathrm{m}),\ x_2=0.06\cos\left(10t+\frac{\pi}{4}\right)(\mathrm{m})$$

求：(1)合振动的振幅和初相，以及合成振动的方程；

(2)如另有运动学方程为 $x_3=0.07\cos(10t+\varphi)(\mathrm{m})$ 的第三个谐振动，则 φ 为何值时，才能使 x_1+x_3 的合振动的振幅最大？又 φ 为何值时，才能使 x_2+x_3 的合振动的振幅最小？

解　(1)由题意知，$\Delta\varphi=\varphi_2-\varphi_1=-\pi/2$，则

$$A=\sqrt{A_1^2+A_2^2}=7.8(\mathrm{cm})$$

$$\tan\varphi=\frac{A_1\sin\varphi_1+A_2\sin\varphi_2}{A_1\cos\varphi_1+A_2\cos\varphi_2}=11$$

$$\varphi=\arctan 11=84.8^\circ=1.48\mathrm{rad}$$

如图 8-13 所示，合振动方程为

$$x=0.078\cos(10t+1.48)(\mathrm{m})$$

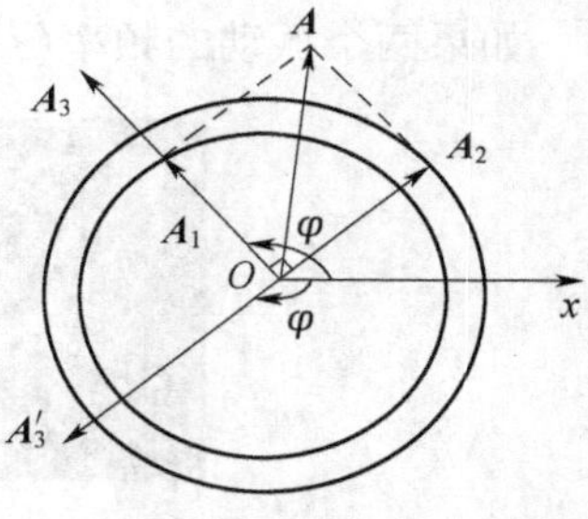

图 8-13　例 8-3 的图

(2)当 $\Delta\varphi=\varphi-\varphi_1=0$，即 $\varphi=\frac{3}{4}\pi$ 时，x_1+x_3 合振动的振幅最大；

当 $\Delta\varphi=\varphi-\varphi_2=\pi$，即 $\varphi=\frac{5}{4}\pi$(或 $\varphi=-\frac{3}{4}\pi$)时，x_2+x_3 合振动的振幅最小，如图 8-13 所示。

8.5 机械波的产生和传播

前面阐述过,任何一个物理量(位置矢量、电场强度、磁场强度等)在某一数值附近做往复变化,都可称为振动。振动的传播过程称为波动。波动也是一种重要的运动形式,各种波的本质不同,传播机理也不尽相同,但却有相同或类似的基本传播规律。波动可分为以下几类:

一类是机械振动在弹性介质中的传播,称为机械波,又称为弹性波,如水波、声波等。但是月球上不能传播声波,因为月球表面没有空气作为弹性介质。

另一类是电磁波,由电磁振荡激起的变化的电磁场在空间的传播。电磁波的传播并不一定要有介质,如无线电波、可见光波、X 射线、γ 射线等可以在真空中传播。因而月球上可以传播电磁波。有关电磁波和波动光学将在第 9 章讨论。

近代物理学的研究表明,在微观世界,物质的波粒二象性表现十分显著,微观粒子也具有波动性,即所谓物质波,这在后面的量子物理中会有叙述。

8.5.1 机械波的产生条件和传播特征

1. 机械波产生的条件

机械波是机械振动在弹性介质中的传播过程,产生机械波必须具备两个条件:

(1) 波源,引起波动的初始系统,即做机械振动的物体;

(2) 弹性介质,即能够传播这一振动的介质。只有通过介质质点间的相互作用,才可能使机械振动向外传播。

这里的弹性介质是指由无穷多个质点,通过相互之间弹性力组合在一起的连续介质。一般情况下,可将其视为无限、连续、无吸收弹性介质,如绳子、水、空气等。而声波不能在真空中传播。

2. 波动与振动的区别和联系

(1) 介质中的各质点,仅在各自平衡位置附近振动,而做振动的质点并没有随波前进。波动是振动这种运动状态(或说振动的相位)在传播,即某时刻某点的相位将在下一时刻重现于“下游”某处,而绝不可理解为质点的随波流动。于是,沿波的传播方向,各质点的相位依次落后。

(2) 振动状态(振动相位)的传播速度称为波速,也称相速,它不同于质点本身在平衡位置附近来回振动的速度。质点振动方向与波的传播方向并不一定相同,且波的传播速度并不等于质点的振动速度。

(3) 波的频率等于波源振动的频率,即所有质点的振动频率(或周期)与波源的频率(或周期)相同。例如,听演奏时人的耳膜的振动频率等于乐器发出的振动频率。又如,眼睛接收到的光振动的频率等于发光体微观振子(跃迁)的发射频率。否则我们怎么能听到美妙的音乐和看到斑斓的色彩呢?

3. 横波与纵波

(1) 横波:介质中质点的振动方向与波的传播方向互相垂直,可表示为$\boldsymbol{v} \perp \boldsymbol{u}$,如水波。

(2) 纵波:介质中质点的振动方向与波的传播方向相同或平行,可表示为$\boldsymbol{v} \parallel \boldsymbol{u}$,如声波。

8.5.2 机械波传播的特征物理量

1. 波面、波前和波线

(1) 波面：是指由振动相位相同的各点连成的面，也称波阵面。如图 8-14 所示，波沿着水平方向以相同的速度向前传播，若弹性介质是无吸收、连续、无限且各向同性的，则振动相位相同的点将呈现为一个个平面(即同相面)。

(2) 波前：是指波动最前面的那个波面。某一时刻，波面(同相面)的数目可以有许多个，而波前只有一个。它是由波源最初振动状态传达到各点所连成的面。

波阵面为平面的波称为平面波(见图 8-14)，波阵面是球面的波称为球面波(见图 8-15)。

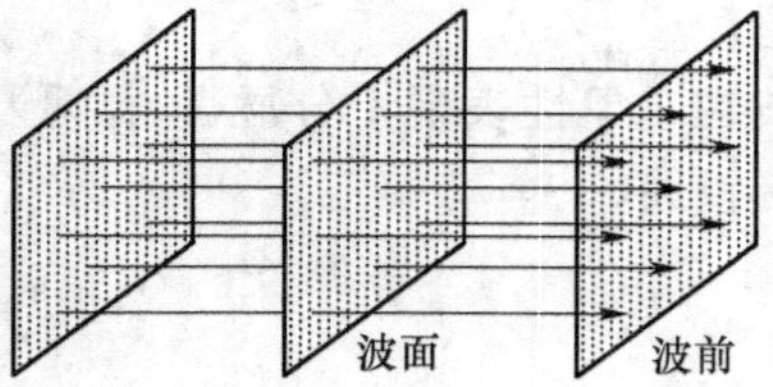

图 8-14 平面波

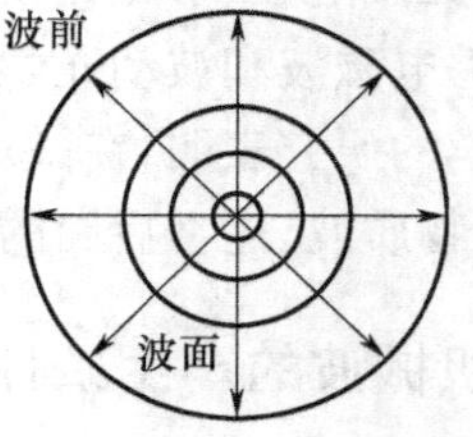

图 8-15 球面波

(3) 波线：是指在波的传播区域中，波的传播方向，或称波射线。波线用带箭头的线表示，如图 8-14 和 8-15 所示。在各向同性介质中，波线总是与波阵面垂直。

2. 波长、波的周期和频率

(1) 波长：反映波动的空间周期性，是指一个完整波形的长度。即指波动在同一种介质中，同一时刻、同一波线上振动相位相同(实际相位差为 2π)的两相邻点之间的距离，用 λ 表示。

(2) 波的周期：波阵面向前传播一个波长的距离所经历的时间，或一个完整的波通过波线上某点所需要的时间。它反映波动的时间周期性，用 T 表示。

波的周期 T 的倒数，称为波的频率，用 ν 表示。即单位时间内经过波线上某定点的波数。显然，一个波动周期的时间传播一个完整的波长。

$$\nu = 1/T \tag{8-26}$$

波的周期(或频率)等于波源的振动周期(或频率)，与波的传播介质无关。但波长和波速却随传播介质的不同而改变。

$$\lambda_n = \lambda_0/n,\ u_n = u_0/n \tag{8-27}$$

(3) 波速：是指振动状态传播的速度，也是波形沿波线传播的速度。具体地说，就是单位时间内波动所传播的距离，用 u 表示。

$$u = \nu\lambda = \lambda/T \tag{8-28}$$

质点每完成一次全振动，波就向前移动一个波长的距离。在 1s 内质点振动了 ν 次，因而 1s 内波向前推进了 ν 个波长，即 $\nu\lambda$ 这样一段距离在数值上就等于波的速度大小。

3. 容变弹性模量、杨氏弹性模量和切变弹性模量

(1) 物体受到外界压力，容积发生变化，则容变弹性模量为

$$B = \frac{p}{\Delta V/V} \tag{8-29a}$$

式中，p 为应力；$\Delta V/V$ 为应变。

(2) 物体受到两端拉力,长度发生变化,伸长量为 Δl,则杨氏弹性模量为

$$Y = \frac{f/S}{\Delta l/l} \tag{8-29b}$$

(3) 当物体受到切向力的作用时,只有形状变化,则切变弹性模量为

$$G = \frac{f/S}{\phi} \tag{8-29c}$$

式中,ϕ 为切应变。

(4) 还可以证明液体和气体内部只能传播弹性纵波,纵波传播的速度为

$$u = \sqrt{B/\rho} \tag{8-30a}$$

固体中既能传播纵波,又能传播横波,传播的速度为

$$u = \sqrt{Y/\rho}\ (纵波) \tag{8-30b}$$

$$u = \sqrt{G/\rho}\ (横波) \tag{8-30c}$$

在拉紧的绳或弦中,T 为绳或弦线中的张力,ρ_l 为质量线密度,则

$$u = \sqrt{T/\rho_l}\ (横波) \tag{8-30d}$$

波速主要取决于介质的性质和波的类型,与纵波或横波的频率无关。具体内容可查阅有关弹性力学和材料力学的书籍。

8.6 简谐波的波动方程

波源和各质点都做简谐振动的连续波称为简谐波(或称余弦波、单色波)。任何一种复杂的波,都可以认为是由许多不同频率的简谐波叠加而成的,因而简谐波是最简单、最基本、却是最重要的波。

8.6.1 平面简谐波的波动方程

波动方程是用数学函数式来表示一个前进中的波。即描述介质中各质点偏离各自平衡位置的位移是如何随时间变化的。

1. 沿 x 轴正方向传播的平面简谐波

设有一平面简谐波在理想的无吸收、均匀无限大的连续介质中沿 x 轴正方向传播,波速为 u,图 8-16 为该列横波在 t 时刻的波形图。

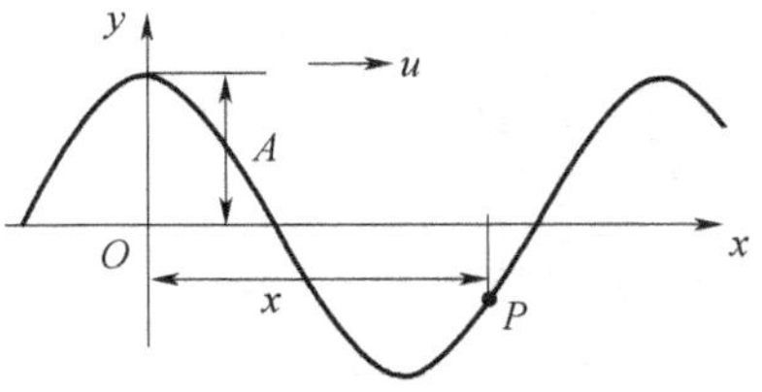

图 8-16 正向传播的平面简谐波

(1) 原点的振动方程

设 O 点为波线上的一点,取作原点,它可以是波源,也可以不是。因为波是振动状态的传播,所以要定量描述这列波,就至少应该知道波线上某一点的振动规律才行。通常选该点为坐标原点。O 点的振动方程为

$$y_o = A\cos(\omega t + \varphi_0)$$

式中,y_o 为 O 点处质点在 t 时刻离开平衡位置的位移;φ_0 为初相位。

(2) 波线上任意点的振动方程

设这个任意点的平衡位置为 P,其坐标为 x,那么平衡位置为 P 处的质点在 t 时刻的位移

是多少？

设

$$y_P = A\cos(\omega t + \varphi_0)$$

由波的传播方向，显然，P 点处质点振动的相位要比 O 点处质点振动的相位落后 $\Delta\varphi = \omega\Delta t = \omega\dfrac{x}{u}$，所以

$$y_P = A\cos\left(\omega t - \omega\frac{x}{u} + \varphi_0\right) = A\cos\left[\omega\left(t - \frac{x}{u}\right) + \varphi_0\right]$$

由于 P 点是任意的，上式为波线上任一点、任一时刻离开各自平衡位置的位移表达式。即表达了波的传播方向上任意质点在任一时刻所处的位移情况。

因为

$$\omega = 2\pi\nu = 2\pi/T$$

$$\omega\frac{x}{u} = \frac{2\pi}{T}\cdot\frac{x}{u} = \frac{2\pi}{\lambda}x$$

可得以下各式：

$$y = A\cos\left[\omega\left(t - \frac{x}{u}\right) + \varphi_0\right] \tag{8-31a}$$

$$y = A\cos\left[2\pi\left(\frac{t}{T} - \frac{x}{\lambda}\right) + \varphi_0\right] \tag{8-31b}$$

$$y = A\cos\left[2\pi\left(\nu t - \frac{x}{\lambda}\right) + \varphi_0\right] \tag{8-31c}$$

以上各式称为平面谐波的波动方程，上式还可有其他几种表达形式。

2. 沿 x 轴负方向传播的平面简谐波

注意到 P 点的相位比 O 点超前，换言之，波在到达 P 点之后，再经历 $\Delta t = x/u$ 的时间才传到 O 点。所以可得到沿 x 轴负方向传播的平面简谐波的波动方程：

$$y = A\cos\left[\omega\left(t + \frac{x}{u}\right) + \varphi_0\right] \tag{8-32a}$$

$$y = A\cos\left[2\pi\left(\frac{t}{T} + \frac{x}{\lambda}\right) + \varphi_0\right] \tag{8-32b}$$

$$y = A\cos\left[2\pi\left(\nu t + \frac{x}{\lambda}\right) + \varphi_0\right] \tag{8-32c}$$

综上所述，从已知某点（通常选作原点）的振动方程求波动方程，关键是抓住波的传播方向，从而确定波线上任意一点的振动是超前还是落后于该点的振动，即

已知某点振动方程→写出原点振动方程→任一点振动方程→写出波动方程。

3. 波动方程的物理意义

（1）当 x 一定时，即 $x = x_0$，考察波线上某一定点的位移，有 $y = y(t)$，即

$$y = A\cos\left[\omega\left(t + \frac{x_0}{u}\right) + \varphi_0\right]$$

上式表示 $x = x_0$ 处质点的振动方程。

（2）当 t 一定时，即 $t = t_0$，考察某一时刻波线上的位移，有 $y = y(x)$，即

$$y = A\cos\left[\omega\left(t_0 + \frac{x}{u}\right) + \varphi_0\right]$$

上式表示 $t = t_0$ 时刻各个不同质点离开平衡位置情况。把这条 $y(x) - x$ 曲线称为波形图，如图 8-17 所示。

(3) 当 x、t 均变化时，$y=y(x,t)$，此时波动方程表示波线上各个不同质点在不同时刻离开各自平衡点的位移，如图 8-18 所示，波动方程描述了波形的传播。

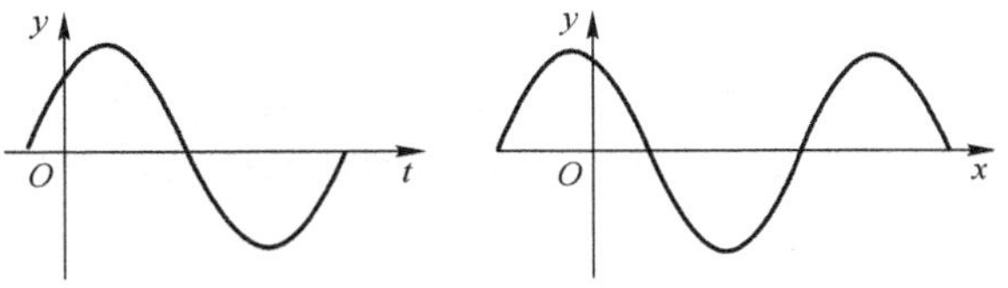

(a) $x=x_0$ 时振动曲线　　(b) $t=t_0$ 时波形图

图 8-17　振动曲线和波形图

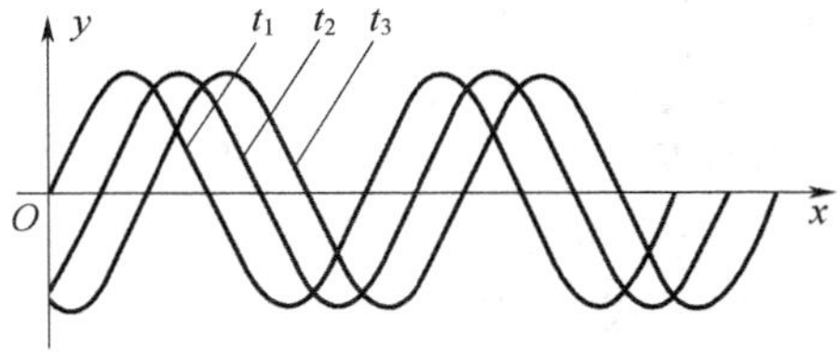

图 8-18　波形的传播

例 8-4　已知波源的振动周期为 0.5s，振幅为 0.1m，波源所激起的波动之波长为 10m。若在 $t=0$ 时刻，波源的振动正好处在最大位移(0.1m)状态，试写出波动方程，并求距离波源为 5m 处质点的振动方程。

解题思路：可先求波源的振动方程，然后写出波动方程，再求指定点的振动方程。

解　选波源为原点，并设波沿 x 轴正向传播。波源的振动方程为

$$y_0=A\cos(\omega t+\varphi_0)$$

据题意，已知周期可得 $\omega=4\pi\mathrm{s}^{-1}$，$u=20\mathrm{m}\cdot\mathrm{s}^{-1}$，且 $t=0$ 时，$y_0=+A$，故初位相 $\varphi_0=0$。波动方程为

$$y=A\cos\omega\left(t-\frac{x}{u}\right)=0.1\cos4\pi\left(t-\frac{x}{20}\right)$$

当 $x=5\mathrm{m}$ 时，振动方程为

$$y=0.1\cos2\pi(2t-0.5)=0.1\cos(4\pi t-\pi)(\mathrm{m})$$

8.6.2　波动方程的微分形式

1. 一维平面简谐波波动方程的微分形式

设波沿 x 轴正向传播，已知波形的传播速度

$$u=\lambda/T=\nu\lambda$$

而媒质中质点的振动速度为 v，由式(8-31a)

$$y=A\cos\left[\omega\left(t-\frac{x}{u}\right)+\varphi_0\right]$$

则

$$v=\frac{\partial y}{\partial t}=-A\omega\sin\left[\omega\left(t-\frac{x}{u}\right)+\varphi_0\right] \tag{8-33}$$

媒质中质点的振动加速度为

$$a=\frac{\partial^2 y}{\partial t^2}=-A\omega^2\cos\left[\omega\left(t-\frac{x}{u}\right)+\varphi_0\right] \tag{8-34}$$

又由式(8-31a)，对 x 取偏导数可得

$$\frac{\partial^2 y}{\partial x^2}=-A\frac{\omega^2}{u^2}\cos\left[\omega\left(t-\frac{x}{u}\right)+\varphi_0\right] \tag{8-35}$$

比较式(8-34)、式(8-35)可得

$$\frac{\partial^2 y}{\partial x^2}=\frac{1}{u^2}\frac{\partial^2 y}{\partial t^2} \tag{8-36}$$

2. 讨论

(1) 式(8-36)对沿 x 轴正方向和 x 轴负方向传播的平面简谐波均适用;实际上,式(8-31a)即为式(8-36)的一个特解。

(2) 对一维平面波,即使不是简谐波,也可认为是由许多不同频率的平面简谐波合成的。上式不仅适用于机械波,也适用于电磁波等。所以式(8-36)为一维平面波的共同特征,可称为一维平面波波动方程的一般形式。

(3) 式(8-36)可扩展到三维空间,以 $\psi(x,y,z,t)$ 为波函数,则一般情况下在直角坐标系中简谐波的微分方程为

$$\frac{\partial^2\psi}{\partial x^2}+\frac{\partial^2\psi}{\partial y^2}+\frac{\partial^2\psi}{\partial z^2}=\frac{1}{u^2}\frac{\partial^2\psi}{\partial t^2} \tag{8-37}$$

8.7 波的能量和能流密度

8.7.1 波的能量

1. 波的能量传播特征

波的能量传播是波动的一种重要特征:当一列机械波传到弹性介质中的某处时,该处原来不动的质点开始振动,因而具有动能;同时,该处的弹性介质也发生形变,因而又具有势能。由此,波动是振动状态的传播过程,也是能量的传播过程。

对某一部分介质来说,在波的传播过程中,它从相位比其超前的部分接收能量,同时,又向比自身相位落后的部分送出能量。

2. 波的能量

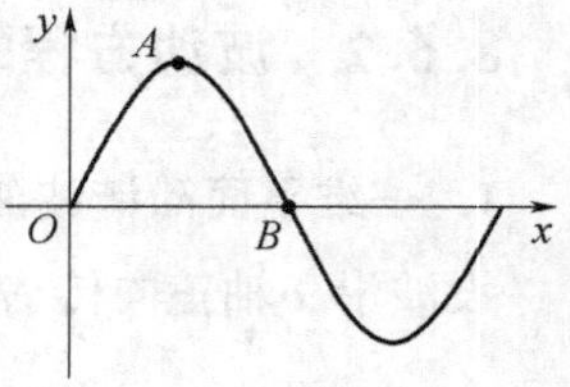

图 8-19 波的能量分析

(1) 考察一列横波,如图 8-19 所示,在波线上坐标为 x 处,长为 $\mathrm{d}x$ 的一小段弦线的线元质量 $\mathrm{d}m=\rho_l\mathrm{d}x$,由波动方程

$$y=A\cos\left[\omega\left(t-\frac{x}{u}\right)+\varphi_0\right]$$

该线元的振动速度为

$$\frac{\partial y}{\partial t}=-A\omega\sin\left[\omega\left(t-\frac{x}{u}\right)+\varphi_0\right]$$

所以,该质元 $\mathrm{d}m$ 的动能为

$$\mathrm{d}E_\mathrm{k}=\frac{1}{2}\mathrm{d}m\left(\frac{\partial y}{\partial t}\right)^2=\frac{1}{2}\rho_lA^2\omega^2\mathrm{d}x\sin^2\left[\omega\left(t-\frac{x}{u}\right)+\varphi_0\right] \tag{8-38}$$

由式(8-31a)可得

$$\frac{\partial y}{\partial x}=-A\left(-\frac{\omega}{u}\right)\sin\left[\omega\left(t-\frac{x}{u}\right)+\varphi_0\right]=-\frac{1}{u}\frac{\partial y}{\partial t} \tag{8-39}$$

从上式可知,与振动不同的是,该段小弦线通过平衡位置时,它的振动速度 $\left|\frac{\partial y}{\partial t}\right|$ 最大,此时弹性形变 $\left|\frac{\partial y}{\partial x}\right|$ 也最大,如图 8-19 中的 B 点;但在 A 点,$\left|\frac{\partial y}{\partial t}\right|$ 与 $\left|\frac{\partial y}{\partial x}\right|$ 同时有最小值,因此,可以证明:

$$\mathrm{d}E_\mathrm{k}=\mathrm{d}E_\mathrm{p}=\frac{1}{2}\rho_lA^2\omega^2\mathrm{d}x\sin^2\left[\omega\left(t-\frac{x}{u}\right)+\varphi_0\right] \tag{8-40}$$

(2) 对体密度为 ρ_v 的弹性介质中传播的简谐波,体积元质量 $\mathrm{d}m=\rho_v\mathrm{d}V$,有

$$\mathrm{d}E_{\mathrm{k}}=\mathrm{d}E_{\mathrm{p}}=\frac{1}{2}\rho_v A^2\omega^2\mathrm{d}V\sin^2\left[\omega\left(t-\frac{x}{u}\right)+\varphi_0\right] \tag{8-41}$$

则体积元 $\mathrm{d}V$ 中的总能量为

$$\mathrm{d}E=\mathrm{d}E_{\mathrm{k}}+\mathrm{d}E_{\mathrm{p}}=\rho_v A^2\omega^2\mathrm{d}V\sin^2\left[\omega\left(t-\frac{x}{u}\right)+\varphi_0\right] \tag{8-42}$$

3. 讨论

(1) 在波动过程中,不同时刻、不同位置波的能量不同,波的能量是时间和空间的函数。弹性介质体积元中的总能量随时间做周期性变化,这说明任一体积元都在不断地接收和放出波动的能量。

(2) 由式(8-41),在波动过程中弹性介质体元中的动能和势能大小总是相等的,同时达最大,同时为零。这与单个谐振子振动的情况完全不同。

(3) 孤立系统振动的能量不向外传播,机械能守恒,因而能量为一恒量。而波动的能量是向外传播的,总能量随时间做周期性变化。

8.7.2 能量密度和能流密度

1. 能量密度

弹性介质中单位体积的波动能量称为波的能量密度。由式(8-42),得

$$w=\frac{\mathrm{d}E}{\mathrm{d}V}=\rho_v A^2\omega^2\sin^2\left[\omega\left(t-\frac{x}{u}\right)+\varphi_0\right] \tag{8-43}$$

能量密度在一个周期内的平均值又称为平均能量密度。因为

$$\frac{1}{T}\int_0^T\sin^2\alpha\mathrm{d}t=\frac{1}{T}\int_0^T\frac{1}{2}(1-\cos2\alpha)\mathrm{d}t=\frac{1}{2}T\times\frac{1}{T}=\frac{1}{2}$$

所以有

$$\overline{w}=\frac{1}{T}\int_0^T w\mathrm{d}t=\frac{1}{2}\rho_v A^2\omega^2 \tag{8-44}$$

显然,平均能量密度均正比于振幅的平方。

2. 能流密度

(1) 能量随着波的前进在介质中传播,即波的能量处于不断的流动之中,人们形象地称之为“能流”,用单位时间内通过介质中某一面积的能量 P 表示,那么,单位时间通过介质中某一面积的平均能量,称为平均能流$\overline{P}$,如图 8-20 所示。

$$P=w(Sl)=wSu$$

$$\overline{P}=\overline{w}Su \tag{8-45}$$

(2) 能流密度,为通过垂直于波的传播方向上单位面积的平均能流,即单位时间通过介质中单位横截面上的平均能量,可表示为

$$I=\frac{\overline{P}}{S}=\overline{w}u=\frac{1}{2}\rho A^2\omega^2 u \tag{8-46}$$

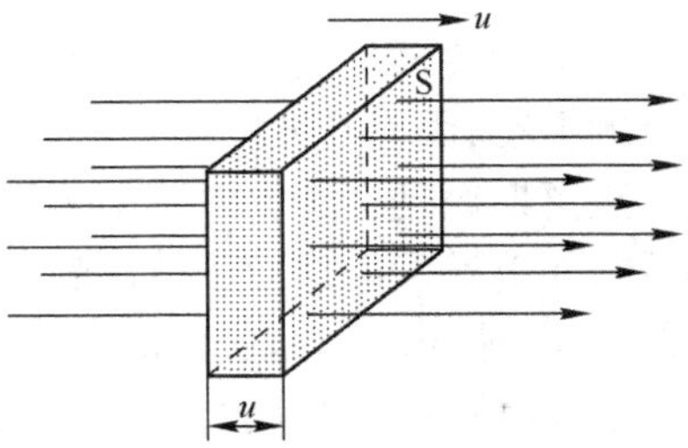

图 8-20 波的能流密度

3. 讨论

(1) 通过两个截面的能流不变时,$\overline{P}_1=\overline{P}_2$,则有 $A_1=A_2$,振幅不衰减,即介质对波无吸收。

（2）I 又称为波的强度，由式（8-46），在弹性介质中以一定速度传播的波列，振幅越大，频率越高，波的强度也越大。

$$I \propto A^2, I \propto \omega^2$$

I 是表征能量传播的一个重要物理量。如声学中声波的强度，简称为声强，测声强的仪器称为声强度计（声级计）；光学中光波的能流密度，即为光强，测光强的仪器称为光功率计。I 的单位为 W/m^2。

8.7.3 波的吸收

实际上，平面波在均匀介质中传播时，介质总是要吸收波的一部分能量，所吸收的能量会转换成其他形式的能量，因此，波的强度和振幅都将逐渐减小。这种现象称为波的吸收。

可见，波在介质中走过的距离越长，被吸收的能量就越多，设某处振幅为 A 的波，在穿过介质厚度 dx 后，振幅的减弱为 dA，则相对减弱的程度为

$$-\frac{dA}{A} = \alpha dx$$

式中，α 为介质的吸收系数。上式两边积分后得 $\ln A = -\alpha x$，即

$$A = A_0 e^{-\alpha x} \tag{8-47}$$

式中，A_0 为 $x=0$ 处的振幅；A 为 x 处的振幅。

因为 $I \propto A^2$，所以

$$I = I_0 e^{-2\alpha x} \tag{8-48}$$

式中，I_0 和 I 分别为 0 和 x 处波的强度。

例 8-5 已知声波的频率 $\nu = 500\text{kHz}$，在水中传播的速度 $u = 1500\text{m/s}$，声波的强度 $I = 120\text{kW/cm}^2$，求声振动的振幅。

解

$$I = \frac{1}{2}\rho A^2 \omega^2 u$$

即

$$120 \times 10^3 / 10^{-4} = \frac{1}{2} \times 10^3 \times (2\pi \times 500 \times 10^3) \times 1500 A^2$$

解得 $A = 1.27 \times 10^{-5}\text{m}$。可见，一般液体中声振动（即声纳）的振幅实际上很小，仅十几微米。

8.8 惠更斯原理和波的叠加

1. 惠更斯原理

波动的传播是由于媒质中质点之间的相互作用，媒质中任何一点的振动将直接引起邻近各点的振动，因而在波动中任何一点都可看作新的波源，如水波、声波。

惠更斯原理：媒质中波动传达的任一点，都可视作能够发射球面子波的新波源，而在其后任一时刻，这些球面子波的包迹面（包络面），就是该时刻波动的新波面，如图 8-21 所示。

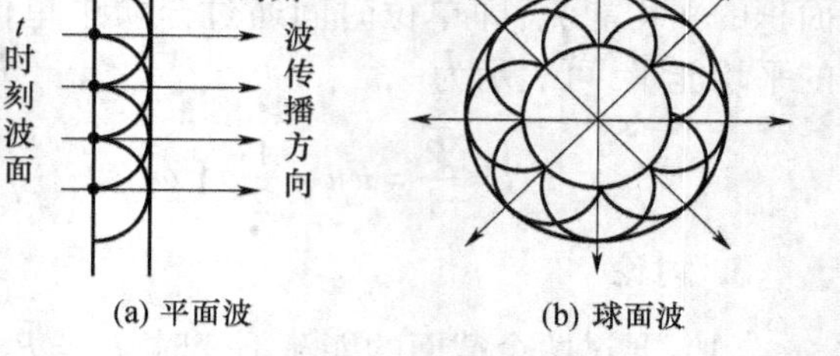

图 8-21 惠更斯原理

利用惠更斯原理可以方便地求出下一时刻的新波前。只要知道某一时刻的波阵面，就可以根据这一原理用几何作图的方法来决定

下一时刻的波阵面。波的反射与折射均可很好地解释。

惠更斯原理是一种定性的几何作图法，缺陷是没有就各子波对某一点振幅有多大贡献做出说明。惠更斯原理的适用范围：机械波、电磁波，均匀介质、非均匀介质。新的波面由各子波共同组成，符合叠加原理。

2. 波的叠加原理

几列波在空间相遇，会产生综合效应，但又不改变波各自独立传播的特性，波的叠加原理有两层含义：

（1）叠加性：当几列波在同一介质中传播时，在其相遇区域内，任一点的振动为各列波单独存在时在该点引起振动的矢量和。

（2）独立性：一列波在传播过程中，它的频率、波长、振动方向和传播方向等特性，不会因其他波的存在而改变，即波相遇后，各列波仍保持原有的特性不变，继续按原方向前进。

例如，管弦乐队合奏比独奏时总音量增大，但人耳仍能够分清各种乐器的声音，多人同时讲话也能辨别不同人的声音。

叠加原理的物理意义：可以将一个复杂的波分解为简谐波的组合，电子琴与电子合成器就是基于这一原理实现的。惠更斯原理和波的叠加原理对电磁波也适用。

3. 波的干涉

（1）波的相干条件：频率相同、振动方向相同（或相近）、相位相同或相位差恒定的波源所发出的波才能产生干涉。

满足相干条件的波在空间相遇，对于空间不同的点，有着不同的恒定的相位差。因而，在空间某些点处，振动始终加强；而在另一些点处，振动始终减弱或完全抵消。这种现象称为波的干涉现象，产生干涉现象的波称为相干波，相应的波源称相干波源。

下面讨论两列波的干涉情况。设有两列同方向振动、同频率传播的波，波源为 S_1 和 S_2，在空间某点相遇时，如图 8-22（a）所示，在 P 点引起的分振动为

$$y_1 = A_1\cos\left(\omega t + \varphi_1 - \frac{2\pi}{\lambda}r_1\right)$$

$$y_2 = A_2\cos\left(\omega t + \varphi_2 - \frac{2\pi}{\lambda}r_2\right)$$

所以，在 P 点两个分振动的相位差为

$$\Delta\varphi = \left(\varphi_1 - \frac{2\pi}{\lambda}r_1\right) - \left(\varphi_2 - \frac{2\pi}{\lambda}r_2\right) = (\varphi_1 - \varphi_2) + \frac{2\pi}{\lambda}(r_2 - r_1) \quad (8\text{-}49)$$

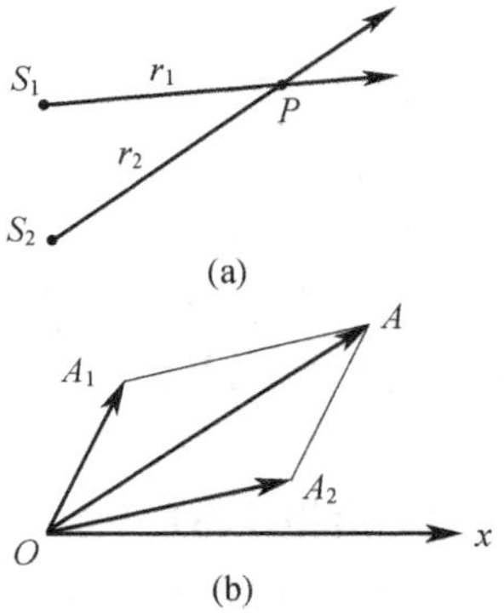

图 8-22　两个相干波源的干涉

可见，两列波在空间任一点 P 引起的分振动的相位差是恒定的，即只与距离有关而与时间无关。

（2）波的干涉加强与减弱的条件：P 处振动最强或最弱，即振幅为最大或最小的条件。由图 8-22（b），P 点的合振动由旋转矢量法可表示为

$$y = y_1 + y_2 = A\cos(\omega t + \varphi)$$

式中

$$A = [A_1^2 + A_2^2 + 2A_1A_2\cos\Delta\varphi]^{1/2} \quad (8\text{-}50)$$

$$\tan\varphi=\frac{A_1\sin\left(\varphi_1-\frac{2\pi r_1}{\lambda}\right)+A_2\sin\left(\varphi_2-\frac{2\pi r_2}{\lambda}\right)}{A_1\cos\left(\varphi_1-\frac{2\pi r_1}{\lambda}\right)+A_2\cos\left(\varphi_2-\frac{2\pi r_2}{\lambda}\right)} \tag{8-51}$$

显然,当 $\Delta\varphi=(\varphi_1-\varphi_2)+\frac{2\pi}{\lambda}(r_2-r_1)=\pm 2k\pi \quad (k=0,1,2,\cdots)$

时,在 P 点 y_1 与 y_2 同相位振动,$\cos\Delta\varphi=1$,$A_{\max}=A_1+A_2$ 为最大,即满足上述条件的空间各点合振动最强。

当 $\Delta\varphi=(\varphi_1-\varphi_2)+\frac{2\pi}{\lambda}(r_2-r_1)=\pm(2k+1)\pi \quad (k=0,1,2,\cdots)$

时,在 P 点 y_1 与 y_2 振动反相位,$\cos\Delta\varphi=-1$,$A_{\min}=|A_1-A_2|$为最小,即满足上述条件的空间各点合振动最弱。

综上所述,振动方向相同、频率相同、相位相等或相位差恒定的波源发出的两列波,在相遇区域某些点处的振动始终加强,而在另一些点处的振动始终减弱,这就是波的干涉。

(3) 两列初相位相同的相干波的干涉:如由同一波源发出的波,有 $\varphi_1=\varphi_2$,则

$$\Delta\varphi=\frac{2\pi}{\lambda}(r_2-r_1) \tag{8-52}$$

当 $\Delta\varphi=\pm 2k\pi$,即 $r_2-r_1=\pm k\lambda\,(k=0,1,2,\cdots)$时,合振动振幅最大,即在波程差等于零或波长的整数倍的各点合振动振幅最大,两列波在这些点干涉相长。

当 $\Delta\varphi=\pm(2k+1)\pi$,即 $r_2-r_1=\pm(2k+1)\lambda/2\ (k=0,1,2,\cdots)$时,合振动振幅最小,即满足这些条件的空间各点干涉相消。

干涉现象是波动所具有的重要特征之一,机械波、电磁波(光波)都能产生干涉。

8.9 驻波和半波损失

驻波是一种特殊形式的干涉,由两列频率相同、振动方向相同,振幅相等,传播方向相反的波叠加而成,也是波动中常见的一种重要现象。

当一列波(如机械波)的传播遇到介质交界面时,要发生反射,这时反射波与入射波行进在同一介质中,又是两个振幅相同的相干波。就垂直入射这个特殊情形来说,反射波恰与入射波相向而行。

1. 沿相反方向传播的两个相干波的叠加

对同一直线上,沿相反方向传播的两个相干波的叠加,现用简谐波的表达式对驻波进行定量分析。设形成驻波后,以两波为最强的某点作原点,即以原点处质点达最大位移时开始计时。沿 x 轴正方向传播的波(即入射波,设初相位为零)

$$y_1=A\cos 2\pi\left(\frac{t}{T}-\frac{x}{\lambda}\right)$$

则反射波(沿 x 轴负方向)

$$y_2=A\cos 2\pi\left(\frac{t}{T}+\frac{x}{\lambda}\right)$$

则合成波为

$$y=y_1+y_2=\left(2A\cos 2\pi\frac{x}{\lambda}\right)\cos 2\pi\frac{t}{T} \tag{8-53}$$

可见,合成以后,各点都在做周期相同的简谐振动,但各点的振幅 $\left|2A\cos 2\pi\frac{x}{\lambda}\right|$ 却与位置

有关，与时间无关。位置不同，振幅不同。

（1）波腹（振幅最大值）的位置：

当 $\left|\cos 2\pi \frac{x}{\lambda}\right| = 1$ 时，$2\pi \frac{x}{\lambda} = \pm k\pi\ (k=0,1,2,\cdots)$，即

$$x = \pm k\frac{\lambda}{2}\ (k=0,1,2,\cdots) \tag{8-54}$$

（2）波节（振幅最小值）的位置：

当 $\left|\cos 2\pi \frac{x}{\lambda}\right| = 0$ 时，$2\pi \frac{x}{\lambda} = \pm(2k+1)\frac{\pi}{2}\ (k=0,1,2,\cdots)$，即

$$x = \pm(2k+1)\frac{\lambda}{4}\ (k=0,1,2,\cdots) \tag{8-55}$$

（3）相邻波腹（或波节）间的位置间距：

$$x_{k+1} - x_k = \lambda/2 \tag{8-56}$$

2. 驻波的特点

（1）驻波最明显的特点就是波形是不传播的，即没有振动状态或相位的逐点传播，只有段与段之间的位相突变。并不沿 x 轴方向传播，没有什么“跑动”的波形，像一种能够驻立在介质中的波动。如弦乐器上，弦的振动就是一种驻波。

（2）在两波节之间同一分段上的所有点（半个波长范围内），振动的振幅不同，相位却相同。以波节为分界点，相邻两分段上各点的振动则相位相反，相位差为 π。从而形成了分段振动的状态。这点与行波不同。

（3）驻波的能量不向外传播，且形成驻波必须满足一定条件

$$L = k\frac{\lambda}{2}$$

或

$$\lambda = \frac{2L}{k} \tag{8-57}$$

式中，L 为波源与反射点之间的距离。

（4）驻波的能量在相邻的波腹和波节间往复变化。在相邻的波节点间发生动能和势能之间的转换，动能主要集中在波腹附近，势能主要集中在波节附近。

（5）若反射端是固定端，则出现波节，有半波损失（对应 π 位相突变）；若反射端是自由端，则出现波腹，无半波损失。

例 8-6 如图 8-23 所示，设平面波沿 BP 方向传播，它在 B 点的振动方程为

$$y_1 = 0.3\times10^{-2}\cos(2\pi t)\,(\mathrm{m})$$

另一平面波沿 CP 方向传播，它在 C 点的振动方程为

$$y_2 = 0.4\times10^{-2}\cos(2\pi t+\pi)\,(\mathrm{m})$$

$BP=0.4\mathrm{m}$，$CP=0.45\mathrm{m}$，波速 $u=0.20\mathrm{m/s}$。试求：（1）两列波传到 P 点的相位差；（2）两列波在 P 点的合振幅。

解（1）两波在 P 点引起的分振动为

$$y_1 = 0.3\times10^{-2}\cos\left(2\pi t - \frac{2\pi}{\lambda}r_1\right)(\mathrm{m})$$

$$y_2 = 0.4\times10^{-2}\cos\left(2\pi t + \pi - \frac{2\pi}{\lambda}r_2\right)(\mathrm{m})$$

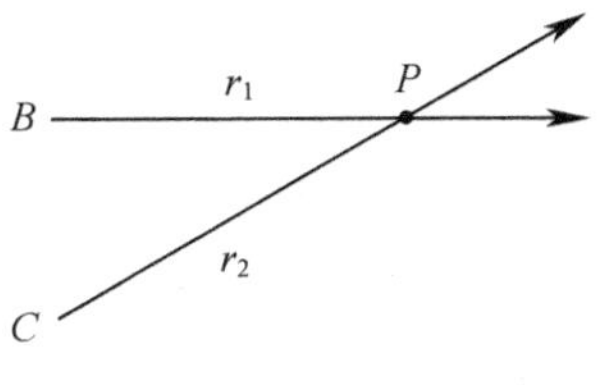

图 8-23 例 8-6 的图

先求周期和波长：

$$T=2\pi/\omega=1(\text{s}),\qquad \lambda=uT=0.2(\text{m})$$

$$\Delta\varphi=(\varphi_2-\varphi_1)-\frac{2\pi}{\lambda}(r_2-r_1)=\pi-\frac{2\pi}{0.2}(0.45-0.40)=\frac{\pi}{2}$$

可见,y_1 与 y_2 振动既不同相,也不反相。

(2) 两列波在 P 点的合振幅

$$A=[A_1^2+A_2^2+2A_1A_2\cos\Delta\varphi]^{1/2}=\sqrt{A_1^2+A_2^2}=0.5\times10^{-2}(\text{m})$$

例 8-7 一平面简谐波在 0.03s 的波形如图 8-24 所示,且波沿 x 轴负向传播,波速 $u=5000\text{m/s}$,试求平面简谐波的波动方程。若该波的强度为$1.69\pi^2\times10^2\text{W/m}^2$, 则该介质的密度为多少?

解 由题图,$\lambda=200\text{m}$,$u=5\times10^3\text{m/s}$,$\nu=u/\lambda=25\text{Hz}$,$T=0.04\text{s}$。

先求原点振动方程:在 0.03s,原点处质点是在平衡位置往最大位移处,将波形向右平移 3/4 周期,则 $t=0$ 时刻波形(虚线表示),有

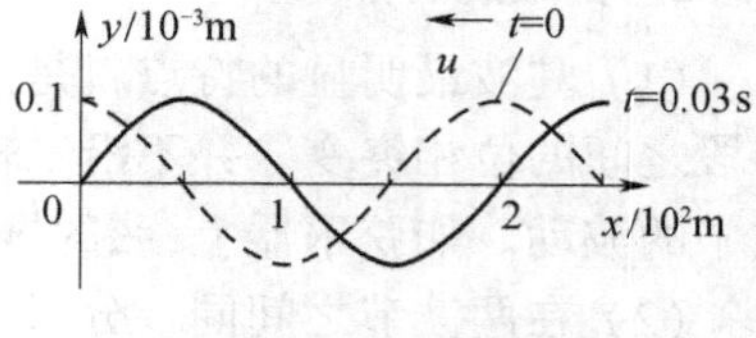

图 8-24 例 8-7 的图

$$y=A\cos(50\pi\times0.03+\varphi_0)=0$$

$$\frac{3\pi}{2}+\varphi_0=-\frac{\pi}{2}$$

得 $\varphi_0=-2\pi$,即 0 时刻质点在 $+A$ 处。则

$$y_0=A\cos(50\pi t-2\pi)=0.1\times10^{-3}\cos50\pi t(\text{m})$$

因此,波动方程为

$$y=0.1\times10^{-3}\cos\left(50\pi t+\frac{2\pi}{200}x\right)(\text{m})$$

由波的强度

$$I=\frac{1}{2}\rho A^2\omega^2u$$

代入数据解得该介质的密度为 $\rho=2.7\times10^3\text{kg/m}^3$。

例 8-8 一平面简谐波在介质中以速度 $u=20\text{m/s}$ 自左向右传播,已知在波的传播路径上某点 A 的振动方方程 $y=3\cos(4\pi t-\pi)(\text{m})$,另一点 D 在 A 点的右方 9m 处,如图 8-25 所示。

(1) 若取 x 轴方向向左,并以 A 为坐标原点,试写出波动方程,并求出 D 点的振动方程;

(2) 若取 x 轴方向向右,以 A 左方 5m 处的 O 点为坐标原点,试写出波动方程,并求出 D 点的振动方程。

解 (1)在 x 轴上任取一点 P,显然 P 点相位超前 A 点,则波动方程为

$$y=3\cos\left(4\pi t-\pi+\frac{4\pi}{20}x\right)(\text{m})$$

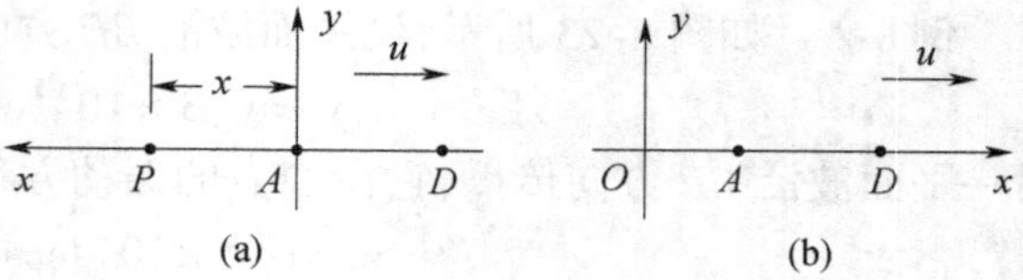

图 8-25 例 8-8 的图

在图 8-25(a)中,将 $x_D=-9\text{m}$ 代入,得

$$y_D=3\cos\left[4\pi t-\pi+\frac{4\pi}{20}\times(-9)\right]=3\cos\left(4\pi t-\frac{4\pi}{5}\right)(\text{m})$$

显然,D 点的振动落后于 A 点。

(2) 先写出原点振动方程,在图 8-25(b)中,O 点的振动相位超前 A 点,则

$$y_0=3\cos\left(4\pi t-\pi+\frac{4\pi}{20}\times5\right)=3\cos4\pi t(\text{m})$$

因此，波动方程为 $$y=3\cos\left(4\pi t-\frac{4\pi}{20}x\right)(\mathrm{m})$$

可得 D 点的振动方程为

$$y_D=3\cos\left[4\pi t-\frac{4\pi}{20}\times(5+9)\right]=3\cos\left(4\pi t-\frac{4\pi}{5}\right)(\mathrm{m})$$

可见，x 轴的取向不同，波动方程不同，但对同一列波，某定点（如 D 点）的振动方程不变。

习　　题

一、选择题

1. 一劲度系数为 k 的轻弹簧截成三等份，取出其中的两根，将它们并联，下面挂一质量为 m 的物体，如图 P8-1 所示。则振动系统的频率为（　　）。

(A) $\frac{1}{2\pi}\sqrt{\frac{k}{3m}}$　(B) $\frac{1}{2\pi}\sqrt{\frac{k}{m}}$　(C) $\frac{1}{2\pi}\sqrt{\frac{3k}{m}}$　(D) $\frac{1}{2\pi}\sqrt{\frac{6k}{m}}$

2. 两个同周期简谐振动曲线如图 P8-2 所示，x_1 的相位比 x_2 的相位（　　）。

(A) 落后 $\pi/2$　(B) 超前 $\pi/2$　(C) 落后 π　(D) 超前 π

3. 一简谐振动曲线如图 P8-3 所示，则振动周期是（　　）。

(A) 2.62s　(B) 2.40s　(C) 2.20s　(D) 2.00s

4. 一弹簧振子做简谐振动，总能量为 E_1，如果简谐振动振幅增加为原来的 2 倍，重物的质量增为原来的 4 倍，则它的总能量 E_2 变为（　　）。

(A) $E_1/4$　(B) $E_1/2$　(C) $2E_1$　(D) $4E_1$

5. 一平面简谐波的表达式为 $y=0.1\cos(3\pi t-\pi x+\pi)$ (SI)，$t=0$ 时的波形曲线如图 P8-4 所示，则（　　）。

(A) O 点的振幅为 -0.1m　(B) 波长为 3m

(C) a、b 两点间相位差为 $\pi/2$　(D) 波速为 9m/s

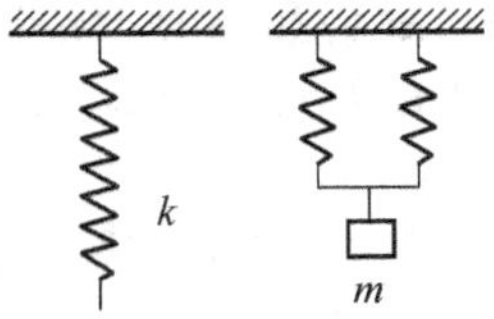

图 P8-1

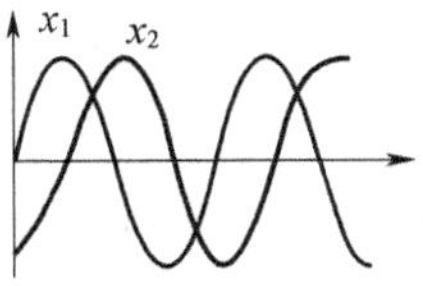

图 P8-2

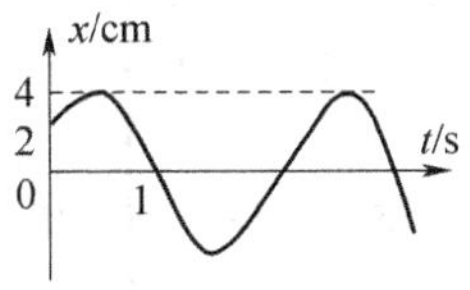

图 P8-3

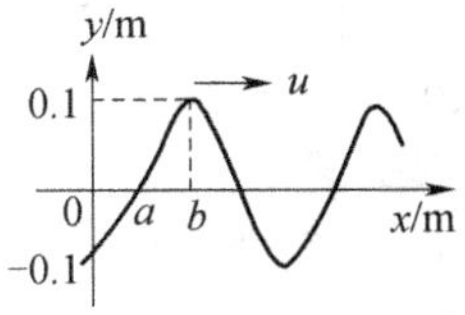

图 P8-4

6. 一平面简谐波在弹性媒质中传播，在某一瞬时，媒质中某质元正处于平衡位置，此时它的能量是（　　）。

(A) 动能为零，势能最大　(B) 动能为零，势能为零

(C) 动能最大，势能最大　(D) 动能最大，势能为零

7. 如图 P8-5 所示，S_1 和 S_2 为两相干波源，它们的振动方向均垂直于图面，发出波长为 λ 的简谐波，P 点是两列波相遇区域中的一点，已知 $S_1P=2\lambda$，$S_2P=2.2\lambda$，两列波在 P 点发生相消干涉。若 S_1 的振动方程为 $y_1=A\cos(2\pi t+\frac{1}{2}\pi)$，则 S_2 的振动方程为（　　）。

(A) $y_2=A\cos\left(2\pi t-\frac{1}{2}\pi\right)$　(B) $y_2=A\cos(2\pi t-\pi)$

(C) $y_2=A\cos\left(2\pi t+\frac{1}{2}\pi\right)$　(D) $y_2=2A\cos(2\pi t-0.1\pi)$

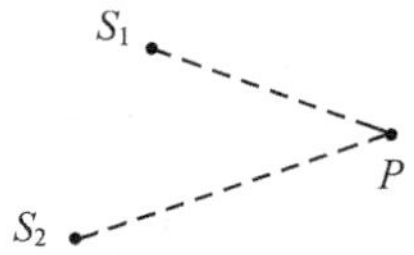

图 P8-5

8. 在驻波中，两个相邻波节间各质点的振动（　　）。

(A) 振幅相同，相位相同　(B) 振幅不同，相位相同

(C) 振幅相同，相位不同　(D) 振幅不同，相位不同

二、填空题

1. 一弹簧振子做简谐振动,振幅为 A、周期为 T,其运动方程用余弦函数表示。若 $t=0$ 时,

(1) 振子在负的最大位移处,则初相为__________;

(2) 振子在平衡位置向正方向运动,则初相为__________;

(3) 振子在位移为 $A/2$ 处,且向负方向运动,则初相为__________。

2. 一简谐振动曲线如图 P8-6 所示,则由图可确定在 $t = 2\text{s}$ 时刻质点的位移为 __________,速度为__________。

3. 两个同方向的简谐振动曲线如图 P8-7 所示,合振动的振幅为__________,合振动的振动方程为__________。

4. 一个余弦横波以速度 u 沿 x 轴正向传播,t 时刻波形曲线如图 P8-8 所示。试分别指出图中 A,B,C 各质点在该时刻的运动方向:A __________;B __________;C __________。

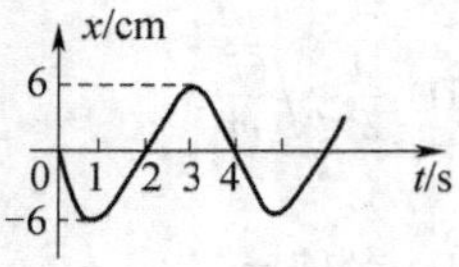

图 P8-6

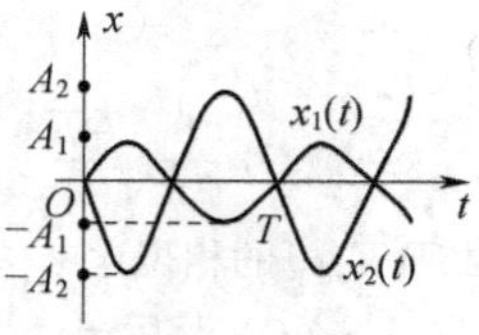

图 P8-7

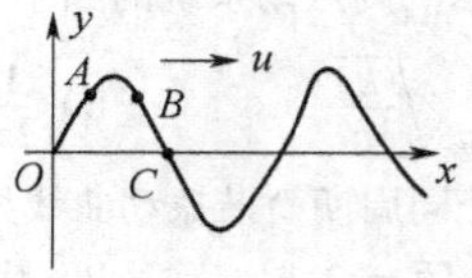

图 P8-8

5. 两列波在一根很长的弦线上传播,其表达式为

$$y_1 = 6.0\times10^{-2}\cos\pi(x-40t)/2\ (\text{SI}),\qquad y_2 = 6.0\times10^{-2}\cos\pi(x+40t)/2\ (\text{SI})$$

则合成波的表达式为____________________;在 $x = 0$ 至 $x = 10.0\text{m}$ 内波节的位置是__________;波腹的位置是__________。

三、计算题

1. 质量为 2kg 的质点,按振动方程 $x=0.2\sin[5t-(\pi/6)]$ (SI)沿着 x 轴振动。求:(1) $t=0$ 时,作用于质点的力的大小;(2) 作用于质点的力的最大值和此时质点的位置。

2. 如图 P8-9 所示,一平面波在介质中以波速 $u = 20$ m/s 沿 x 轴负方向传播,已知 A 点的振动方程为 $y=3\times10^{-2}\cos4\pi t$ (SI)。(1) 以 A 点为坐标原点写出波的表达式;(2) 以距 A 点 5m 处的 B 点为坐标原点,写出波的表达式。

3. 如图 P8-10 所示,一简谐波向 x 轴正方向传播,波速 $u = 500\text{m/s}$,$x_0 = 1\text{m}$, P 点的振动方程为 $y=0.03\cos\left(500\pi t-\frac{1}{2}\pi\right)$ (SI)。(1) 按图 P8-10 所示坐标系,写出相应的波的表达式;(2) 在图上画出 $t = 0$ 时刻的波形曲线。

4. 一平面简谐波沿 x 轴正方向传播,其振幅和角频率分别为 A 和 ω,波速为 u,设 $t = 0$ 时的波形曲线如图 P8-11 所示。

(1) 写出此波的表达式;

(2) 求距 O 点分别为 $\lambda/8$ 和 $3\lambda/8$ 两处质点的振动方程;

(3) 求距 O 点分别为 $\lambda/8$ 和 $3\lambda/8$ 两处质点在 $t = 0$ 时的振动速度。

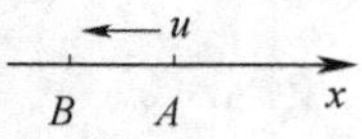

图 P8-9

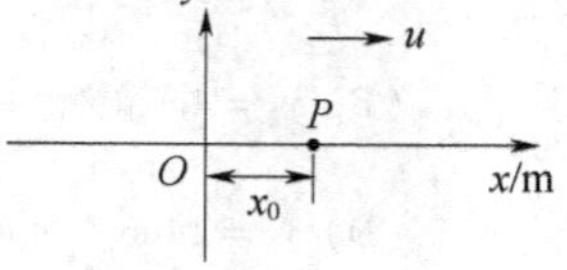

图 P8-10

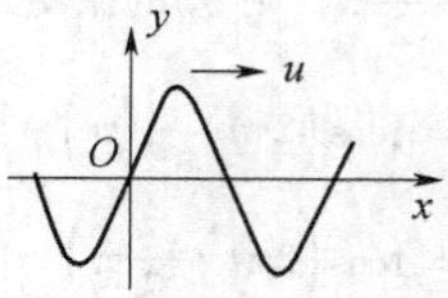

图 P8-11

5. 一横波的波方程为 $y=0.5\cos(10\pi t-\pi x)$ (SI)。求波的振幅、频率、波速、波长;画出 $t=1\text{s}$ 和 $t=2\text{s}$ 的波形。

第 9 章　波动光学

波动基本分三类：第一类是机械振动在弹性介质里激起的机械波，又称弹性波；第二类是电磁波，由电磁振荡所激起的变化的电磁场在空间的传播，没有介质也能传播，这种变化的电场和磁场连续激发，由近及远，形成电磁波；第三类是与物质（如实物粒子）缔结在一起的波，称作物质波，又称德布罗意波。

1865 年，英国物理学家麦克斯韦把光现象和电磁现象联系起来，创造性地提出"光是频率介于某一范围之内的电磁波"。光的本质就是一种电磁波。

20 余年后，德国物理学家赫兹，又从实验上证实了电磁波与光波有类似的性质，如反射、干涉、衍射、偏振等，并测出电磁场在真空中传播的速度等于真空中的光速。

关于光的本性，今天已经认识到，光具有波粒二象性。以光的波动性质为基础，研究光的传播及其规律的光学称为波动光学。而研究光的粒子性一面的又称为量子光学。

9.1　电磁波的波动方程

9.1.1　电磁波的特性

1. 电磁波的波动方程

定性地说，由一列沿 x 轴方向传播的平面机械谐波的波动方程的微分式(8-36)：

$$\frac{\partial^2 y}{\partial x^2}=\frac{1}{u^2}\frac{\partial^2 y}{\partial t^2}$$

可以对照写出沿 x 轴传播的平面电磁波的电矢量和磁矢量也满足

$$\frac{\partial^2 \boldsymbol{E}}{\partial x^2}=\frac{1}{u^2}\frac{\partial^2 \boldsymbol{E}}{\partial t^2},\quad \frac{\partial^2 \boldsymbol{H}}{\partial x^2}=\frac{1}{u^2}\frac{\partial^2 \boldsymbol{H}}{\partial t^2} \tag{9-1}$$

电场和磁场一般说来，既是时间的函数又是空间的函数，由麦克斯韦方程组的微分形式入手，可以得到

$$\frac{\partial^2 E_y}{\partial x^2}=\varepsilon\mu\frac{\partial^2 E_y}{\partial t^2},\quad \frac{\partial^2 H_z}{\partial x^2}=\varepsilon\mu\frac{\partial^2 H_z}{\partial t^2} \tag{9-2}$$

上式的一个特解便是沿 x 轴传播的平面简谐波波动方程。设波源初位相为零，可得

$$E_y=E_{y0}\cos\omega\left(t-\frac{x}{u}\right),\quad H_z=H_{z0}\cos\omega\left(t-\frac{x}{u}\right) \tag{9-3}$$

2. 电磁波的主要特性

（1）电磁波在介质中的传播速度。比较式(9-1)和式(9-2)可得

$$\varepsilon\mu=1/u^2$$

即

$$u=1/\sqrt{\varepsilon\mu} \tag{9-4}$$

而电磁波在真空中传播时

$$c = 1/\sqrt{\varepsilon_0 \mu_0} \tag{9-5}$$

式中,$\varepsilon_0 = 8.85 \times 10^{-12}(\mathrm{C/(N \cdot m^2)})$,$\mu_0 = 4\pi \times 10^{-7}(\mathrm{N/A^2})$。因此,介质的折射率为

$$n = c/u = \sqrt{\varepsilon\mu}/\sqrt{\varepsilon_0\mu_0} = \sqrt{\varepsilon_r \mu_r} \tag{9-6}$$

(2) 电磁波是横波。$\boldsymbol{E}$ 的振动方向、$\boldsymbol{H}$ 的振动方向和波的传播速度 $\boldsymbol{u}$ 方向三者相垂直,波速 $\boldsymbol{u}$ 沿 $\boldsymbol{E} \times \boldsymbol{H}$ 的方向,如图 9-1 所示。电场强度和磁场强度做相位相同的变化,某时刻某点的电场强度最大时,磁场强度也为最大,另一时刻某点的电场强度为零,磁场强度也为零,两者变化的步调一致。E 和 H 在量值上的关系有

$$\sqrt{\varepsilon}E = \sqrt{\mu}H$$

$$\varepsilon E^2 = \mu H^2 \tag{9-7}$$

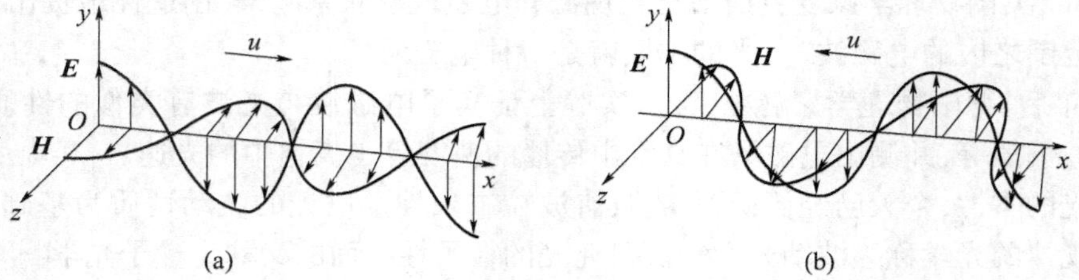

图 9-1 电磁波是横波

(3) 沿给定方向传播的电磁波,电矢量 $\boldsymbol{E}$ 和磁矢量 $\boldsymbol{H}$ 分别在各自的平面上振动,这一特性称为电磁波的偏振性。

9.1.2 电磁波的能量和动量

1. 坡印廷矢量

电磁波是变化的电磁场的传播,而电磁场是具有能量的。所以,随着电磁波的传播,必然有电磁能量的传播。电场和磁场的能量密度分别为

$$w_e = \frac{1}{2}\varepsilon E^2, \qquad w_m = \frac{1}{2}\mu H^2$$

所以,电磁场总的能量密度为

$$w = w_e + w_m = \frac{1}{2}(\varepsilon E^2 + \mu H^2)$$

这能量随着电磁场的传播而形成了能流,其能流密度为

$$S = wu = \frac{1}{2}(\varepsilon E^2 + \mu H^2)\frac{1}{\sqrt{\varepsilon\mu}}$$

利用式(9-7)可得 $\qquad S = E \times H$

因为 $\boldsymbol{E}$、$\boldsymbol{H}$ 与 $\boldsymbol{u}$ 三者构成右手螺旋系统,而 $\boldsymbol{S}$ 又与 $\boldsymbol{u}$ 传播方向相同,故上式可写作矢量形式,$\boldsymbol{S}$ 称作坡印廷矢量

$$\boldsymbol{S} = \boldsymbol{E} \times \boldsymbol{H} \tag{9-8}$$

2. 电磁波的动量

电磁波不仅有能量,而且也具有动量。对真空中的电磁波,设在空间某点处,单位体积中的电磁能量为 w,真空电磁波速为 c,所以单位体积中电磁场的动量为 w/c。

而真空电磁波的辐射强度(即能流密度)$S = wc$,所以,单位时间通过垂直于传播方向单位面积的电磁波动量流密度为 S/c^2

因此,单位面积所受的辐射压力称为辐射压强(也称光压)。日常生活中电磁辐射压力很弱,不容易测到,但在天文观测上,它的作用就较明显。例如,彗星的尾巴始终背离太阳向外甩去,就是受到太阳辐射压力的作用。

9.1.3 电磁波谱

从无线电波到光波,从 X 射线到 γ 射线,都属于电磁波的范畴。因为真空中 $\nu\lambda = c$,所以,频率不同的电磁波在真空中具有不同的波长。频率越高,对应的波长就越短,如图 9-2 所示。

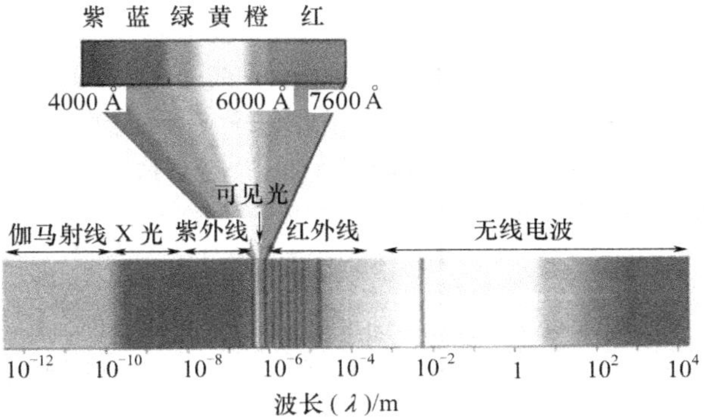

图 9-2 电磁波谱

按照频率(或波长)的顺序把这些电磁波排列起来,就成了一个电磁波谱。各种电磁波的本质相同,只是频率(或波长)不同而呈现不同的特性。$\nu\lambda_n = u$,λ_n、u 分别为电磁波在介质中的波长和波速。

可见光的波长范围为 $3.9 \times 10^{-7} \sim 7.6 \times 10^{-7}$ m,或频率为 $3.9 \times 10^{14} \sim 7.6 \times 10^{14}$ Hz,一般认为波长在 400 ~ 760nm 之间能引起人的视觉。利用光的反射原理制成的万花筒能成像(见彩色插图 1)。而整个光学区(从紫外线到红外线)的波长范围为 $10^{-9} \sim 10^{-3}$ m。

X 射线(伦琴射线)有医学上的应用,波长范围为 $10^{-12} \sim 10^{-9}$ m。1895 年 11 月 8 日,德国物理学家伦琴发现了他称为 X 光的射线,那天晚上他让妻子将手放在射线源和底片之间,结果照相底片经显影以后,他看到了他妻子手的照片,甚至手上戴的一只戒指,这是世界上"第一张 X 光照片"。后来他获得了 1901 年的诺贝尔物理学奖。

波长更短的有 γ 射线,许多放射性同位素都发射 γ 射线。

9.2 光源和光波的叠加

9.2.1 普通光源的发光特点

1. 波列

能够发光的物体称为光源。各种光源的激发方式不同,辐射机制也不相同。一个原子每一次发光只能发出一段长度有限、频率一定、振动方向一定的光辐射，这一列光波即称为波列，如图 9-3 所示。

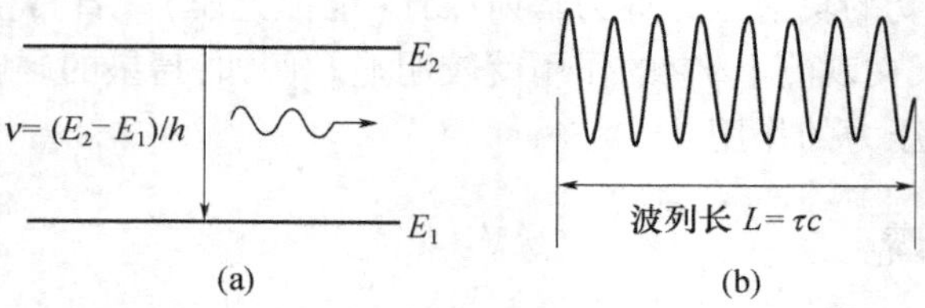

图 9-3　波列

对于构成实际光源的大量原子或分子，它们发射的波列是各自独立的，也是随机的，彼此没有关联。

2. 光的单色性

将具有一定频率的光称为单色光。光源中一个原子或分子在某一瞬时所发出的光具有一定的频率，也是单色的。但是普通光源中有大量原子或分子，所发出的光就具有各种不同的频率。

利用棱镜、狭缝或某些具有选择性的吸收性能的物质制成的滤光片，可以获得单色光，在激光出现之前，氪灯（Kr^{86}）被认为是最好的单色光源，优于钠灯和汞灯，但这些单色光的单色性都不是最理想的。

3. 光的相干性

由两个频率相同、振动方向相同、相位相同（或相位差恒定）的相干波源发出的波，称为相干波。

对于机械波，相干条件比较容易满足，如水波的干涉。至于光波，发光机理比较复杂，如上所述，在同一时刻实际光源各原子或分子发出的光，即使频率相同，但振动方向和相位都是无规则性的，因而不能构成相干光源。这就是两个钠单色灯源不能随意在墙壁上产生干涉条纹的原因。

9.2.2　光的相干条件

欲使光波满足相干条件，一个最好的方法，即所谓"自身干涉"，就是将同一光源发出的光分成两束，然后再使它们相遇，就能实现干涉。

由光波的相干条件：频率相同、振动方向相同（或相近）、相位相同或相位差恒定的光源所发出的光波才能产生干涉，会在相干区域形成一种稳定的空间分布，即空间某些点处光振动始终加强，而另一些点处光振动始终减弱，这种现象称为光的干涉现象。满足相干条件的光波在空间相遇，对于空间不同的点，有着不同的恒定的相位差，也就存在着恒定的波程差。因而，在空间某些点处，振动始终加强形成明纹；而在另一些点处，振动始终减弱或完全抵消形成暗纹。

1. 波面分割法

如图 9-4 所示，光源 S 通过小孔可视作点光源，S_1 和 S_2 可视为发出子波的新波源，它们都来自光源 S 的同一波面。如 S_1 和 S_2 关于光轴对称，即使 S 发出新的波列，相位发生变化，但是子波 S_1 和 S_2 的相位也同样变化，这样在后面的空间某点相遇，它们的相位差也保持恒定，即满足光波的相干条件。这种将一个点光源的波面分割为两束光，以获得相干光的方法，称为波面分割法或分波面法。著名的杨氏双缝干涉实验就属于分波面法。

利用分波面法获得相干光的实验还有菲涅耳双镜实验和洛埃镜实验。

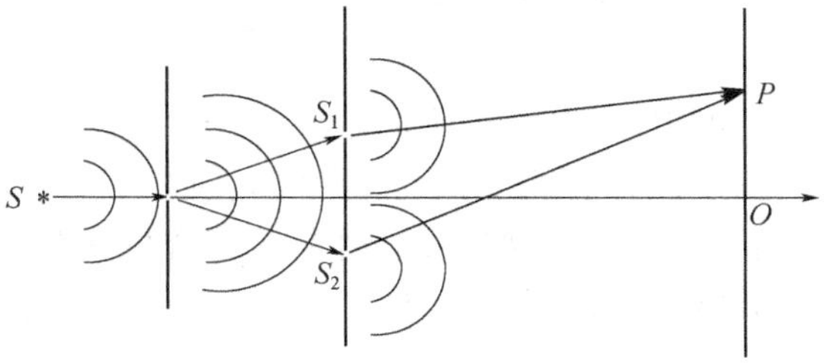

图 9-4　波面分割法

2. 振幅分割法

利用薄膜界面的反射和折射，将光波光矢量的振幅分为两部分，以获得相干光的方法，如劈尖的等厚干涉和迈克耳孙干涉。

3. 光的干涉光强分布

沿 x 方向传播的平面简谐波的波动方程可用式(9-3)表示。大量实验证明，对人眼或感光仪器起作用的主要是电矢量 $\boldsymbol{E}$。因此，将 $\boldsymbol{E}$ 称作光矢量，光矢量的振动称为光振动。显然 $I \propto E^2$。

设 S_1 和 S_2 为两个同频率的单色光源，振动方向相同，在空间某点 P 相遇

$$E_1 = E_{10}\cos(\omega t + \varphi_1)$$

$$E_2 = E_{20}\cos(\omega t + \varphi_2)$$

则合成的光矢量为

$$E = E_0\cos(\omega t + \varphi) \tag{9-9}$$

其中

$$E_0^2 = E_{10}^2 + E_{20}^2 + 2E_{10}E_{20}\cos\Delta\varphi \tag{9-10}$$

(1) 如果相位差 $\Delta\varphi$ 不恒定，有 $\Delta\varphi = f(t)$，是随时间变化的，则在一个周期内 $\cos\Delta\varphi$ 的积分为零，即

$$\overline{\cos\Delta\varphi} = \frac{1}{T}\int_0^T \cos\Delta\varphi = 0$$

则式(9-10)为

$$E_0^2 = E_{10}^2 + E_{20}^2$$

即

$$I = I_1 + I_2 \tag{9-11}$$

表明两束光相遇后光强等于两束光分别照射时的光强之和，称为非相干叠加(红、绿、蓝三色光的非相干叠加见彩色插图 2)。

(2) 当两束光有恒定的相位差时，相位差 $\Delta\varphi$ 与时间无关，则两束光相遇后光强由 $\Delta\varphi$ 决定，称为相干叠加。为简便，假设两束光 $E_{10} = E_{20}$，由式(9-10)则有

$$E_0^2 = 2E_{10}^2(1 + \cos\Delta\varphi) = 4E_{10}^2\cos^2\frac{\Delta\varphi}{2}$$

即可写作

$$I = 4I_1\cos^2\frac{\Delta\varphi}{2} \tag{9-12}$$

(3) 当 $\Delta\varphi = 2k\pi\ (k = 0, \pm1, \pm2, \cdots)$ 时，有最大光强 $I = 4I_1$，即形成明纹。

(4) 当 $\Delta\varphi = (2k+1)\pi\ (k = 0, \pm1, \pm2, \cdots)$ 时，有最小光强 $I = 0$，即形成暗纹。

这种干涉现象的光强分布如图 9-5 所示。

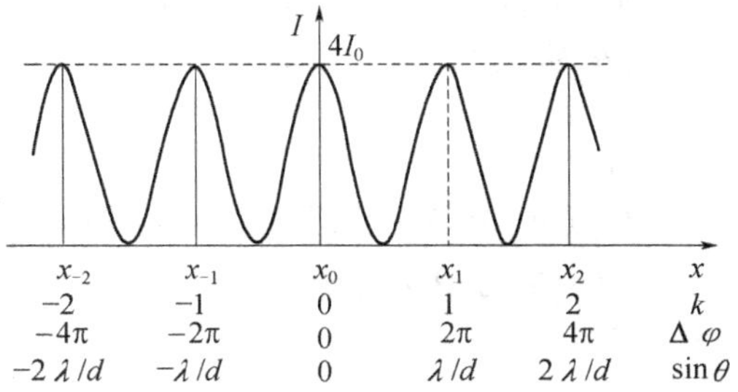

图 9-5　干涉的光强分布

9.3 分波面干涉

由于原子或分子发光的间歇性,同时,大量原子或分子发光的各自独立性,它们的频率、振动方向和位相不能保持恒定,所以来自两个独立光源的光波并不能满足相干条件,即使是相同颜色的两个独立光源。然而,可以利用某些方法,将同一光源发出的光分成两束,当这两束光在空间经不同路径相遇时,就能够实现光的干涉。

9.3.1 杨氏双缝实验

如图 9-6 所示,在单色平行光前放置一狭缝 S,S_1 和 S_2 是两条与狭缝 S 平行且等距的狭缝。两缝间距在 10^{-1}mm 量级。这时 S_1 和 S_2 构成一对相干光源,因为它们分自同一波面,从光源所分出的这两束光的相位总是同时地做相应的变化。因此,从 S_1 和 S_2 发出的光在空间的叠加满足相干条件,产生干涉。如果在 S_1 和 S_2 后面放置屏幕(与双缝相距为米量级),这样在屏幕上将出现一系列明暗相间的稳定的干涉条纹。

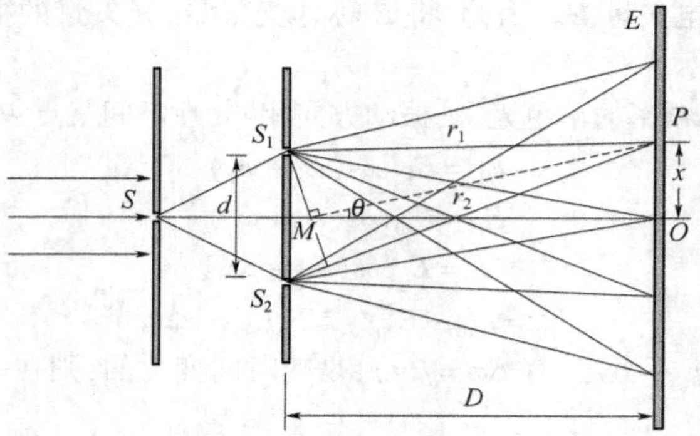

图 9-6 杨氏双缝干涉实验

9.3.2 干涉条纹的明暗条件

设相干光源 S_1 和 S_2 之间距离为 d,双缝到屏幕的距离为 D,在屏幕上距离光轴不远的地方任取一点 P,过 S_1 作 MP 的垂线,$S_1P = r_1$,$S_2P = r_2$。所以,从 S_1 和 S_2 所发出的光到达 P 点的波程差为

$$\Delta r = r_2 - r_1 = d\sin\theta$$

在 θ 角很小的情况下,满足旁轴近似条件($d \ll D$),即观察到的干涉条纹距光轴较近,有 $\sin\theta \approx \tan\theta$,所以

$$\Delta r = r_2 - r_1 = d\tan\theta = d\frac{x}{D} \tag{9-13}$$

那么在 P 点处,究竟是出现明条纹还是暗条纹,则由 x 位置决定。

1. 波的干涉相长条件

$$r_2 - r_1 = d\frac{x}{D} = \pm k\lambda$$

$$x = \pm k\frac{D}{d}\lambda \quad (k = 0, 1, 2, \cdots) \tag{9-14}$$

即 x 满足上述条件，则 P 点为一亮点，因而在屏幕上是一条通过 P 点的明条纹。

（1）在 O 点，相应于 $x=0$，$\Delta r=0$，称零级明条纹或中央明纹；

（2）在 O 点两侧，$x=\pm\frac{D}{d}\lambda$，$\pm 2\frac{D}{d}\lambda$，…分别对应屏幕上第一级、第二级、……明条纹的中心，且对称分布。

2. 波的干涉相消条件

$$r_2-r_1=d\frac{x}{D}=\pm(2k-1)\frac{\lambda}{2}$$

$$x=\pm(2k-1)\frac{D}{d}\cdot\frac{\lambda}{2}\ (k=1,2,3,\cdots) \tag{9-15}$$

若 x 满足上述条件，则 P 点为一暗点，因而在屏幕上是一条通过 P 点的暗条纹。

（1）$x=\pm\frac{D}{d}\cdot\frac{\lambda}{2}$，$\pm 3\frac{D}{d}\cdot\frac{\lambda}{2}$，…分别对应屏幕上第一级、第二级，……暗条纹的中心，也呈对称分布；

（2）注意此处用了 $(2k-1)$ 而不是 $(2k+1)$，因为 $(2k+1)$ 当 $k=0$ 时，对应 ± 1 级暗条纹，不方便叙述。

3. 条纹间距

由式(9-14)两边取微分，取 $\Delta k=1$，可得相邻明纹（或两相邻暗纹）之间的距离

$$\Delta x=\Delta k\frac{D}{d}\lambda=\frac{D}{d}\lambda \tag{9-16}$$

所以，干涉条纹是等间距的，且关于光轴呈对称分布，为明暗相间的平行直条纹。

4. 讨论

（1）若 D 与 d 为定值，则 $\Delta x\propto\lambda$，可见，用波长短的紫光做实验所得干涉条纹间距小，用波长长的红光做实验所得干涉条间距大。

（2）采用白光照射双缝时，中央明纹为白色，其余各级条纹由紫到红对称分布并逐渐错开。但能观察的干涉条纹级数很少，因为更高级次的干涉条纹会发生重叠。

（3）托马斯·杨在 1801 年所做的实验正是让白光通过针孔 S，再经小孔 S_1 和 S_2，后人重复此实验时才把针孔改为狭缝，并选用单色光源，以提高条纹亮度。

（4）由式(9-16)可以测定波长 λ。杨氏首先用实验的方法研究了光的干涉现象，还首次成功地测定了光波的波长，为光的波动理论确立了实验基础，有力地支持了惠更斯的“光的波动说”。

5. 一种光纤实现杨氏干涉的实验

利用相干性好的 He-Ne 激光器发出单色光，照射到两根单模光纤中，由于两根光纤的端面在同一平面上，因此两根光纤可同时接收来自同一波面上的光，耦合进入一端，这时另一端相当于两个发光的小圆孔，在相遇区（毛玻璃屏）内产生高清晰度的干涉条纹。可作为演示实验让学生直观形象地看到双孔的干涉图样（见彩色插图 3），局部放大如图 9-7 所示。

图 9-7　光纤干涉图样

9.3.3 菲涅耳双镜实验

由此可见,从普通光源获得相干光的关键,在于将来自同一光源上的同一部位(或点光源)的光,用适当的方法分成两束,当这两束光相遇时,便能产生干涉。

1. 菲涅耳双棱镜实验(1818 年)

由缝光源 S 发出的光,经一个截面为等腰三角形的薄三棱镜折射分为两束光,好像是由虚光源 S_1、S_2 发出。S_1 和 S_2 的距离也很小,因此这两束光是相干光,在相遇区内会产生干涉。如图 9-8 所示,屏幕上可得到干涉条纹。

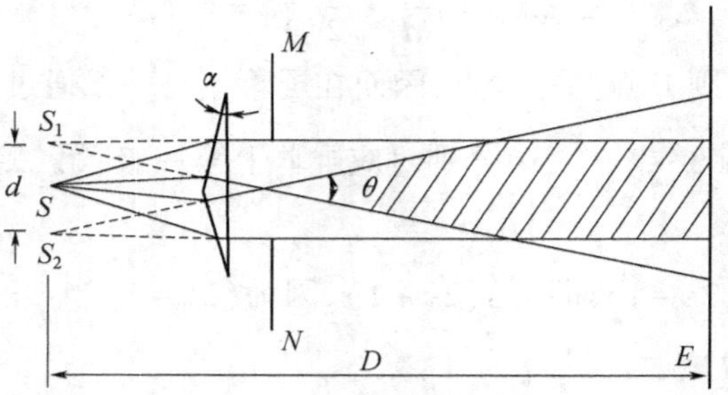

图 9-8　菲涅耳双棱镜

2. 菲涅耳双面镜实验

缝光源 S 发出的光经两个平面镜反射后,因两镜之间夹角很小,好像是从虚光源 S_1 和 S_2 发出的,形成两束相干光,因而在干涉区内的屏幕上出现干涉条纹,如图 9-9 所示(见彩色插图 4)。

3. 劳埃德镜实验

劳埃德镜实验如图 9-10 所示(见彩色插图 5)。S 是一狭缝光源,一部分光线直接射到屏上,另一部分以入射角接近 90°的掠角度入射,经平面镜反射到屏幕上,S'是 S 在镜中的虚像,因此 S 和 S'构成一对相干光源。

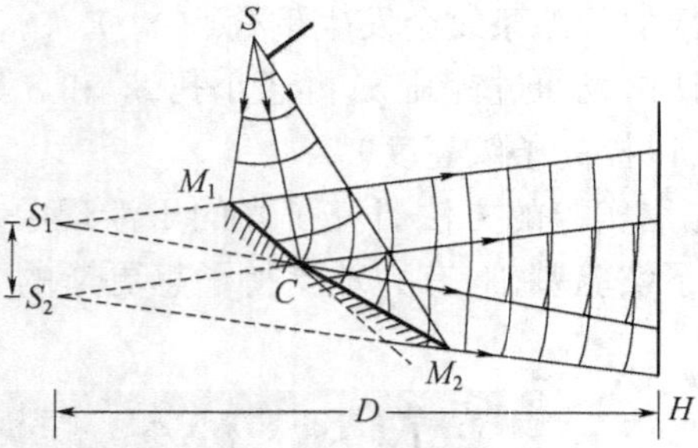

图 9-9　菲涅耳双面镜

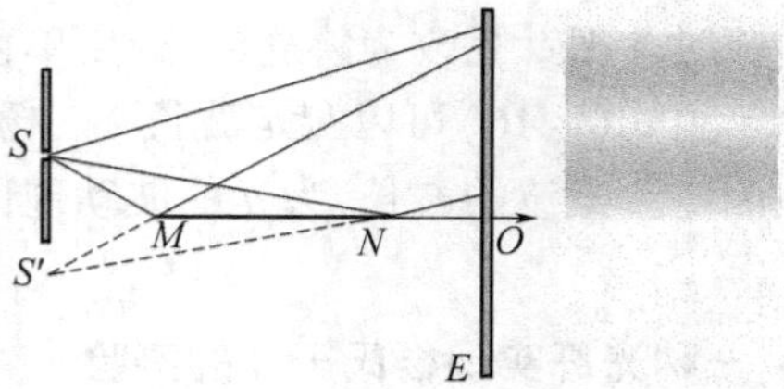

图 9-10　劳埃德镜实验

上述实验中,这些装置所产生的干涉图像,其形成与双缝干涉一样,均属分波面干涉。

4. 半波损失

特别值得注意的是,若将屏幕移到与劳埃德镜端相接触,由 $SN = S'N$,波程差为零(在镜端 N 处),本应为明条纹,但实验结果在接触端却观察到一暗条纹。

这说明,光线从镜面反射后有了量值为 π 的相位突变,相当于在反射时损失了半个波长,这种现象形象化地称为半波损失。

(1) 当遇到光从光疏介质(折射率小)到光密介质(折射率大)界面反射时,应该考虑反射光矢量的振动要发生反向,对应量值为 π 的相位突变,在波程上相差半个波长(真空中),如图 9-11(a)所示,有半波损失。

(2) 当光从光密介质射到光疏介质界面,反射时没有半波损失;当光从一种介质进入另一种介质,折射光任何情况下均没有半波损失,如图 9-11(b)和(c)所示。

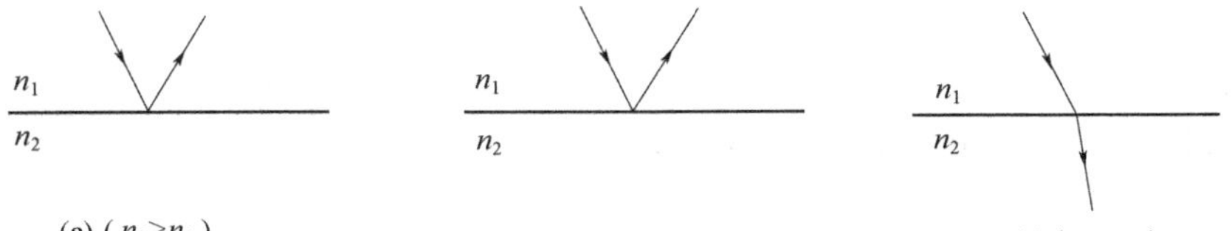

图 9-11　半波损失分析

如果是弹性波,当波从波疏介质传播到波密介质,在分界面处反射时,反射点也出现振幅的最小值,即波节。

例 9-1　在杨氏双缝实验中,用钠光源($\lambda=589\text{nm}$)照射屏幕,屏与双缝的距离 $D=1.2\text{m}$,求:

(1) 若双缝间距 $d=0.6\text{mm}$ 时,所得干涉条纹的间距 Δx 为多少?

(2) 欲使条纹的间距 $\Delta x'$ 在 3mm 以上,双缝间距 d' 必须小于多少毫米?(设 D 和 λ 不变)

解　(1)由式(9-16)
$$\Delta x=\frac{D}{d}\lambda=1.2(\text{mm})$$

(2) 欲使条纹的间距在 3mm 以上,双缝间距最小为
$$d'=\frac{D}{\Delta x'}\lambda=0.24(\text{mm})$$

而且,由式(9-16),在杨氏双缝实验中,已知 D 和 d,若测得干涉条纹的间距 Δx,即可求出所用光源的波长。

例 9-2　在双缝干涉实验中,若单色光源 S 到 S_1 和 S_2 距离相等,则观察屏上中央明纹位于 O 处,如图 9-12 所示。现将光源 S 向下移动到图中 S' 位置,则:

(A) 中央明纹向下移动,且条纹间距不变;

(B) 中央明纹向上移动,且条纹间距不变;

(C) 中央明纹向下移动,且条纹间距增大;

(D) 中央明纹向上移动,且条纹间距增大。

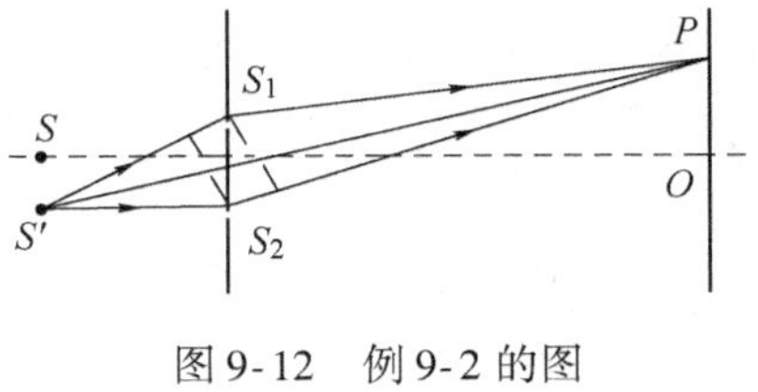

图 9-12　例 9-2 的图

解　正确的为(B)。因为 D、d 和 λ 均不变,则条纹间距不变。只是 $S'S_1P=S'S_2P$,所以中央明纹会向上移动。

9.4　薄 膜 干 涉

在前面讨论的干涉现象中,两相干光束始终在同一介质(如空气)中传播,在叠加时它们的光振动的相位差决定于两相干光的几何路程差。而在薄膜上发生干涉的两束光就不限于在同一介质中传播。因此,为计算光在不同介质中传播时的相位差引入了光程的概念。

9.4.1 光程

1. 光程的定义

根据波长的定义，光波传播一个波长的距离，则其振动相位变化 2π。如果光在真空中传播的几何路程为 L，则相位变化为

$$\Delta\varphi = \frac{2\pi}{\lambda}L \tag{9-17}$$

现在，若光波在介质中传播的几何路程仍为 L，由于

$$\lambda_n = \lambda / n$$

式中，λ_n 为光波在介质中的波长，λ 为光波在真空中的波长，则相位变化为

$$\Delta\varphi = \frac{2\pi}{\lambda_n}L = \frac{2\pi}{\lambda}nL \tag{9-18}$$

如图 9-13 所示，几何路程相同，相位变化却不同（$\Delta\varphi_a \neq \Delta\varphi_b$）。可见，光在介质中传播时，其相位的变化还与介质的折射率 n 有关，是由 nL 决定的。

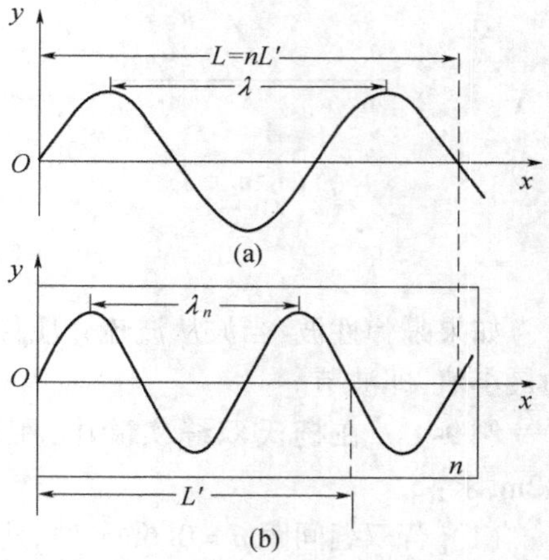

图 9-13　几何路程与相位变化

反过来，就相位变化而言，变化相同的相位差，光在介质中通过几何路程为 L'，相当于光在真空中通过几何路程 nL'。如图 9-13 所示，相位变化相同，光在介质中和真空中通过的几何路程并不同（$L \neq L'$）。因而将光程定义为介质折射率与几何路程的乘积。所以，光波在介质中传播时，除考虑几何路程，还要考虑不同介质的折射率。当光通过多种介质时，显然总光程为

$$L = n_1 d_1 + n_2 d_2 + \cdots + n_m d_m = \sum_{i=1}^{m}(n_i d_i)$$

2. 光程差与相位差的关系

如图 9-14 所示，同相位的两相干光源 S_1 和 S_2 发出的相干光束，在与 S_1 和 S_2 的距离分别为 r_1 和 r_2 的 P 点相遇，一束经过空气（$n \approx 1$），另一束经过一段折射率为 n、厚度为 d 的透明介质，显然两束光的几何路程均未变化，但 S_1 和 S_2 传到 P 点的光程却不同。

光束 1 的光程为 r_1，光束 2 的光程为 $(r_2 - d) + nd$。所以，两束光的光程差为

$$\delta = (r_2 - d) + nd - r_1 = (n-1)d + (r_2 - r_1)$$

由式(9-18)，光程差与相位差的关系为

$$\Delta\varphi = \frac{2\pi}{\lambda}\delta \tag{9-19}$$

式中，λ 为光在真空中的波长。

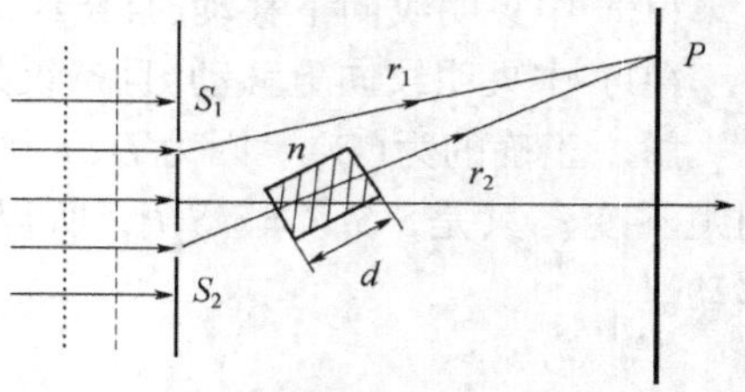

图 9-14　光程差与相位差的关系

可见，如果光程差为几个波长 λ，相位差就为几个 2π，对干涉起决定作用的是光程差而不是几何路程之差。

(1) 用光程差表示干涉相长条件：当 $\Delta\varphi = \pm 2k\pi$ 时，有 $\delta = \pm k\lambda$（$k = 0, 1, 2, \cdots$），为干涉加强。

(2) 用光程差表示干涉相消条件：当 $\Delta\varphi = \pm(2k+1)\pi$ 时，有 $\delta = \pm(2k+1)\lambda/2$ ($k=0$，1，2，…)，为干涉减弱。

(3) 讨论：

① 如果光经过几种不同的介质，可先计算光程，即折算为光在真空中传播的路程，再计算相位的变化。

② 两光波经过相同光程，因相位变化相同，故所用时间相等；但并不说明两束光经过相同几何路程，时间就相等。后面讨论光在介质中传播时，要用光程差表示干涉相长（或相消）条件。

3. 透镜的等光程性

在观察光的干涉现象或衍射现象时，透镜是常用的光学元件，透镜的使用可改变光的传播路径、方向等情况，但对各光线是否会造成附加光程差呢？一束平行光经过透镜会聚于一点，因相位相同，相互加强而产生亮点，并没有因透镜的存在而产生附加光程差。如图 9-15 所示，虽然光线 aF 的几何路程比 bF 长，但光线 bF 在透镜内经过的几何路程比 aF 长，透镜折射率 $n>1$，因此，折算成光程后，光线 aF 与 bF 的光程相等。对入射光波为球面波，或对斜入射情况，可同理解释，所以，使用球面透镜不会产生附加光程差。

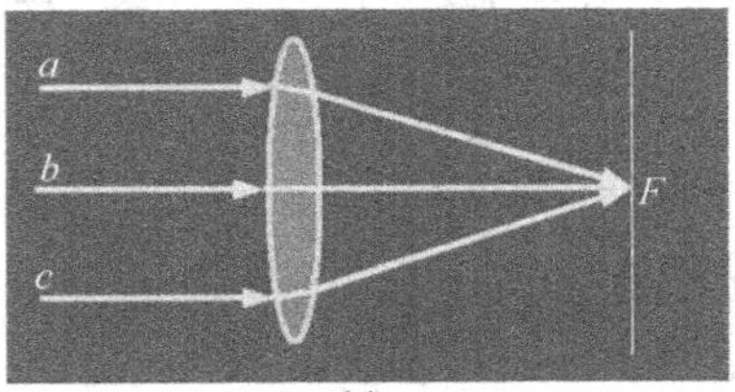

(a)

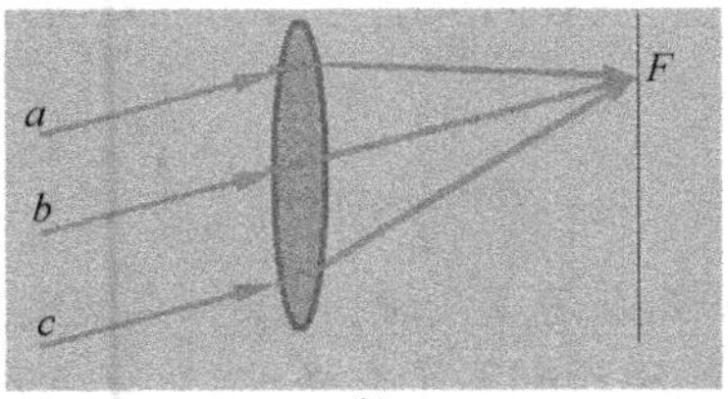

(b)

图 9-15 透镜不产生附加光程差

例 9-3 双缝实验装置的一个缝被折射率 $n=1.52$ 的透明片所遮住，在透明片插入后，屏上原来的中央明纹处现被第五级明纹所占据，设入射波长 $\lambda=589\text{nm}$，求该透明片的厚度 d。

解 光程差 $$\delta = [(r_2-d)+nd]-r_1=5\lambda$$
因为在原中央明纹处 $r_2=r_1$，所以
$$\delta=(n-1)d=5\lambda$$
代入已知数据，解得 $d=5.66\times10^{-6}\text{m}$。

9.4.2 等倾干涉

1. 分振幅法

薄膜干涉是将入射光的振幅分为两个部分后相遇而形成的。光入射到透明介质薄膜上，如肥皂膜、水表面的油膜、金属表面氧化膜等，其表面显现的薄膜色均是由薄膜干涉引起的。设在折射率为 n_1 的介质中，有一厚度为 e、折射率为 n_2 的介质薄膜，当点光源发出的单色光入射到界面 A 处时，要发生反射和折射，由图 9-16 中所示的几何关系容易判断，这两束光 1 和 2 是平行的，并且都来自同一光源，属于相干光。这两束光进入人眼或会聚到屏幕上，将有一定的光程差。考虑到入射光在 A 点的反射有半波损失，而折射光线在介质 n_2（设 $n_2>n_1$）下表面 C 点的反射没有半波损失，所以光束 1 和 2 的光程差为
$$\delta=n_2(AC+CB)-n_1AD+\frac{\lambda}{2}=2n_2\frac{e}{\cos r}-n_1AB\sin i+\frac{\lambda}{2}$$

因为 $AB\sin i = 2e\tan\gamma\sin i$

且由折射定律可知 $n_1\sin i = n_2\sin\gamma$

代入上式,可得
$$\delta = 2n_2\frac{e}{\cos\gamma} - 2n_1 e\tan\gamma\sin i + \frac{\lambda}{2}$$
$$= 2n_2\frac{e}{\cos\gamma}(1-\sin^2\gamma) + \frac{\lambda}{2}$$
$$= 2n_2 e\cos\gamma + \frac{\lambda}{2}$$

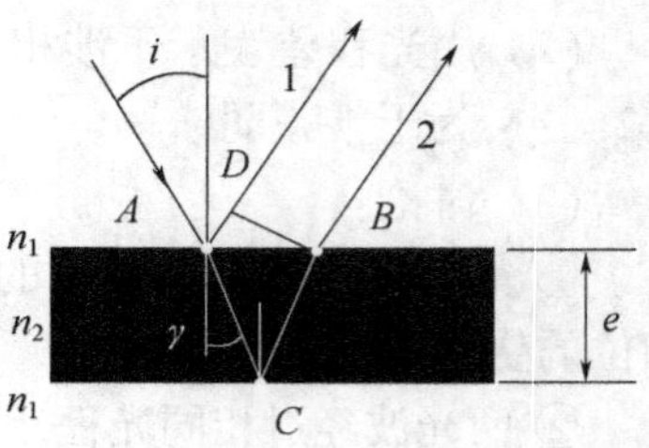

图 9-16 等倾干涉

或写成
$$\delta = 2e\sqrt{n_2^2 - n_1^2\sin^2 i} + \frac{\lambda}{2}$$

2. 反射光干涉的明暗条件

若薄膜的上、下表面反射光的光程差为波长的整数倍(或半波长的偶数倍),则反射光的干涉相长,下式即为明纹条件:

$$\delta = 2n_2 e\cos\gamma + \frac{\lambda}{2} = \pm k\lambda \ (k = 1,2,3,\cdots) \qquad (9\text{-}20)$$

若薄膜的上、下表面反射光的光程差满足半波长的奇数倍,则反射光的干涉相消,下式即为暗纹条件:

$$\delta = 2n_2 e\cos\gamma + \frac{\lambda}{2} = \pm(2k+1)\frac{\lambda}{2} \ (k = 1,2,3,\cdots) \qquad (9\text{-}21)$$

说明:(1) 如果是点光源,在某一方向上只看到亮点和暗点。如果是面光源,对单色光,薄膜表面将出现明暗相间的干涉条纹;对复色光,薄膜表面将出现彩色条纹。

(2) 对厚度均匀的平面薄膜,光程差随光线的入射倾角(i)而改变。这样,不同的干涉明条纹和暗条纹,相应地具有不同的入射倾角。因此,这种干涉条纹叫作等倾干涉条纹。条纹的形状是一组同心圆环,由式(9-20)及其微分式可以判断圆条纹“里疏外密”,干涉级次显然“里高外低”。钠黄光的法布里-珀罗多光束干涉见彩色插图 9。

3. 透射光的干涉

入射到薄膜上的光,不仅有两表面分成的反射光 A' 和 B',而且还分成透射光 C' 和 D',如图 9-17 所示。C' 和 D' 显然也是相干光,只是因为 $n_2 > n_1$,没有附加的光程差。所以,透射光干涉明纹和暗纹条件分别为:

$$\delta = 2n_2 e\cos\gamma = \pm k\lambda \ (k = 1,2,3,\cdots) \qquad (9\text{-}22a)$$

$$\delta = 2n_2 e\cos\gamma = \pm(2k+1)\frac{\lambda}{2} \ (k = 1,2,3,\cdots) \qquad (9\text{-}22b)$$

可见,当反射光相互加强时,透射光将相互减弱;当反射光相互减弱时,透射光将相互加强。透射光的干涉条纹与反射光的干涉条纹明、暗相反,形成互补。由于 C' 和 D' 的振幅(对应光强度)相差很大,透射光干涉的条纹对比度却很低。

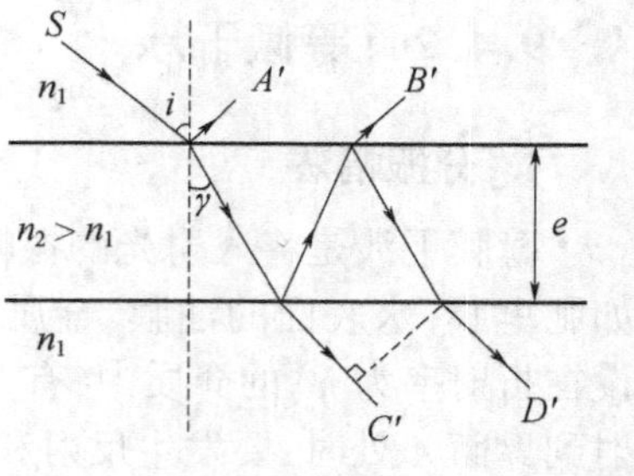

图 9-17

9.4.3 等厚干涉

1. 劈尖的干涉

如图 9-18 所示,薄片或细丝将两块光学玻璃片的一端垫起,形成一个空气劈尖($n \approx 1$),

两玻璃片的交线即为棱边。因薄片厚度或细丝直径很小,故空气劈尖的楔角 θ 很小,一般在零点几度或 10^{-3} 弧度量级。当平行单色光垂直入射($i=0$)时,在空气劈尖上下表面的反射光即为相干光。设在入射点 A 处对应的厚度为 e,考虑入射光从空气劈尖的上表面反射无半波损失,而从空气劈尖的下表面反射却有半波损失。所以反射光的明纹条件为

$$\delta = 2e + \frac{\lambda}{2} = \pm k\lambda \ (k=1,2,3,\cdots) \tag{9-23a}$$

暗纹条件为

$$\delta = 2e + \frac{\lambda}{2} = \pm(2k+1)\frac{\lambda}{2} \ (k=0,1,2,\cdots) \tag{9-23b}$$

式(9-23)表明,凡是劈形膜上厚度相等的地方,两相干光的光程差均一样。因此,劈尖的干涉条纹是一系列平行于劈形膜棱边的明暗相间的等间距直条纹,称为等厚条纹,这类干涉又称等厚干涉,对应空气膜厚度相等的地方,即形成同一级干涉条纹,如图 9-19 所示。

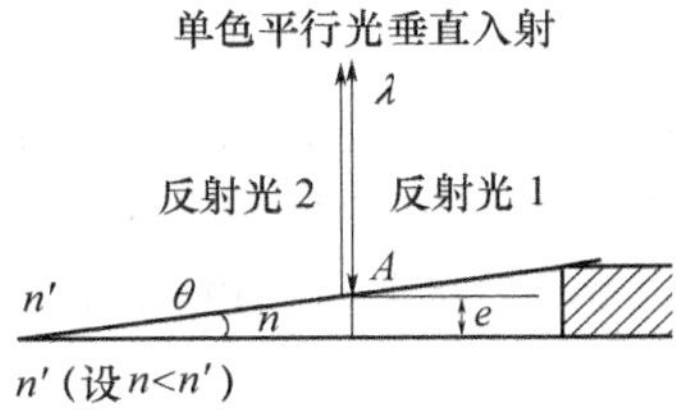

图 9-18 劈尖的干涉

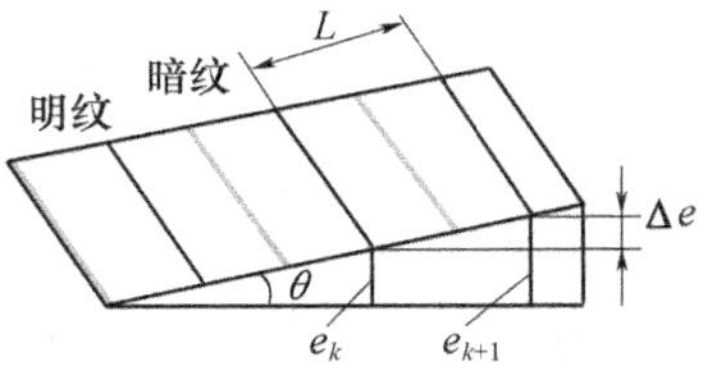

图 9-19 等厚干涉条纹

(1) 条纹间距

如图 9-19 所示,劈尖干涉两相邻明纹(或暗纹)在膜表面的间距为

$$L = \Delta e/\sin\theta$$

式中,Δe 为相邻明纹(或暗纹)对应的厚度差。

对 k 级暗纹: $2e_k + \lambda/2 = (2k+1)\lambda/2$

对 $k+1$ 级暗纹: $2e_{k+1} + \lambda/2 = [2(k+1)+1]\lambda/2$

两式相减可得

$$\Delta e = (e_{k+1} - e_k) = \lambda/2 \tag{9-24}$$

则

$$L = \frac{\Delta e}{\sin\theta} = \frac{\lambda}{2\sin\theta} \approx \frac{\lambda}{2\theta} \tag{9-25}$$

(2) 讨论

① 用某一单色光入射,λ 一定时,条纹间距 L 与劈尖角 θ 成反比。显然,θ 越小,L 越大,干涉条纹越稀疏;θ 越大,则干涉条纹越密。

② 在两玻璃片相接触的棱边处,$e=0$,则由式(9-23b),$\delta=\lambda/2$,即满足暗纹条件,实验结果正是这样,这也是"半波损失"的又一有力证据。

③ 对玻璃等介质劈尖(折射率为 n),当光垂直入射时,上、下表面反射光的光程差为

$$\delta = 2ne + \lambda/2$$

所形成的等厚条纹间距为

$$L = \frac{\Delta e}{\sin\theta} = \frac{\lambda_n}{2\sin\theta} \approx \frac{\lambda}{2n\theta} \tag{9-26}$$

(3) 劈尖干涉的应用

① 测量薄片的厚度。用已知波长的平行单色光垂直照射到如图 9-20 所示的劈尖上,由式(9-25)得

$$h = D\tan\theta \approx D\theta = D\frac{\lambda}{2L}$$

测出玻璃片长度 D 和条纹间距 L,即可求出薄片的厚度或细丝直径。

② 利用劈尖的等厚条纹,可检查工件的表面是否平整和有无缺陷,如图 9-21 所示。

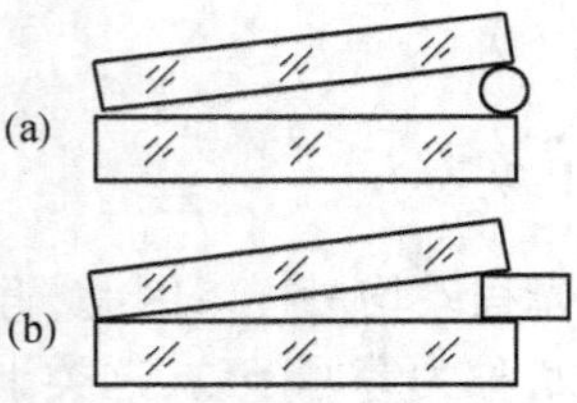

图 9-20　测量细丝或薄片的厚度

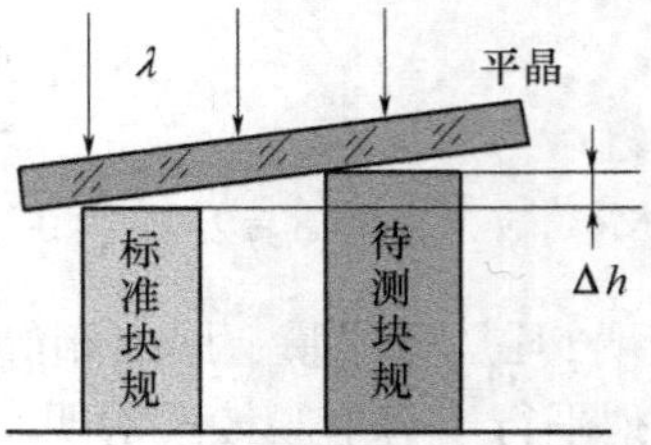

图 9-21　检查工件的表面是否平整和有无缺陷

2. 牛顿环

如图 9-22 所示,在一块光学平晶上,放置一曲率半径很大的平凸透镜,在透镜和平晶间便形成空气膜层。以单色平行光垂直照射,经空气膜上、下表面反射的两束光发生干涉,于是在空气膜的上表面出现一组干涉条纹。这也是一种等厚干涉条纹,并且是以触点为圆心的一组同心圆环,称为牛顿环。彩色牛顿环的投影见彩色插图 6。

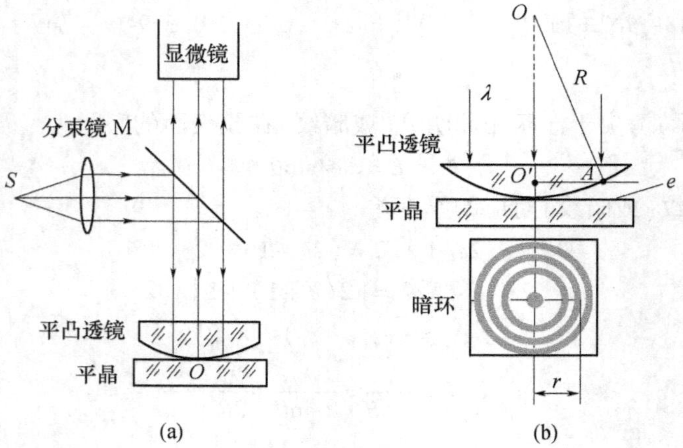

图 9-22　牛顿环

(1) 牛顿环明纹与暗纹的位置

考虑到入射光在膜层的上表面的反射无半波损失,但在下表面的反射有半波损失。设 r 为牛顿环第 k 级圆环的半径,该环对应空气膜厚度为 e,则明环条件为

$$\delta = 2e + \frac{\lambda}{2} = k\lambda \quad (k = 1, 2, 3, \cdots) \tag{9-27a}$$

暗环条件为

$$\delta = 2e + \frac{\lambda}{2} = (2k+1)\frac{\lambda}{2} \quad (k = 0, 1, 2, \cdots) \tag{9-27b}$$

(2) 牛顿环半径公式

在 $\triangle OO'A$ 中　　$r^2 = R^2 - (R-e)^2 = 2Re - e^2$

因为 $R \gg e$,略去 2 阶小项 e^2 后,得 $e = r^2/2R$,代入式(9-27),则明环条件为

$$\delta = \frac{r^2}{R} + \frac{\lambda}{2} = k\lambda \quad (k = 1, 2, 3, \cdots)$$

暗环条件为 $\delta=\frac{r^2}{R}+\frac{\lambda}{2}=(2k+1)\frac{\lambda}{2}\quad(k=0,1,2,\cdots)$

化简得
$$r_k=\sqrt{\left(k-\frac{1}{2}\right)R\lambda}\quad(k=1,2,3,\cdots)\tag{9-28}$$
$$r_k=\sqrt{kR\lambda}\quad(k=0,1,2,\cdots)\tag{9-29}$$
满足式(9-28)为反射光明环半径；满足式(9-29)为反射光暗环半径。

(3) 讨论

① 由式(9-28)和式(9-29)，$r\propto\sqrt{k}$，$\Delta r\propto 1/\sqrt{k}$，所以，随着 k 增大，Δr 减小。即半径越大，对应牛顿环的干涉条纹级次越高，干涉条纹也越密。所以，牛顿环为一组"里低外高"、"里疏外密"的同心圆条纹。

② 在环心，$e=0$，$\delta=\lambda/2$，满足暗纹条件，即为零级暗环(点)。一般情况下在测量显微镜下观察牛顿环，其中心为一暗斑，所以，常用测牛顿环直径的方法测量曲率半径或波长。

以波长为 λ 的平行光垂直照射牛顿环，如测得反射光第 m 级暗环直径为 D_m，第 n 级暗环直径为 D_n，则由式(9-29)，得
$$\left(\frac{1}{2}D_m\right)^2=mR\lambda$$
$$\left(\frac{1}{2}D_n\right)^2=nR\lambda$$
两式相减可得平凸透镜凸面的曲率半径为
$$R=\frac{D_n^2-D_m^2}{4(n-m)\lambda}\tag{9-30}$$
如已知曲率半径 R，也可由上式求波长 λ。

③ 利用牛顿环检查透镜质量，将标准验规(样板)压在待测透镜上，在光照下观察，光圈数越少，透镜与样板差越小。

④ 空气膜变为油膜、水膜等，则波长为 λ_n。

9.4.4 增透膜和增反膜

现代光学仪器中，为了减少入射光在透镜等元件的玻璃表面反射所引起的光能损失，通常在镜面上镀一层厚度均匀的薄膜。如 MgF_2，它的折射率介于玻璃和空气之间，当膜的厚度适当时，可使某种单色光在膜的两个表面上的反射光相消，于是该单色光就几乎不发生反射而透过薄膜。

如图 9-23 所示，光线垂直入射，两界面的反射光束干涉相消。所以，透射光增强，这种膜称单层增透膜。

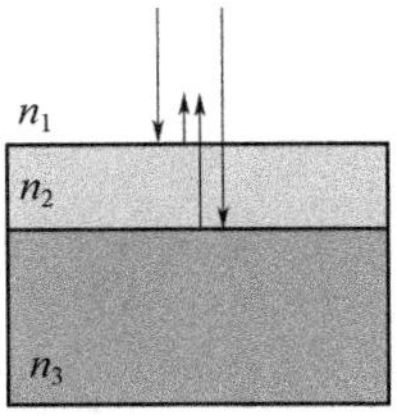

图 9-23 增透膜

对多种镜头，以及现代装饰玻璃等都采用真空镀膜技术。为获得更宽波段的增透效果，可以镀多层增透膜。

例 9-4 已知 $n_1\approx1$，$n_2=1.38$，$n_3=1.52$，波长 $\lambda=550\text{nm}$。为使透射光增强，应镀最小膜厚为多少？

解 注意到上、下表面反射均有半波损失，因此两光线总体上没有附加光程差，反射光最小时应满足下列条件：
$$\delta=2n_2e=(2k+1)\lambda/2\quad(k=0,1,2\cdots)$$

如果镀最小膜厚，$k=0$，则

$$2n_2e=\lambda/2$$

$$e=\lambda/(4n_2)\approx 0.1(\mu m)$$

所以，对 $\lambda=550nm$ 的黄绿光而言，在玻璃上镀 $0.1\mu m$ 厚的 $n_2=1.38$ 的增透膜，能够增加对该波长（黄绿色）光的透射。黄绿光增透了，但偏离此波长的红光和蓝光仍有一定的反射，所以这种镀膜透镜的表面常呈现紫红色。

如果镀增反膜，即选择镀适当厚度的介质膜，以使某色光在膜的两表面反射加强。

例 9-5 在空气中垂直入射的白光从肥皂膜上反射（见图 9-24）。在可见光谱中 6300Å 处有一干涉极大，而在 5250Å 处有一干涉极小，在这极大与极小之间没有另外的极小。假定膜的厚度是均匀的，试问膜的厚度是多少毫米？（肥皂膜折射率 $n=1.33$）

解 由干涉极大和极小的条件有：

$$\begin{cases}2ne+\dfrac{\lambda_1}{2}=k\lambda_1\\ 2ne+\dfrac{\lambda_2}{2}=(2k+1)\dfrac{\lambda_2}{2}\end{cases}$$

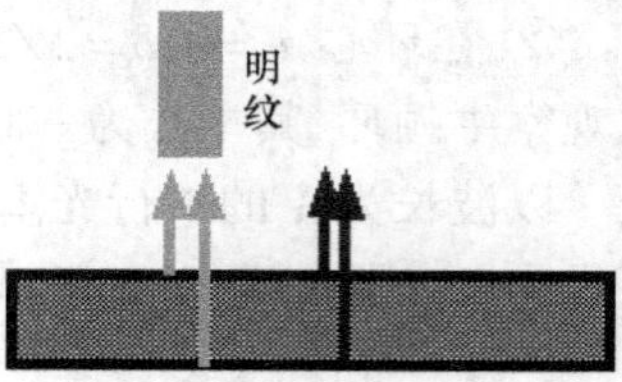

图 9-24 肥皂膜的反射光干涉

代入数据，解得 $k=\dfrac{\lambda_1}{2(\lambda_1-\lambda_2)}=\dfrac{6300}{2(6300-5250)}=3$

代入暗纹公式得 $e=\dfrac{k\lambda_2}{2n}=\dfrac{3\times 5250}{2\times 1.33}=5921\text{Å}$

9.5 迈克耳孙干涉仪

1. 干涉仪的构成

如图 9-25 所示，M_1、M_2 是平面反射镜，其中 M_2 是固定的，M_1 是可移动的；G_1 是一块半反半透镜，它的一个表面上镀有半反半透的银膜层；补偿镜 G_2 的材料和厚度均与 G_1 相同，其作用是补偿光程。G_1、G_2 相互平行且与 M_1、M_2 镜面均成 45°角。

一束扩展的平行光，经过 G_1 后分为反射和折射两束。1、2 是两条相干光线，若重合则在观察屏 E 处可以看到干涉条纹。设想 M_2 关于 G_1 的下表面镀银层所形成的虚像是 M_2'，且 M_2' 在 M_1 附近，如果 M_2 与 M_1 垂直，则相应地 M_2' 与 M_1 平行。因此，M_2' 与 M_1 构成一个虚构的空气层，厚度均匀，所以，在视场中将观察到等倾干涉条纹。如图 9-26 所示，其条纹的形状为一组同心圆环，"里疏外密"，与牛顿环的圆条纹类似，但等倾干涉级次为"里高外低"。

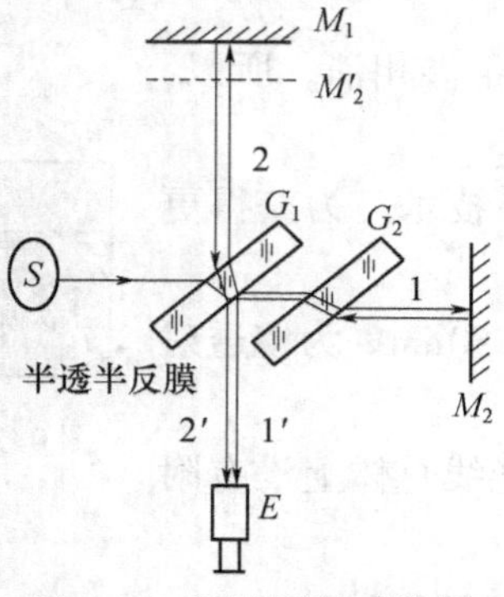

图 9-25 迈克耳孙干涉仪

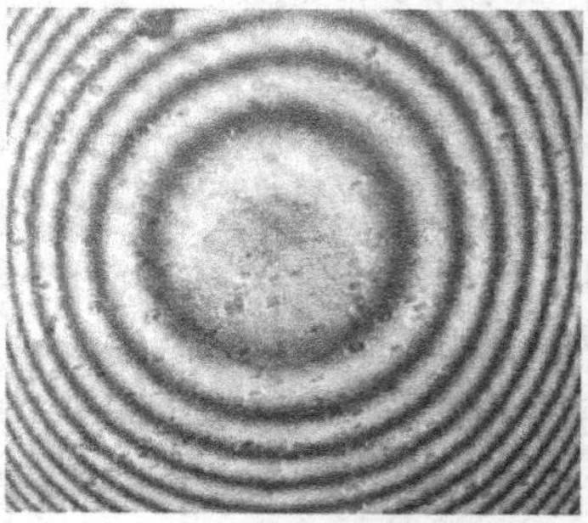
图 9-26 等倾干涉条纹

2. 条纹移动

当 M_1 每移动 $\lambda/2$ 的距离时，观察屏视场中就有一个条纹的变化(圆条纹冒出或缩进)，由视场中变化的明条纹(或暗条纹)的数目，就可算出 M_1 平移的距离：

$$\Delta d = \Delta N \frac{\lambda}{2} \tag{9-31}$$

若数出 ΔN，读出 M_1 移动距离 Δd，则可算出实验所用单色光波长 λ。迈克耳孙干涉实验能够很好地演示等倾、等厚干涉条纹的图样以及条纹的变化情况，如图 9-26 所示。实验所得图样见彩色插图 7 和 8。

3. 相干长度

由迈克耳孙干涉实验，当 M_2' 与 M_1 之间的距离超过一定限度时，视场中就观察不到干涉条纹。这是因为构成光源的每个原子发出的波列都有一定的长度，由同一波列分出的两波叠加，能够产生干涉，若两光路的光程差太大，由同一波列分解出来的两列波不能重合，这时就不能产生干涉。

当光程差达到某一数值时，波长为 λ 的第 $k+1$ 级明条纹和波长为 $\lambda+\Delta\lambda$ 的第 k 级明纹正好重合。两光束产生干涉的最大光程差叫作该光源的相干长度 L。

由

$$(k+1)\left(\lambda - \frac{\Delta\lambda}{2}\right) = k\left(\lambda + \frac{\Delta\lambda}{2}\right)$$

可得

$$k = \lambda/\Delta\lambda$$

$$L = \lambda^2/\Delta\lambda \tag{9-32}$$

$\Delta\lambda$ 称为谱线宽度，$\Delta\lambda$ 越小，光谱线的单色性越好。一般汞灯和钠灯的相干长度为零点几毫米至几毫米，优质氪灯的相干长度可达几十厘米，而单模稳频 He-Ne 激光器的相干长度理论上可达千米以上，实验室常用的小型氦氖激光器的相干长度实际上一般为几厘米到十几厘米。

9.6 光的衍射

9.6.1 惠更斯-菲涅耳原理

1. 光的衍射现象

衍射和干涉一样，是波动的重要特征之一，光波也能够产生衍射。但由于其波长短(可见光波长为微米量级)，故光的衍射现象不易被观察到，不像声波的衍射那样明显。

图 9-27 为激光的单缝衍射图样。当缝宽小到与光波波长可以相比时(一般为 10^{-4} m 以下)，有一小部分光偏折(绕射)到亮带两侧原"阴影"区域，原来均匀分布的光强变成了一系列明暗相间的条纹。

这种光线偏离原直线方向传播，且在屏幕上可得到光强分布不均匀的现象，称为光的衍射。如狭缝换成细丝、小圆孔或圆屏等，也会产生光的衍射现象。

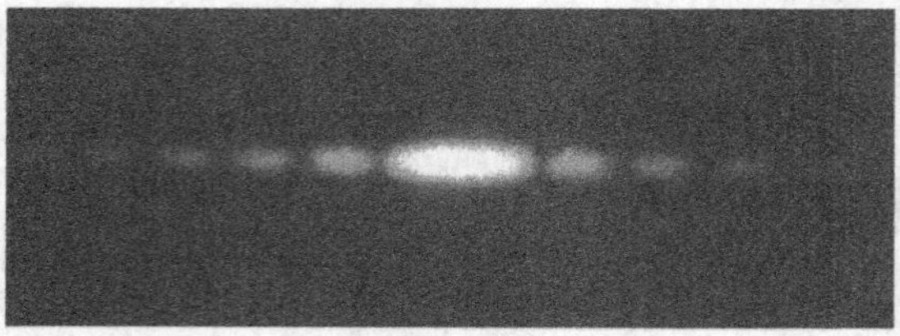

图 9-27　激光的单缝衍射图样

2. 惠更斯 - 菲涅耳原理的表述

惠更斯 - 菲涅耳原理即惠更斯原理与波的叠加、干涉原理。如图 9-28(a)所示，当一平面波通过狭缝时，到达狭缝的波前上的各点，由惠更斯原理可将其视为能发出子波（次波）的波源，这些子波下一时刻的包络面，就是新的波前。

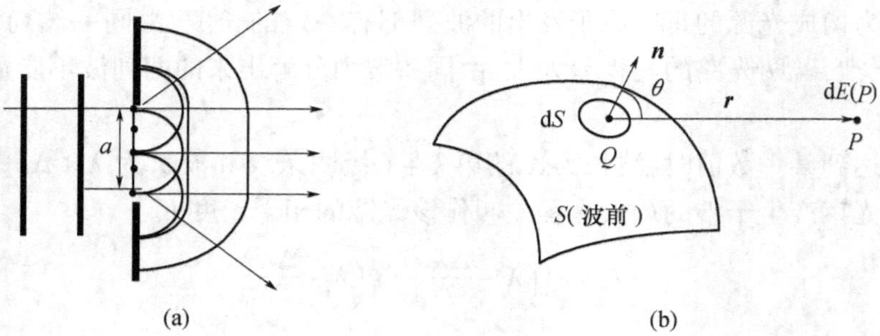

图 9-28　惠更斯 - 菲涅耳原理

菲涅耳又补充道：新的波面由各子波叠加而成，新的波面上任一点的振动，应由各子波的干涉结果而定，即各子波也可相互叠加，产生干涉。

利用惠更斯 - 菲涅耳原理，原则上可以解决衍射光强的分布问题，但运算复杂。定性分析如下：

(1) 如图 9-28(b)所示，波面上 dS 发出的次波都有相同的初相位；

(2) 次波在 P 点处引起的光振动振幅与距离 r 成反比；

(3) P 点处的振幅正比于波面的振幅 $a(Q)$ 和 dS 的面积，且与倾角 θ 有关，$K(\theta)$ 称为倾斜因子。

$$dE \propto \frac{1}{r}K(\theta)a(Q)dS \tag{9-33}$$

9.6.2　单缝衍射

1. 菲涅耳衍射与夫琅禾费衍射

所谓菲涅耳衍射，就是所用狭缝（圆屏或圆孔、细丝等障碍物）与光源和屏幕的距离为有限远时，或者其中之一为有限远时的衍射。

当所用狭缝与光源和屏幕的距离均为无限远时的衍射，即入射光和衍射光都是平行光束，这种衍射称为夫琅禾费衍射，如图 9-29 所示（实验图见彩色插图 10）。显然观察夫琅禾费衍射时需要利用透镜，实验中，将光源放在透镜 L_1 的前焦点上，将屏幕放在透镜 L_2 的焦平面上，使之满足夫琅禾费衍射条件。

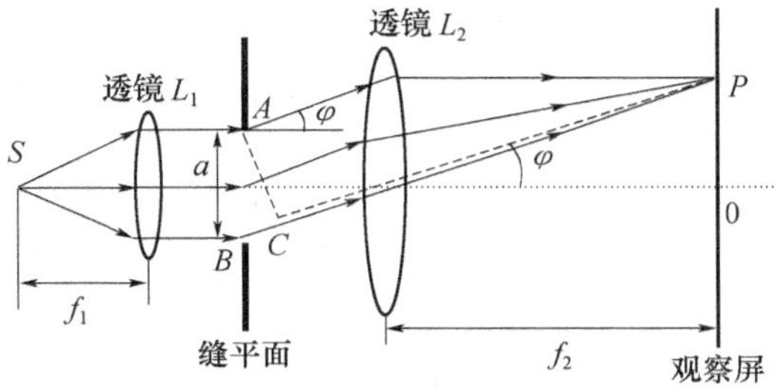

图 9-29　单缝夫琅禾费衍射

2. 利用菲涅耳半波带法解释单缝衍射图样

如图 9-30 所示，设单缝缝宽为 a，在平行单色光垂直照射下，衍射角为 φ 的平行光束经透镜会聚于焦面屏幕上的 P 点，作 $AC \perp BC$，显然，图中两端点 A、B（单缝边缘）到 P 点的光程差为

$$\delta = BC = a\sin\varphi$$

P 点条纹的明暗完全决定于光程差 BC 的量值，菲涅耳巧妙地提出了将狭缝（波阵面）分割成半波带的方法。

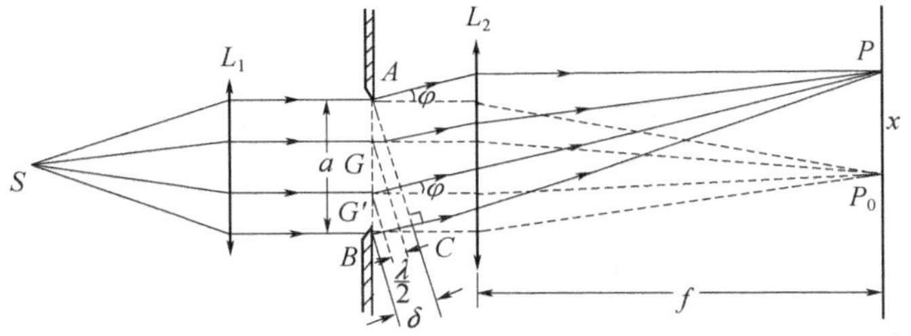

图 9-30　菲涅耳半波带法

（1）单缝衍射的暗纹条件

设 BC 为 $\lambda/2$ 的整数倍，且相应单缝可以分成偶数个半波带，对于某一角度 φ，则

$$\delta = a\sin\varphi = \pm 2k\frac{\lambda}{2} \quad (k=1,2,\cdots) \tag{9-34a}$$

相邻两个半波带上对应的点到达 P 点的光程差恒为 $\lambda/2$，如图 9-30 中的 G 和 G'，且相位差为 π。由式(9-33)可知，各个波带在 P 点引起的光振动振幅近似相等，因此，对应点次波所发出的光强完全抵消，于是 P 点为暗纹所在位置。

（2）单缝衍射的明纹条件

设 BC 为 $\lambda/2$ 的整数倍，且相应单缝可以分成奇数个半波带，即衍射角 φ 满足

$$\delta = a\sin\varphi = \pm(2k+1)\frac{\lambda}{2} \quad (k=1,2,\cdots) \tag{9-34b}$$

时，则必然留下一个半波带的光振动未被抵消，于是适合上述条件的 φ 角所对应的衍射光束在 P 点形成明条纹。

（3）中央明纹区

在 P_0 点，由透镜的等光程性，平行光在该点处会聚仍保持相同相位，干涉加强，始终为明纹，且亮度最大，即为中央明纹区。在两个第一级（$k=\pm1$）暗条纹之间的区域，φ 角处于 $-\lambda < a\sin\varphi < \lambda$ 范围内。

由于单缝衍射也满足旁轴近似条件，$\sin\varphi \approx \varphi$，因此，中央明纹的角宽度为

$$-\lambda/a < \varphi < \lambda/a \qquad (9\text{-}35)$$

(4) 设 BC 不等于半波长的整数倍

对任一衍射角 φ，单缝 AB 就不能刚好分为整数个半波带，此时衍射光束经透镜聚焦后，屏幕上的光强度介于最明和最暗之间，所以在单缝衍射图样中，亮度分布是不均匀的。单缝衍射条纹的光强分布如图 9-31 所示。

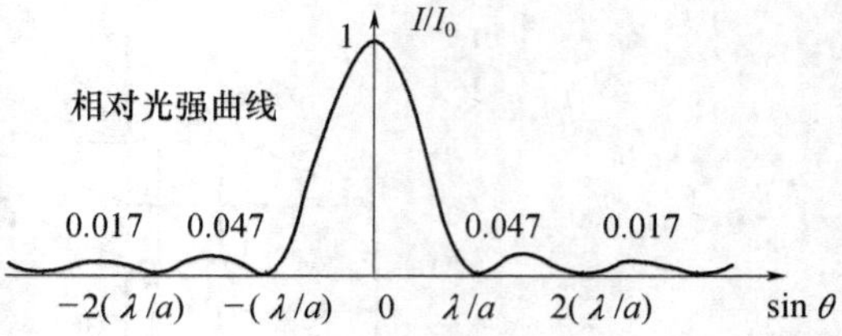

图 9-31　单缝衍射条纹的光强分布

3. 条纹宽度

(1) 中央明纹线宽度 Δx_0

$$x = f\tan\varphi \approx f\sin\varphi$$

由式(9-34a)，对第一级暗纹取 $k=1$，$a\sin\varphi = \pm 2\times\frac{\lambda}{2}$，代入上式可得

$$x = \pm f\frac{\lambda}{a}$$

故中央明纹宽度为

$$\Delta x_0 = 2f\frac{\lambda}{a} \qquad (9\text{-}36a)$$

(2) 两相邻暗纹或明纹间的宽度 Δx

$$\Delta x = x_{k+1} - x_k = f\left[(k+1)\frac{\lambda}{a} - k\frac{\lambda}{a}\right] = f\frac{\lambda}{a} \qquad (9\text{-}36b)$$

可见，中央明纹宽度为其他明纹宽度的 2 倍。

(3) 单缝衍射光谱

对同一缝宽的单缝，设 f 一定，则同一级衍射条纹红光衍射角较大，紫光衍射角较小。所以，用白光照射时，屏幕上出现中央为白色、两侧为由紫到红对称分布的几条彩色条纹，称为衍射光谱。

如波长 λ 一定，$\varphi \propto 1/a$，故缝宽越小，衍射角越大，光的衍射越明显。

9.6.3　光学仪器的分辨本领

1. 圆孔的衍射

如果在单缝衍射实验装置中，以小圆孔代替单狭缝，以 He-Ne 激光做光源，则在紧靠圆孔的透镜后焦平面上可以得到圆孔衍射的图样，即以中央亮斑为圆心的一组明暗相间的同心圆环，其中央亮斑的光强约占总光强的 84%，其余光强则占 16%。该实验装置及其光强分布如图 9-32 所示。

(1) 中央最大值中心位置：

$$\sin\theta_0 = 0$$

(2) 爱里斑(中央亮斑)的半角宽度：

$$\Delta\theta_1 \approx \sin\theta_1 = 0.61\frac{\lambda}{a} = 1.22\frac{\lambda}{D} \qquad (9\text{-}37a)$$

(3) 爱里斑的线半径：

$$\Delta l = f\tan\theta_1 \approx f\sin\theta \approx f\Delta\theta_1 = 1.22\frac{\lambda}{D}f \qquad (9\text{-}37b)$$

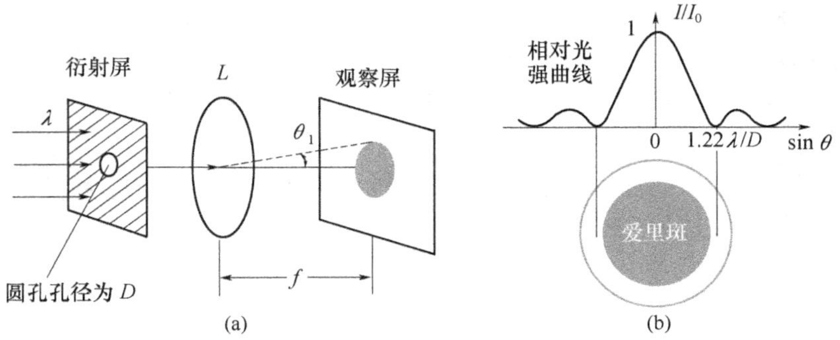

图 9-32　圆孔衍射实验装置及其光强分布

2. 光学仪器的分辨本领

光束在成像时总会受到有效光阑的限制,光的衍射作用不容忽视。对简单的夫琅禾费圆孔衍射的情况,中央亮斑的范围由第一个暗环的衍射角(式 9-37a)确定。

瑞利判据:由于两个点光源是不相干的,两组明暗条纹按各自原有强度直接相加,属非相干叠加。作为光斑是否能分辨的一个极限,当一个中央亮斑的中心最大值与另一个中央亮斑的第一级最小值对应的位置相重合时,这两个像点恰好能够分辨,如图 9-33 所示。此时,两个发光点对透镜组中心的张角也由式(9-37a)确定,这个极限角称为透镜组的分辨极限,其倒数称为分辨本领,即

$$R=\frac{1}{\Delta\theta_1}=\frac{1}{1.22}\cdot\frac{D}{\lambda} \tag{9-37c}$$

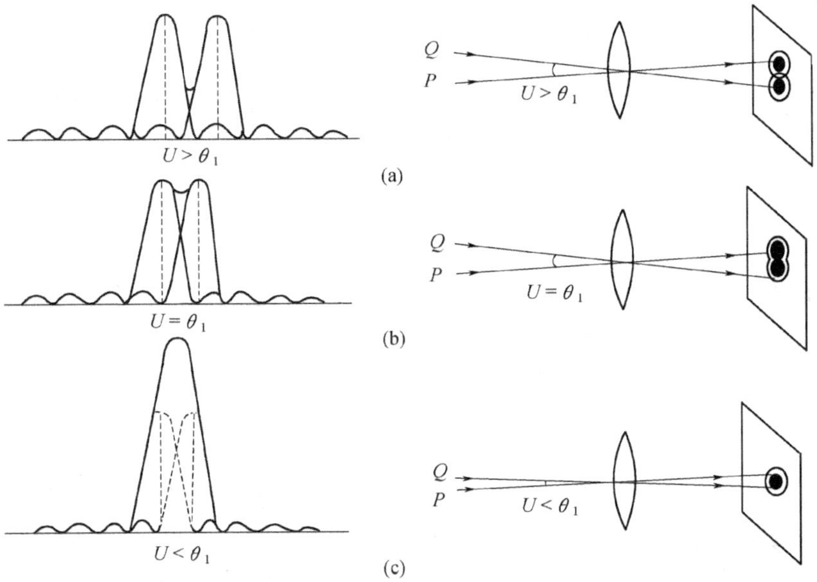

图 9-33　瑞利判据($U>\theta_1$ 能够分辨,$U=\theta_1$ 刚好分辨,$U<\theta_1$ 不能分辨)

可见,光学助视仪器物镜的分辨本领与其通光孔径成正比,与入射光波长成反比。对于望远镜物镜,其分辨极限也常以物镜焦平面上两个像点之间的距离即由式(9-37b)来表示。由

于波长一般不可选择(在可见光范围),因此,一般将主镜的口径做大,且主镜常采用反射式结构。对于显微镜物镜,孔径很小(观察范围小),所以一般选用短波长。在可见光范围内最短波长为0.4μm,因此可选用被加速的电子束,其德布罗意波长可达到1Å以下。电子显微镜即基于此原理制成。

人眼的瞳孔一般为2～8mm(大小随光线强弱会调整),因此人眼的分辨角约为1′,即裸眼在明视距离处能分辨0.1mm的线对。

9.7 光栅衍射

1. 光栅

衍射光栅是由大量平行、等宽、等间距的单狭缝组成的光学元件,它可用金钢石刀在玻璃表面刻制而成,也可用光刻技术通过掩模板复制或用全息照相的方法得到衍射光栅。光栅有透射光栅和反射光栅之分,如图9-34所示。

设 a 为光栅透光部分宽度,b 为不透光部分宽度,则光栅常数为

$$d = a + b$$

一般光栅每厘米的宽度内有数百条至上万条线,所以光栅常数为 $10^{-6} \sim 10^{-4}$m 量级。

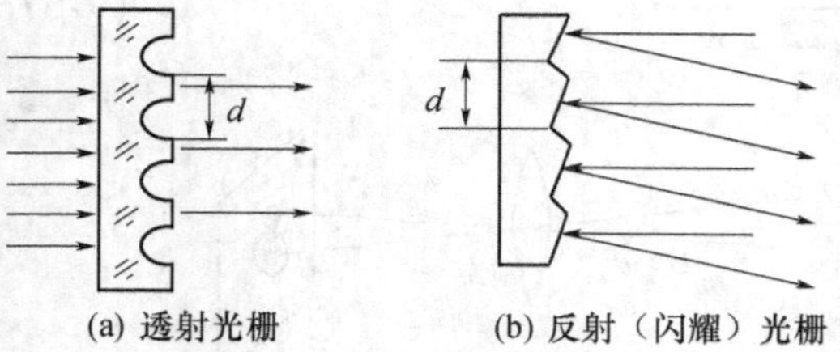

图9-34 衍射光栅

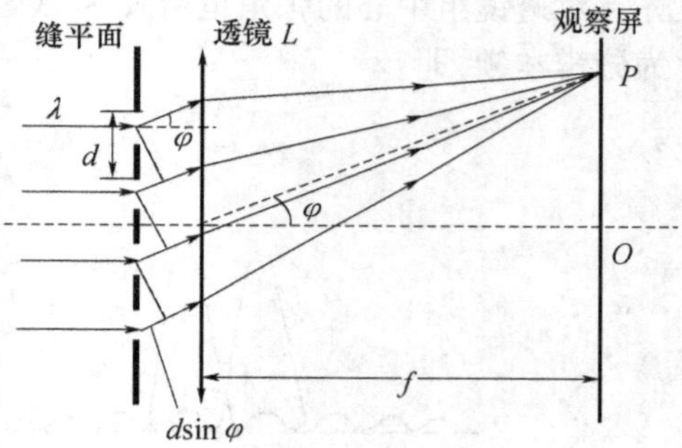

图9-35 光栅衍射

2. 光栅方程

由于光栅中含有大量等间距的平行狭缝,每条缝出来的光波均可视为单缝衍射,而缝与缝之间的光波又相互干涉,所以,光栅衍射应看作单缝衍射与多光束干涉的总效果,如图9-35所示。当平行单色光垂直照射到透射光栅上时,衍射角为 φ 的两相邻光束的光程差满足条件

$$\delta = d\sin\varphi = \pm k\lambda \ (k = 0, 1, 2, \cdots) \tag{9-38}$$

即相邻光束的光程差为某一波长的整数倍时,它们经过透镜 L 会聚在屏幕上,形成明条纹,即多束光在 P 处相互加强。式(9-38)称为光栅方程。

问题讨论:如何更好地理解双缝干涉、单缝衍射和光栅衍射的明纹和暗纹条件。当平行单色光斜入射到光栅上时,光栅方程又如何表示?

3. 光栅"缺级"问题

如图9-36所示,当光栅中透明缝与不透明部分的间隔相等时,除中央明纹外,所有偶数级的明条纹均不出现。设 a 为光栅透明缝宽,b 为不透明部分间隔,且 $a = b$,则光栅常数为

$$d = a + b = 2a$$

由光栅方程式(9-38),光栅衍射的明纹条件为

$$\delta = d\sin\varphi = \pm k\lambda \quad (k = 0, 1, 2, \cdots)$$

又由式(9-34a),单缝衍射的暗纹条件为

$$\delta = a\sin\varphi = \pm 2k'\frac{\lambda}{2} \quad (k' = 1, 2, \cdots)$$

那么,对同一衍射角 φ,既满足式(9-34a)又满足式(9-38),两式相比得

$$\frac{d}{a} = \frac{k}{k'}$$

已知 $d = 2a$,则 $$k = 2k' \quad (k' = \pm 1, \pm 2, \cdots)$$

所以,对光栅来说,满足上式的各级明条纹都应不存在。因为这些地方对光栅衍射来说满足干涉相长条件,但对每一透光单缝来讲均满足相消条件。即光栅衍射主极大位置恰好落在单缝衍射的暗纹位置,出现"缺级"现象。至于中央明纹,由透镜的等光程性,显然会出现明条纹。

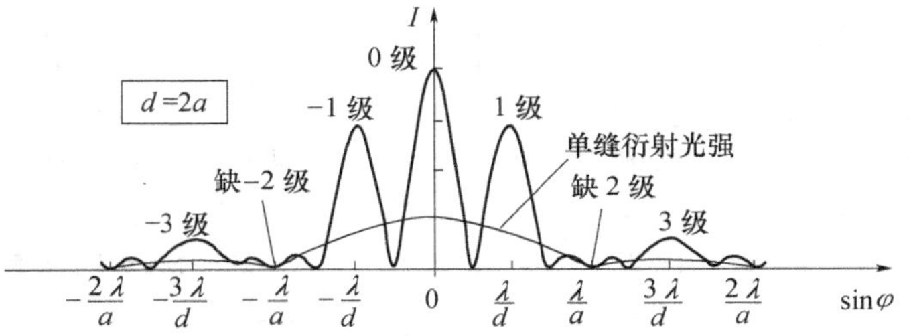

图 9-36 光栅的缺级

4. 光栅衍射光谱

由光栅方程式(9-38),当 d 一定时,φ 与 λ 有关;当一束白光垂直照射光栅时,除中央明纹仍为白色外,其余各级不同波长的光将产生各自分开的条纹,形成光栅衍射光谱,呈对称分布。对同一 k 值,红光衍射角最大,紫光最小,且随着级次增加会有重叠现象。彩色插图 11 ~ 16 为一组光栅叠加衍射和光栅衍射光谱图。

衍射光栅有很多用途,可作为分光元件。特制的闪耀光栅,是光栅光谱仪的主要光学元件,在光谱分析等方面的应用极为重要。

9.8 光的偏振

9.8.1 自然光和偏振光

麦克斯韦在电磁波理论中已经指出,光是一种电磁波,电磁波是横波。实际上,在此之前人们已从光的偏振现象认识到光是横波。光的偏振与光的干涉和衍射现象都揭示了光的波动性。

1. 自然光

光波由两个垂直的振动矢量——电矢量 $\boldsymbol{E}$ 和磁矢量 $\boldsymbol{H}$ 来表征,常将对光强起主要作用的

$\boldsymbol{E}$ 矢量叫光矢量,$\boldsymbol{E}$ 振动叫光振动。

如前所述,普通光源发光是大量分子或原子的发光过程,它们彼此独立、自发地进行,其频率、位相、振动方向都不能保持恒定,包括各个方向的光振动,既快又不规则,没有哪一个振动方向较其他方向更占优势。因此,普通光源发出的光是自然光。光矢量 $\boldsymbol{E}$ 在各个方向的振幅可视为是相等的,如图 9-37 所示。

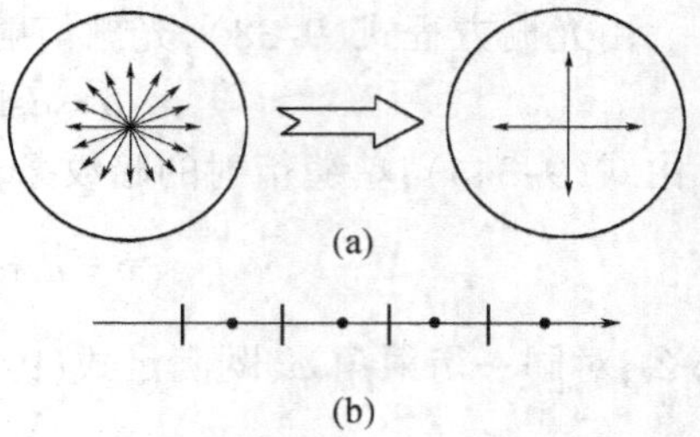

图 9-37　自然光的分解及其表示法

2. 线偏振光

光矢量 $\boldsymbol{E}$ 在垂直于光的传播方向的平面内只沿某一固定的方向振动,这种光称为线偏振光,其振动方向与光传播方向组成的平面称为光矢量的振动面或偏振面,如图 9-38 表示。线偏振光也称为平面偏振光或完全偏振光。

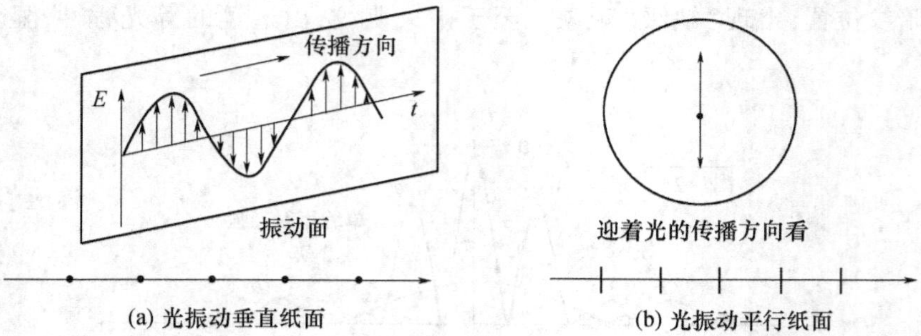

图 9-38　线偏振光的表示法

可以采用分解的方法,简便地将自然光各光矢量分解为两个互相垂直的光矢量。由于自然光中光矢量的无规则性,这两个相互垂直的光矢量之间没有确定的位相关系。

9.8.2　起偏和检偏

1. 偏振片

常采用某些装置移去自然光中的一部分振动而获得偏振光,这种器件称为偏振片。那些被用来从自然光获得偏振光的装置称为起偏振器。把自然光中两个互相垂直、振幅相等的独立的分振动之一完全移去,就获得完全偏振光,即线偏振光。如果部分地移去就称为部分偏振光,如图 9-39 所示。

同样,偏振片也可用作检偏器,用来检验某一束光是不是偏振光。一般用"偏振化方向"来表明该偏振片允许通过的光振动的方向。如图 9-40 所示,一束自然光通过偏振片 P_1 后成为线偏振光,P_1 用作起偏器。让通过 P_1 后的偏振光射到偏振片 P_2 上,P_2 可用来检查入射光是否为偏振光,P_2 用作检偏器。当 P_2 的偏振方向与 P_1 相同时,其光强减为入射自然光光强的一半,即

$$I_1 = I_2 = \frac{1}{2}I_0$$

当 P_2 的偏振方向与 P_1 垂直时,有

$$I'_1 = \frac{1}{2}I_0,\quad I'_2 = 0(\text{即消光})$$

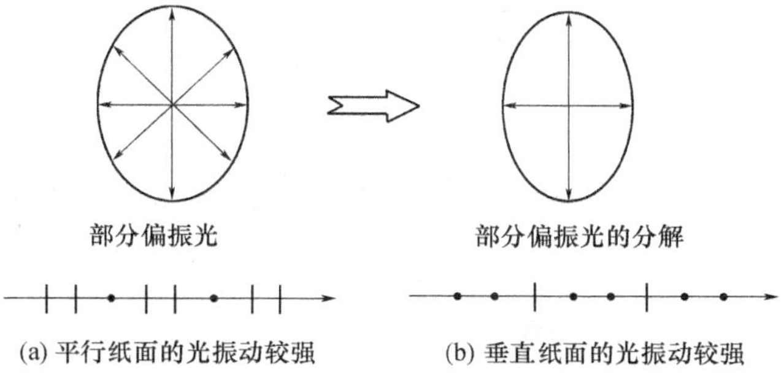

图 9-39 部分偏振光的表示法

旋转检偏器 P_2，会观察到透过 P_2 的偏振光光强发生变化：一周内有两次最强和两次消光，如图 9-40 所示。

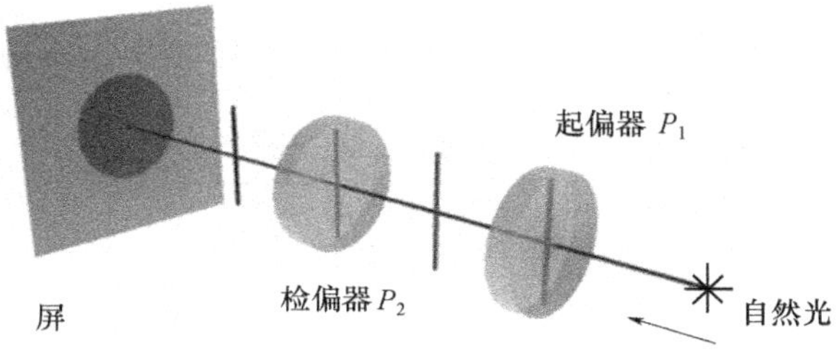

图 9-40 起偏与检偏

2. 马吕斯定律

马吕斯定律指出了偏振光通过检偏器前后，偏振光强度的变化规律。强度为 I_0 的自然光经过起偏器 P_1 后，$I_1 = \frac{1}{2}I_0$。设 P_1、P_2 两偏振片偏振方向的夹角为 α，则从起偏器 P_1 出来的偏振光，其中只有平行于检偏器 P_2 的偏振方向的分量 $A_1\cos\alpha$ 可以通过。因此，经 P_2 出射的偏振光强度为

$$\frac{I_2}{I_1} = \frac{(A_1\cos\alpha)^2}{A_1^2} = \cos^2\alpha$$

$$I_2 = I_1\cos^2\alpha \qquad (9\text{-}39)$$

其中 I_1、I_2 分别表示从 P_1、P_2 出射的线偏振光强度，这就是马吕斯定律。

例 9-6 一光束是自然光和线偏振光的混合，当它通过一偏振片时，发现透射光的强度取决于偏振片的取向，并可变化 5 倍。求入射光束中这两种光的强度各占总入射光强度的几分之几。

解 设入射光中自然光光强为 I_1，线偏振光光强为 I_2，因此入射光总光强为

$$I = I_1 + I_2$$

自然光通过偏振片后光强总是为 $\frac{1}{2}I_1$，所以两束混合光通过偏振片后，有

$$I_{max} = \frac{1}{2}I_1 + I_2, \quad I_{min} = \frac{1}{2}I_1 + 0$$

由题意有 $I_{\max}=5I_{\min}$,即 $$\frac{1}{2}I_1+I_2=5\times\frac{1}{2}I_1$$

解得 $I_1=\frac{1}{2}I_2$,所以 $$I_1=\frac{1}{3}I,\quad I_2=\frac{2}{3}I$$

部分偏振光也可以看作是由一束完全偏振光和一束自然光混合组成的,线偏振光所占比率称为偏振度 P。显然,本题中偏振度 $P=2/3$。

9.8.3 反射和折射时的偏振

1. 布儒斯特定律

当自然光射到折射率为 n_1 和 n_2 的两种界面上时,反射光和折射光都是部分偏振光。在反射光中,垂直于入射面的光振动强于平行于入射面的光振动;而在折射光束中,平行于入射面的光振动较强,如图 9-41(a)所示。

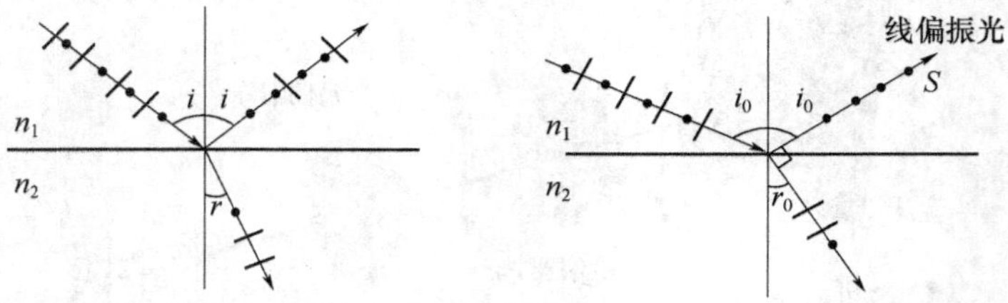

(a) 反射光和折射光都是部分偏振光　　(b) 以布儒斯特角入射

图 9-41　反射和折射时的偏振

实验指出,改变入射角 i,反射光的偏振度也随之改变,当入射角满足

$$\tan i_0=n_2/n_1 \tag{9-40}$$

时,反射光即成为完全偏振光,且只有垂直于入射面的光振动;而折射光仍为部分偏振光。式(9-40)称为布儒斯特定律,其中 i_0 称为布儒斯特角,即起偏振角,如图 9-41(b)所示。

由折射定律 $$\frac{\sin i_0}{\sin r_0}=\frac{n_2}{n_1}$$

上式与式(9-40)比较得 $$\tan i_0=\frac{\sin i_0}{\cos i_0}=\frac{\sin i_0}{\sin r_0}$$

即有 $\cos i_0=\sin r_0$,因此

$$i_0+r_0=\pi/2 \tag{9-41}$$

所以,当入射角为布儒斯特角时,反射光线垂直于折射光线;反之,如果反射光垂直于折射光,则入射角 $i=i_0$,此时的反射光均为线偏振光。

2. 玻璃堆

只用一块玻璃,自然光以 $i=i_0$ 入射,反射光虽然是线偏振光,但光强太弱;透射光强度大,但偏振化程度又低。如图 9-42 所示,让光线通过多片玻璃叠合的玻璃堆,则经过玻璃堆的多次反射和折射后,从玻璃出射的折射光近似为线偏振光,且光强较大。

由反射起偏的现象看,平行入射面的光振动能够无反射地透过。例如,在外腔式氦氖激光管的管端,安装有布儒斯特窗,使得 $\theta=i_0$,那么,这种外腔式激光器输出的即是线偏振光,如图 9-43 所示。

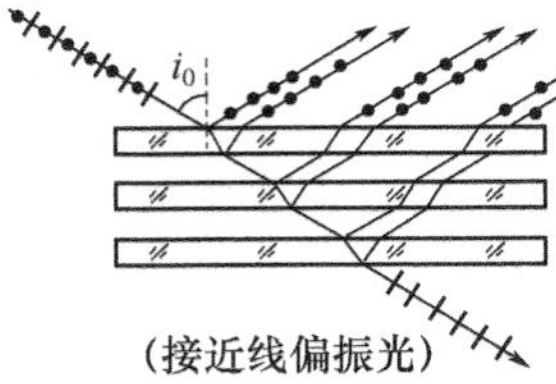

图 9-42　玻璃片堆

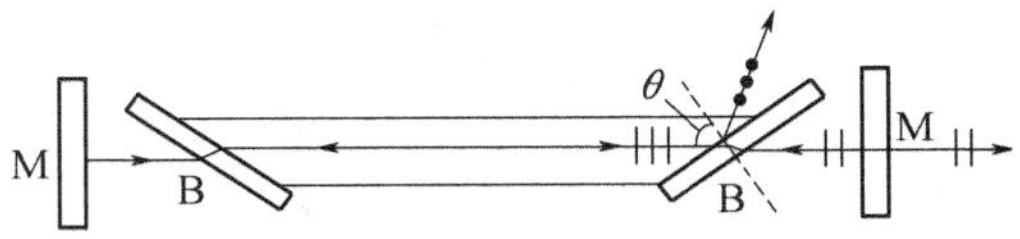

图 9-43　外腔式激光器输出的线偏振光

利用布儒斯特定律可以获得线偏振光；利用某些具有二色向性的物质，以及利用晶体的双折射现象，也可以产生线偏振光。

9.8.4　双折射、椭圆偏振光和圆偏振光

1. 双折射现象

前面介绍的反射、折射时的起偏，是发生在两种各向同性介质的界面上的，光在射入另一种介质后的折射线服从折射定律。但是，自然光入射到光学各向异性物质后，如方解石晶体或石英晶体，其折射光线分成两束，它们沿不同方向折射，这种现象称为双折射现象。

当改变入射角时，两束折射线之一遵守折射定律，称为寻常光或 o 光；另一束光线不遵守折射定律，也不一定在入射面内，这束光称为非寻常光或 e 光。

o 光在介质中的波速 v_o 是一定的，且在晶体内部各个方向的折射率 n_o 也相等；但 e 光在介质中的波速 v_e 不相同(沿晶轴方向除外)，因而在晶体内部各个方向的折射率 n_e 也不相等。但 o 光和 e 光都是线偏振光。

2. 椭圆偏振光和圆偏振光

椭圆偏振光和圆偏振光不同于部分偏振光和自然光。

让自然光通过椭圆偏振器即获得椭圆偏振光；让自然光通过圆偏振器即可获得圆偏振光。仅用一块检偏器无法区分椭圆偏振光和部分偏振光，也无法区分圆偏振光和自然光。

习　　题

一、选择题

1. 在双缝干涉实验中，屏幕 E 上的 P 点处是明条纹。若将缝 S_2 盖住，并在 S_1S_2 连线的垂直平分面处放一高折射率介质反射面 M，如图 P9-1 所示，则此时(　　)。

(A) P 点处仍为明条纹　　(B) P 点处为暗条纹

(C) 不能确定 P 点处是明条纹还是暗条纹　　(D) 无干涉条纹

2. 在双缝干涉实验中，光的波长为 600nm，双缝间距为 2mm，双缝与屏的间距为 300cm。在屏上形成的干涉图样的明条纹间距为(　　)。

(A) 0.45mm　　(B) 0.9mm　　(C) 1.2mm　　(D) 3.1mm

3. 在图 P9-2 所示 3 种透明材料构成的牛顿环装置中(图中数字为各处折射率)，用单色光垂直照射，在反射光中看到干涉条纹，则在接触点 P 处形成的圆斑为(　　)。

(A) 全明　　(B) 全暗

(C) 右半部明，左半部暗　　(D) 右半部暗，左半部明

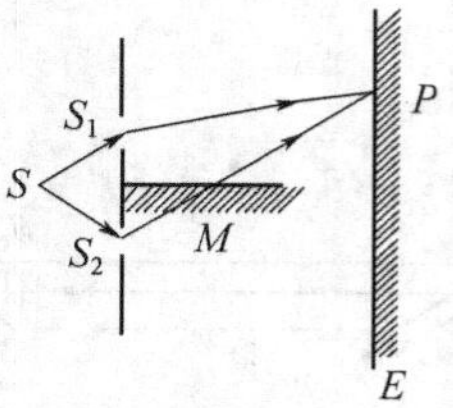

图 P9-1

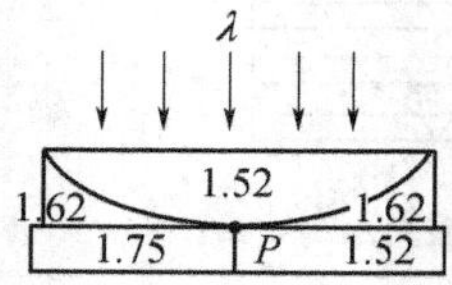

图 P9-2

4. 一束波长为 λ 的单色光由空气垂直入射到折射率为 n 的透明薄膜上,透明薄膜放在空气中,要使反射光得到干涉加强,则薄膜最小的厚度为(　　)。

(A) $\lambda/4$　　(B) $\lambda/(4n)$　　(C) $\lambda/2$　　(D) $\lambda/(2n)$

5. 若把牛顿环装置(都是用折射率为 1.52 的玻璃制成的)由空气中搬入折射率为 1.33 的水中,则干涉条纹(　　)。

(A) 中心暗斑变成亮斑　(B) 变疏　　(C) 变密　　(D) 间距不变

6. 用劈尖干涉法可检测工件表面缺陷,当波长为 λ 的单色平行光垂直入射时,若观察到的干涉条纹如图 P9-3 所示,每一条纹弯曲部分的顶点恰好与其左边条纹的直线部分的连线相切,则工件表面与条纹弯曲处对应的部分(　　)。

(A) 凸起,且高度为 $\lambda/4$　　(B) 凸起,且高度为 $\lambda/2$

(C) 凹陷,且深度为 $\lambda/2$　　(D) 凹陷,且深度为 $\lambda/4$

7. 一束波长为 λ 的平行单色光垂直入射到一单缝 AB 上,装置如图 P9-4 所示。在屏幕 D 上形成衍射图样,如果 P 是中央亮纹一侧第一个暗纹所在的位置,则$\overline{BC}$的长度为(　　)。

(A) $\lambda/2$　　(B) λ　　(C) $3\lambda/2$　　(D) 2λ

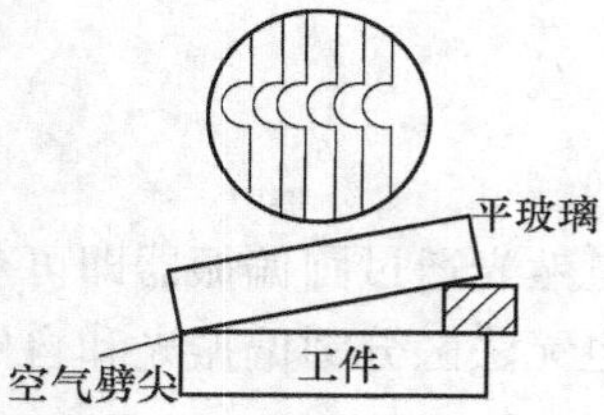

图 P9-3

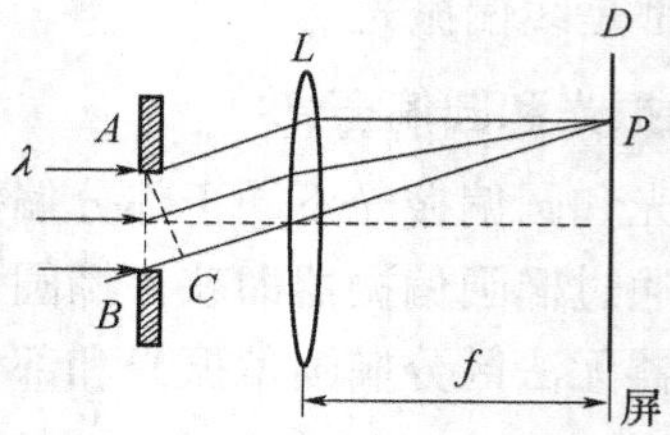

图 P9-4

8. 波长为 λ 的单色光垂直入射到光栅常数为 d、缝宽为 a、总缝数为 N 的光栅上。取 $k=0,\pm1,\pm2,\cdots$,则决定出现主极大的衍射角 θ 的公式可写成(　　)。

(A) $N\,a\,\sin\theta=k\lambda$　　(B) $a\,\sin\theta=k\lambda$　　(C) $N\,d\,\sin\theta=k\lambda$　　(D) $d\,\sin\theta=k\lambda$

9. 一束光是自然光和线偏振光的混合光,让它垂直通过一偏振片。若以此入射光束为轴旋转偏振片,测得透射光强度最大值是最小值的 5 倍,那么入射光束中自然光与线偏振光的光强比值为(　　)。

(A) 1/2　　(B) 1/3　　(C) 1/4　　(D) 1/5

10. 自然光以 60°的入射角照射到某两介质交界面时,反射光为完全线偏振光,则折射光为(　　)。

(A) 完全线偏振光且折射角是 30°

(B) 部分偏振光且只是在该光由真空入射到折射率为$\sqrt{3}$的介质时,折射角是 30°

(C) 部分偏振光,但须知两种介质的折射率才能确定折射角

(D) 部分偏振光且折射角是 30°

二、填空题

1. 一个平凸透镜的顶点和一平板玻璃接触,用单色光垂直照射,观察反射光形成的牛顿环,测得中央暗斑外第 k 个暗环半径为 r_1。现将透镜和玻璃板之间的空气换成某种液体(其折射率小于玻璃的折射率),第

k 个暗环的半径变为 r_2，由此可知该液体的折射率为__________。

2. 在空气中有一劈形透明膜，其劈尖角 $\theta=1.0\times10^{-4}\text{rad}$，在波长 $\lambda=700\text{nm}$ 的单色光垂直照射下，测得两相邻干涉明条纹间距 $l=0.25\text{cm}$，由此可知此透明材料的折射率 $n=$__________。

3. 若在迈克耳孙干涉仪的可动反射镜 M 移动 0.620mm 过程中，观察到干涉条纹移动了 2300 条，则所用光波的波长为__________。

4. 波长为 600nm 的单色平行光，垂直入射到缝宽 $a=0.60\text{mm}$ 的单缝上，缝后有一焦距 $f'=60\text{cm}$ 的透镜，在透镜焦平面上观察衍射图样。则中央明纹的宽度为__________，两个第三级暗纹之间的距离为__________。

5. 波长为 λ 的单色光垂直入射在缝宽 $a=4\lambda$ 的单缝上。对应于衍射角 $\varphi=30°$，单缝处的波面可划分为__________个半波带。

6. 惠更斯引入__________的概念提出了惠更斯原理，菲涅耳再用__________的思想补充了惠更斯原理，发展成了惠更斯－菲涅耳原理。

7. 某单色光垂直入射到一个每毫米有 800 条刻线的光栅上，如果第一级谱线的衍射角为 30°，则入射光的波长应为__________。

8. 一束平行的自然光，以 60°角入射到平玻璃表面上。若反射光束是完全偏振的，则透射光束的折射角是__________，玻璃的折射率为__________。

三、计算题

1. 白色平行光垂直入射到间距 $a=0.25\text{mm}$ 的双缝上，距 $D=50\text{cm}$ 处放置屏幕，分别求第 1 级和第 5 级明纹彩色带的宽度。这里说的“彩色带宽度”指两个边缘波长的同级明纹中心之间的距离。（设白光的波长范围为 400～760nm）

2. 用波长为 λ_1 的单色光垂直照射牛顿环装置时，测得中央暗斑外第 16 和第 25 暗环直径之差为 l_1，而用未知单色光垂直照射时，测得第 16 和第 25 暗环直径之差为 l_2，求未知单色光的波长 λ_2。

3. 钠光灯发出波长为 589.3nm 的单色光，垂直入射到两块光学平玻璃片上，两玻璃片的一端互相接触，另一端用一薄的云母片垫起，构成一空气劈尖。利用读数显微镜测得经过视场十字丝的 20 个条纹的间距为 2.540mm，劈尖到云母片所处位置边缘的距离为 30.48mm，求云母片的厚度。

4. 白光垂直照射在空气中厚度为 0.40μm 的透明介质膜上，设其折射率为 1.50。试问在可见光的范围内，哪些波长的光在反射中加强？哪些波长的光在透射中加强？

5. (1) 在单缝夫琅禾费衍射实验中，垂直入射的光有两种波长，$\lambda_1=400\text{nm}$，$\lambda_2=760\text{nm}$。已知单缝宽度 $a=1.0\times10^{-2}\text{cm}$，透镜焦距 $f=50\text{cm}$。求两种光第 1 级衍射明纹中心之间的距离。

(2) 若用光栅常数 $d=1.0\times10^{-3}\text{cm}$ 的光栅替换单缝，其他条件和(1)相同，求两种光第 1 级主极大之间的距离。

6. 波长 600nm 的单色光垂直入射到一光栅上，测得第 2 级主极大的衍射角为 30°，且第 3 级是缺级。

(1) 光栅常数 $(a+b)$ 等于多少？

(2) 透光缝可能的最小宽度 a 等于多少？

(3) 在选定了上述 $(a+b)$ 和 a 之后，求在衍射角 $-\frac{1}{2}\pi<\varphi<\frac{1}{2}\pi$ 范围内可能观察到的全部主极大的级次。

7. 已知天空中两颗星相对于一望远镜的角距离为 $4.84\times10^{-6}\text{rad}$，它们都发出波长为 550nm 的光，试问望远镜的口径至少多大，才能分辨出这两颗星？

8. 使自然光通过两个偏振化方向夹角为 60°的偏振片时，透射光强为 I_1，今在这两个偏振片之间再插入另一块偏振片，它的偏振化方向与前两个偏振片均成 30°，问此时透射光强 I_2 与 I_1 之比为多少？

第 10 章　气体动理论和热力学基础

热力学和气体动理论都是研究大量粒子热运动的规律及其应用的科学。热力学的研究方法不涉及物质内部结构,而是从能量的观点出发,根据能量转换和守恒定律,以及热量传递的规律来研究热运动。气体动理论则是考虑物质的内部结构通过大量粒子所遵从的统计法则,对气体的压强、温度等宏观量,做出微观本质的说明。它们为人们揭示的物质世界仍然是个机械图景。经典统计认为单个微观物体是按照力学规律运动的,并把物质世界看作是由最小的原子所组成的。

物质的分子(或原子)都处在永不停息的运动中,这种大量分子的无规则运动称为分子热运动。热现象是物质中大量分子无规则热运动的集体表现。

1827 年,布朗用显微镜观察了悬浮在水中的植物花粉,发现它们不停地做纷乱的无定向运动。布朗运动是由杂乱运动的流体分子碰撞花粉颗粒引起的。这从另一侧面反映了流体(水)分子的热运动也是杂乱无章的,并且水温越高,布朗运动越剧烈。

组成物质的分子或原子数目巨大,且运动杂乱无章。所以,单纯用力学方法追踪每一个分子列出运动学方程既不可能也无必要,所以要动用统计的方法。

表征大量分子集体表现的宏观量(p,V,T)与表征单个分子的微观量($m,\boldsymbol{v},\bar{w}$)之间必然存在着内在的联系,就大量分子的集体表现看,存在着一定的统计规律,而统计规律永远伴随着涨落。本章任务就是揭示宏观规律及其本质。

1859 年,麦克斯韦导出分子速率的分布规律;1877 年,玻耳兹曼导出能量分布规律;1926 年,爱因斯坦发表《布朗运动理论的研究》。

10.1　理想气体的状态方程

1. 状态参量与状态方程

(1) 状态参量

气体的体积 V,指气体所能达到的空间;压强 p,指容器壁单位面积上的压力;温度 T,代表热力学温度。

$$1\ \mathrm{atm}(标准大气压) = 1.013\times10^5\ \mathrm{Pa}(帕)$$

在宏观上用温度表示物体的冷热程度,但在本质上温度反映了物质内部分子运动的剧热程度。热力学温度 T 与摄氏温度 t 关系如下:

$$T(\mathrm{K}) = t(℃) + 273.15$$

(2) 理想气体状态方程

当一定量的理想气体(质量为 m',摩尔质量为 M),在平衡态下由一个状态 (p_1,V_1,T_1) 变化到另一个状态 (p_2,V_2,T_2),遵守三个实验定律(玻意耳 - 马略特定律、盖 - 吕萨克定律和查理定律),有

$$\frac{p_1V_1}{T_1}=\frac{p_2V_2}{T_2}=C$$

或写成

$$pV=\nu RT \tag{10-1}$$

式中 $\nu=\frac{m'}{M}=\frac{N}{N_A}$ 称为摩尔数。对 1mol 理想气体，在标准状态下，有 $p_0V_0=RT_0$，则

$$R=\frac{p_0V_0}{T_0}=\frac{1.013\times10^5\times22.4\times10^{-3}}{273.15}=8.31(\text{J}/(\text{mol}\cdot\text{K}))$$

R 称为普适恒量或摩尔气体常数。式(10-1)称为理想气体状态方程。

2. 平衡态与平衡过程

在一定的容器中，一定量的气体与外界没有能量交换，其内部也没有任何形式的能量转换(化学变化)，那么不论气体内各部分原始温度和压强如何，经过一定时间，终将达到各部分温度相同、压强相同的状态，则称气体处于平衡态。其内部各部分不存在任何宏观的不均匀性。至此，可以用一组状态参量来表征气体，(p,V,T) 不再随时间变化，因而在 p-V 图上可用一个点来表示气体所处的平衡态。平衡态是一个理想模型，在某种条件下可将某种实际状态近似当作平衡态处理。

若不满足上述条件，即 (p,V,T) 还在随时间变化，则称此时气体处于非平衡态。因为气体分子的热运动是永不停息的，故平衡态又称热动平衡。

当气体的状态发生变化，气体所经历的连续变化过程称为状态变化过程。如果状态变化过程所经历的所有中间状态都可视为平衡态，这个过程就称为平衡过程或准静态过程。它在 p-V 图上可用一条曲线来表示，如图 10-1 所示。

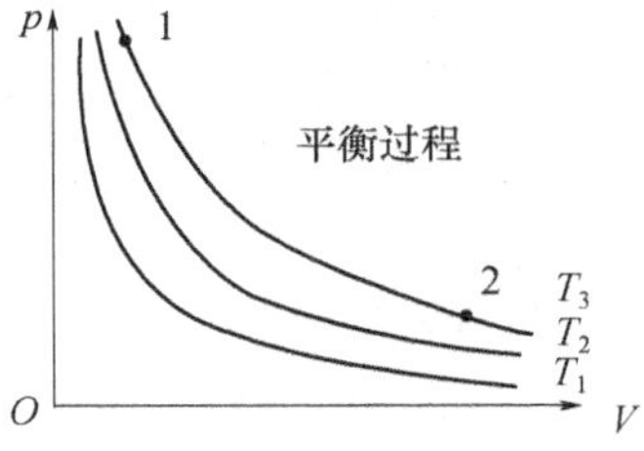

图 10-1　平衡过程

当理想气体由某一平衡态变到另一平衡态时，如果该过程进行得“缓慢”，使得过程中出现的不均匀性如此微小，系统都来得及恢复平衡，这种过程称为平衡过程。简言之，平衡过程就是由一平衡态均匀地变到另一平衡态的过程。

10.2　理想气体的压强公式和温度公式

10.2.1　理想气体的压强公式

理想气体是对实际气体的一种简化的物理模型。与平衡态、平衡过程等均为理想模型的概念一样，许多情形都或多或少地与这种理想情形接近(如温度较低、压强较小时)。理想气体在宏观上满足状态方程，下面从微观角度讨论。

1. 理想气体的分子模型

(1) 气体分子的大小与气体分子间平均距离相比可以忽略。

(2) 气体分子间平均距离大，所以除了在碰撞的瞬间外，分子间相互作用力可略去不计。为简化，气体分子的重力也常略去不计。

(3) 每个气体分子可以视作“刚性分子”弹性小球，碰撞时即为完全弹性碰撞，其动能、动量守恒。

2. 理想气体在平衡态下的统计假设

(1) 分子沿空间各方向运动的分子数相等,即分子运动的机会均等,不应在哪个方向上更占优势。那么全体分子在直角坐标系中的速度分量的平均值为

$$\overline{v_x}=\overline{v_y}=\overline{v_z}=0$$

而方均速率

$$\overline{v_x^2}=\frac{1}{N}(v_{1x}^2+v_{2x}^2+\cdots+v_{Nx}^2)$$

$$\overline{v_x^2}=\overline{v_y^2}=\overline{v_z^2}=\frac{1}{3}\overline{v^2} \tag{10-2}$$

(2) 容器内各部分的分子数密度等于容器中整个分子的平均数密度,即内部不存在任何不均匀性。分子按位置均匀分布,容器内各处的分子数密度相同,理想气体在平衡态下分子在各处出现的概率也相同。

$$n=N/V \tag{10-3}$$

3. 压强公式的推导

气体对容器壁的压强是大量气体分子对器壁作用力的统计平均效果。

设一长方形容器中有 N 个分子,气体分子质量为 m,容器边长分别为 l_1、l_2、l_3,如图 10-2 所示。压强公式的推导思路如下:

(1) 一个分子给予容器壁 A 的一次冲击的冲量,即为该分子动量的增量,可表示为

$$I_x=-2mv_{ix}$$

因此,A 得到 $2mv_{ix}$。

(2) 单位时间该分子给容器壁 A 的平均冲力为

$$f_i=2mv_{ix}\cdot\left(\frac{2l}{v_{ix}}\right)^{-1}=\frac{1}{l_1}mv_{ix}^2$$

(3) 所有分子在单位时间内给予容器壁 A 的平均冲力为

$$\overline{F}=\sum_{i=1}^{N}\frac{1}{l_1}mv_{ix}^2=\frac{m}{l_1}\sum_{i=1}^{N}v_{ix}^2 \tag{10-4}$$

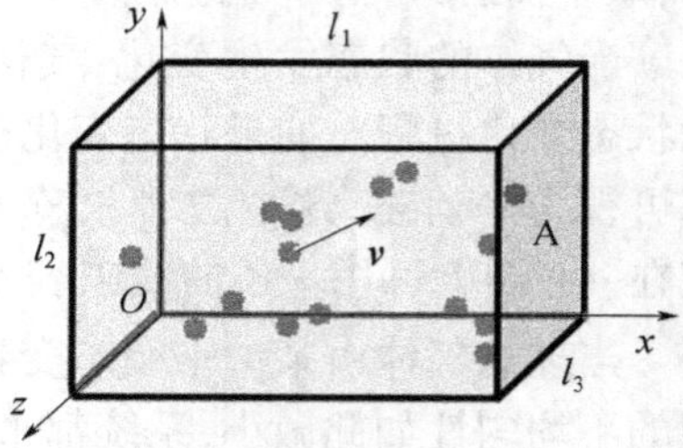

图 10-2 压强公式的推导

而由式(10-2)统计假设

$$\overline{v_x^2}=\frac{1}{N}\sum_{i=1}^{N}v_{ix}^2=\frac{1}{3}\overline{v^2} \tag{10-5}$$

由式(10-4)和式(10-5),可得

$$\overline{F}=\frac{1}{3}\frac{m}{l_1}Nv^2$$

(4) 单位面积上的压力,即压强为

$$p=\frac{\overline{F}}{l_2l_3}=\frac{1}{3l_1l_2l_3}Nm\,\overline{v^2}=\frac{1}{3}\frac{N}{V}m\,\overline{v^2}$$

由式(10-3),上式可表示为

$$p=\frac{1}{3}nm\,\overline{v^2}=\frac{2}{3}n\left(\frac{1}{2}m\,\overline{v^2}\right)=\frac{2}{3}n\,\overline{w} \tag{10-6}$$

4. 讨论

(1) 压强具有统计意义,大量气体分子的集体表现才会产生稳定而持续的压强。

(2) $n = N/V$,称为气体分子数密度,由式(10-6)可见,压强与分子数密度成正比。

(3) $\overline{w} = \frac{1}{2}m\overline{v^2}$,称为气体分子的平均平动动能,压强与 $\overline{w}$ 也成正比。$\overline{w}$ 不能直接测得,故压强公式还不能直接用实验验证,只能通过结论来检验。压强公式(10-6)建立了理想气体宏观量与微观量之间的关系。

10.2.2 温度公式

由理想气体的状态方程式(10-1)得

$$pV = \nu RT = \frac{N}{N_A}RT$$

引入玻耳兹曼常数 $k = R/N_A = 1.38 \times 10^{-23}(\mathrm{J \cdot K^{-1}})$,故可得压强的另一种表达式

$$p = \frac{N}{V}\frac{R}{N_A}T = nkT \tag{10-7}$$

由式(10-6)和式(10-7)可得气体分子的平均平动动能与温度的关系

$$\overline{w} = \frac{3}{2}kT \tag{10-8}$$

所以,温度公式表示为

$$T = \frac{2}{3}\frac{\overline{w}}{k} \tag{10-9}$$

温度公式表示的是气体分子平均平动动能与温度的关系:

(1) 热力学温度正比于分子平均平动动能,若理想气体温度相同,则分子的平均平动动能相同。

(2) 温度是大量分子热运动激烈程度的宏观量度,温度也具有统计意义,对单个或少数几个分子,只有 $\overline{w} = \frac{1}{2}m\overline{v^2}$,温度是没有意义的。

(3) 气体温度越高,分子热运动越激烈。温度公式(10-9)也建立了宏观量与微观量之间的关系,可见,理想气体分子的平均平动动能是温度的单值函数。

10.3 能量均分原理和理想气体的内能

前面在讨论理想气体的压强公式和温度公式时,提出了理想气体的分子模型,并将其当作质点处理,只考虑了分子的平动。而考察分子运动的能量时,不能再把各种分子当作质点。气体分子的运动不仅有平动,还有转动以及同一分子内原子间的振动。本节讨论分子热运动的能量所遵循的统计规律,并计算理想气体的内能。

10.3.1 能量按自由度均分原理

1. 自由度

某一物体的自由度,就是决定这一物体在空间的位置所需要的独立的坐标数。

空间自由运动的质点,有三个自由度,如飞机用(x,y,z);质点限制在平面或曲面上运动,需两个自由度,如轮船用(r,θ);如果质点限制在直线或曲线上运动,则只需用一个自由度描

述，如火车的具体位置。

一个刚体在空间的位置可由如下独立坐标来确定：

(1) 刚体上某定点(如质心)，需用三个独立坐标来决定，$C(x,y,z)$。

(2) 轴线的方位，需用 α、β、γ 三个方位角来决定，且有 $\cos^2\alpha+\cos^2\beta+\cos^2\gamma=1$，故只有两个独立坐标。

(3) 刚体绕轴线的转动，还需用一个角度 θ。

例如，水蒸气刚性三原子分子 H_2O，如图 10-3 所示。

确定 O 原子：三个自由度 $O(x,y,z)$；确定 OH 轴：自由度 α、β、γ 中的两个；绕 OH 轴转动：再用一个自由度 θ。

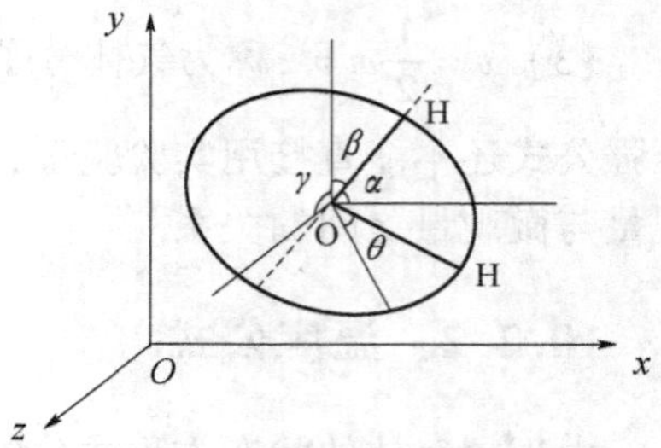

图 10-3 水蒸气刚性三原子分子有 6 个自由度

因此，单原子气体分子(可视作质点)有 3 个平动自由度，如 He、Ne 等。

双原子气体分子，有 5 个自由度(3 个平动自由度和 2 个转动自由度)，如 H_2、O_2、CO 等。

三原子气体分子，有 6 个自由度(3 个平动自由度和 3 个转动自由度)，如 H_2O、SO_2 等。

多原子气体分子，也有 6 个自由度，如 NH_3、CH_4 等。

说明：对单原子和双原子分子(可视作刚性分子)，一般在常温、常压以下，内能的计算值与实验值相符合；对三原子或多原子分子(视作刚性分子时)，由于忽略振动自由度，内能的计算值与实验值符合得并不好。

2. 能量按自由度均分原则

由理想气体的分子平均平动动能：

$$\overline{w}=\frac{1}{2}m\,\overline{v^2}=\frac{3}{2}kT$$

和式(10-2)统计假设 $\overline{v_x^2}=\overline{v_y^2}=\overline{v_z^2}=\frac{1}{3}\overline{v^2}$

可得分子沿各方向运动机会均等，即

$$\frac{1}{2}m\,\overline{v_x^2}=\frac{1}{2}m\,\overline{v_y^2}=\frac{1}{2}m\,\overline{v_z^2}=\frac{1}{3}\cdot\frac{1}{2}m\,\overline{v^2}=\frac{1}{2}kT \tag{10-10}$$

结论：(1)气体分子沿 x、y、z 三个方向运动的平均动能相等。

(2) 每一个平动自由度上的平均动能是 $\frac{1}{2}kT$，即分子的平均平动动能均匀地分配在每一个平动自由度上。

(3) 在平衡态下，气体分子任何一种运动(平动、转动等)都不会比其他一种运动更占优势，相对于每一个可能的自由度上平均动能都应相等。所以，在温度为 T 的平衡态下，气体分子的任何一个自由度上均分配有 $\frac{1}{2}kT$ 的平均动能。能量按自由度均分原理也是对大量气体分子的统计结果。

根据这一能量均分原则，对自由度为 i 的气体分子中，一个分子的平均动能为 $\frac{i}{2}kT$。所以对 He、Ne 等单原子气体分子，一个分子的平均动能为 $\frac{3}{2}kT$；对 H_2、O_2、CO 等双原子气体分子，一个分子的平均动能为 $\frac{5}{2}kT$；对 NH_3、CH_4 等三原子或多原子气体分子，一个分子的平均动能为$\frac{6}{2}kT$。

10.3.2 理想气体的内能

1. 内能

内能是指气体分子运动能量的总和。内能包括：

(1) 分子热运动的动能，即分子的平动动能、转动动能和振动动能，而刚性分子的振动动能可不计；

(2) 分子间相互作用势能，而理想气体分子的相互作用可忽略不计；

(3) 原子内部的能量，未参与转换，也无其他化学反应参加。

所以，理想气体(刚性)分子的内能，仅指系统内全部分子的平动动能和转动动能之和。

2. 讨论

(1) 1mol 理想气体有 N_A 个分子，设该气体分子的自由度为 i，则 1mol 理想气体的内能为

$$E_A = N_A \frac{i}{2}kT = \frac{i}{2}RT$$

(2) νmol 理想气体(质量为 m')的内能为

$$E = \nu \frac{i}{2}RT = \frac{m'}{M} \cdot \frac{i}{2}RT \qquad (10\text{-}11)$$

(3) 一定量的理想气体的内能取决于分子的自由度 i 和热力学温度 T，即某种理想气体的内能是温度的单值函数。理想气体状态改变(p 或 V 变)，只要 T 不变，则其内能也不变。

(4) 一定量的理想气体温度变化相同，其内能的变化量也相同，与过程无关。对 1mol 理想气体分子，有

$$\Delta E = \frac{i}{2}R \cdot \Delta T$$

或

$$dE = \frac{i}{2}R \cdot dT \qquad (10\text{-}12)$$

10.4 麦克斯韦速率分布

10.4.1 统计规律

1. 伽尔顿板实验

实验装置如图 10-4 所示，将小球一个一个地投，或一球投多次，或多球投一次，重复实验，结果也相仿。一个小球投一次具有偶然性，大量小球投下就呈现出一定的规律性。

2. 概率与平均值

统计规律是大量偶然事件(如小球与钉子碰撞后落入槽内)的整体所表现出的规律。事件的数量越大，这种规律性就表现得越明显。

某一物理量的平均值如下：

$$\overline{M} = \frac{M_1N_1 + M_2N_2 + \cdots + M_NN_N}{N}$$

式中,N_i 为出现 M_i 数值的次数($i=1,2,\cdots,N$)。

把 N_1 与测量总数目 N 的比值,称为出现 M_1(或状态 1)的概率 W_1,即

$$W_1 = \frac{N_1}{N}$$

平均值可写成 $$\overline{M} = \frac{\sum N_iM_i}{N} = \sum_i M_iW_i$$

把系统所有可能状态的概率相加,显然满足归一化条件:

$$\sum_i W_i = \sum_i \frac{N_i}{N} = \frac{\sum N_i}{N} = 1$$

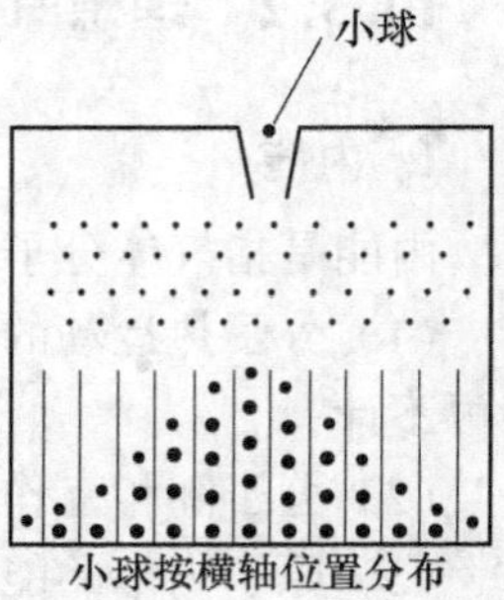

图 10-4　伽尔顿板实验

3. 结论

(1) 单个或少量事件显现不出这种统计规律。

(2) 这种统计规律与系统所处宏观状态有关。

(3) 统计规律带有“平均”的意味,并永远伴随着“涨落”;“涨落”即为相对于平均值出现的偏离。

10.4.2　麦克斯韦速率分布律

麦克斯韦速率分布律是研究大量分子速率分布的统计规律。每个气体分子运动的速度大小完全是偶然的;然而从大量气体分子的整体来看,在平衡态下,分子的速率分布却遵从一定的规律。研究气体分子速度大小的分布情况,就是要知道,气体在平衡状态下,分布在各个速率区间内的分子数占气体分子总数的百分比,以及大部分气体分子分布在哪一个速率区间。

1. 分子速度大小的实验测定

如图 10-5 所示,金属银在小炉中熔化并蒸发,银分子束通过炉上小孔逸出,通过两狭缝后进入抽空区域。圆筒及曲状玻璃板可绕中心旋转,进入圆筒的分子束将投射在玻璃板上,其位置与速率有关。从速度选择器 B、C 出射的粒子束速度大小为 v。

设圆筒直径为 D,转速为 ω,撞击点离玻璃板边界为 L,则有

$$L = \frac{D}{2}\Delta\theta = \frac{D}{2}\omega\Delta t = \frac{D}{2}\omega\frac{D}{v}$$

所以 $$v = \frac{\omega D^2}{2L}$$

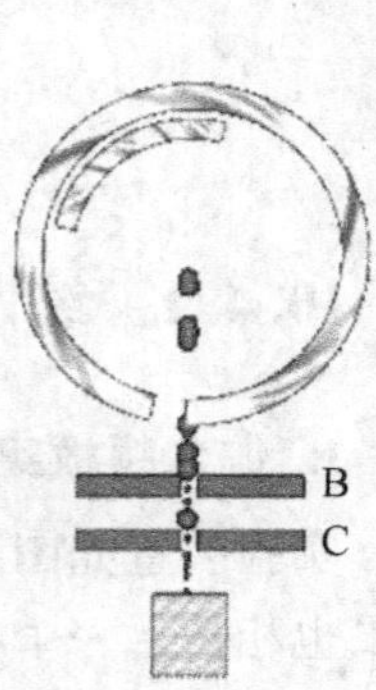

图 10-5　分子速度大小的实验测定

令圆盘以不同的角速度转动,实验中就可以比较分布在不同区间内的分子数的相对比值。

中国物理学家葛正权等人于 1930—1934 年也做过测定气体分子速度分布的实验,他们对斯特恩在 1920 年所用的方法做了改进,得到如下结果:一般地说,气体分布在不同区间内的分子数是不相同的,在实验宏观条件(如温度等)不变的情况下,分布在各个区间内分子的相对比值却是完全确定的。

2. 麦克斯韦速率分布函数$f(v)$

取速率区间 $v\sim(v+\Delta v)$，N 为气体的总分子数，ΔN 为在该区内的分子数，则 $\Delta N/N$ 就是这一区间内气体分子数占总分子数的百分比，也等于气体中任一气体分子具有的速率恰好在该速率区间内出现的可能性(或称概率)。Δv 不同，$\Delta N/N$ 也不同。

而 $\Delta N/(N\cdot\Delta v)$ 则表示分子在 v 附近的单位速率区间的分布概率(概率密度)，或指其速率在 v 附近的单位速率区间内的分子数占总分子数的百分比。

$$f(v)=\lim_{\Delta v\to 0}\frac{\Delta N}{N\cdot\Delta v}=\frac{\mathrm{d}N}{N\cdot\mathrm{d}v} \tag{10-13}$$

麦克斯韦指出，一定量的气体在一定的温度下处于平衡态时，$f(v)$ 是确定的函数，它定量地反映了气体分子按其大小的具体分布情况，$f(v)$ 的值越大，就表示在相应的单位速度区间内分布的分子数越多。$f(v)$ 称麦克斯韦分布函数。

理想气体在平衡态下，T 一定，当气体分子间的相互作用可以忽略时，分子速率分布在 $v\sim(v+\Delta v)$ 这一区间内的分子数的百分比为

$$\frac{\Delta N}{N}=f(v)\Delta v$$

1859 年，麦克斯韦证明了速率分布函数为

$$f(v)=4\pi\left(\frac{m}{2\pi kT}\right)^{3/2}\mathrm{e}^{-\frac{mv^2}{2kT}}v^2 \tag{10-14}$$

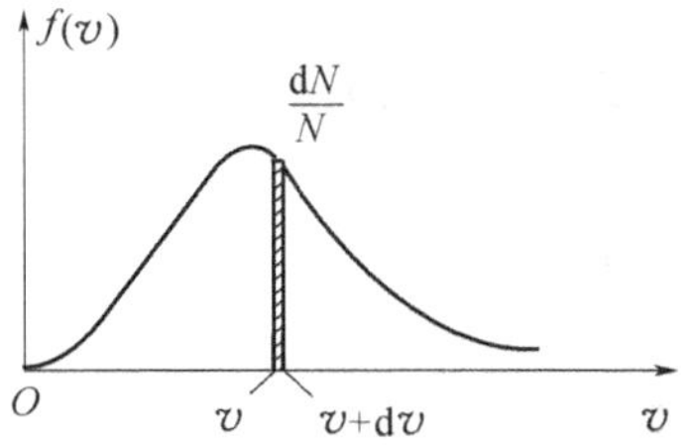

图 10-6　麦克斯韦速率分布曲线

3. 讨论

(1) 由于$f(v)$的数学表达式比较复杂，只给出麦克斯韦速率分布曲线如图 10-6 所示，其中矩形面积

$$\frac{\mathrm{d}N}{N}=f(v)\mathrm{d}v$$

其物理意义是：在速度区间 $v\sim(v+\Delta v)$ 内的分子数占总分子数的百分比，或一个分子的速率出现在 v 附近的该速率区间的概率。

(2) 麦克斯韦速率分布函数$f(v)$的归一化条件：由于 $\int_0^\infty\frac{\mathrm{d}N}{N}=100\%$，则

$$\int_0^\infty f(v)\mathrm{d}v=1 \tag{10-15}$$

(3) 分子按动能的分布。由 $E_\mathrm{k}=\frac{1}{2}mv^2$，得 $\mathrm{d}E_\mathrm{k}=mv\mathrm{d}v$，则有

$$\frac{\mathrm{d}N}{N}=f(E_\mathrm{k})\mathrm{d}E_\mathrm{k}=\frac{4\sqrt{2}\pi}{(2\pi kT)^{3/2}}(E_\mathrm{k})^{1/2}\mathrm{e}^{-\frac{E_\mathrm{k}}{kT}}\mathrm{d}E_\mathrm{k} \tag{10-16}$$

10.4.3　三种特征速率

1. 最可几速率

具有很大速率或很小速率的分子数较少，具有中等速率的分子数所占百分比却很高，速率分布曲线有极大值。与这个极大值对应的速度大小叫作最可几速率 v_P，由 $\mathrm{d}f(v)/\mathrm{d}v=0$，可得

$$v_P = \sqrt{\frac{2kT}{m}} = \sqrt{\frac{2RT}{M}} = 1.41\sqrt{\frac{RT}{M}} \tag{10-17a}$$

v_P 的物理意义：在一定的温度下，气体分子速率与 v_P 相近的单位速率区间的分子数占分子总数的百分比最大。亦即对相等的速率区间来说，气体分子的速率在 v_P 附近的概率最大。

2. 算术平均速率

算术平均速率表示大量气体分子速度大小的算术平均值：

$$\bar{v} = \frac{\sum N_i v_i}{N}$$

将求和化为积分
$$\bar{v} = \frac{\int v \mathrm{d}N}{N} = \frac{\int vNf(v)\,\mathrm{d}v}{N} = \int_0^\infty vf(v)\,\mathrm{d}v$$

利用数学积分可得
$$\bar{v} = \sqrt{\frac{8kT}{\pi m}} = \sqrt{\frac{8RT}{\pi M}} = 1.60\sqrt{\frac{RT}{M}} \tag{10-17b}$$

3. 均方根速率

由
$$\bar{v} = \frac{\int v^2 \mathrm{d}N}{N} = \frac{\int v^2 Nf(v)\,\mathrm{d}v}{N} = \int_0^\infty v^2 f(v)\,\mathrm{d}v$$

最后得
$$\sqrt{\overline{v^2}} = \sqrt{\frac{3kT}{m}} = \sqrt{\frac{3RT}{M}} = 1.73\sqrt{\frac{RT}{M}} \tag{10-17c}$$

与前面 $\bar{w} = \frac{1}{2}m\overline{v^2} = \frac{3}{2}kT$ 推得的结果完全一致。

4. 讨论

（1）比较式(10-17a)、式(10-17b)和式(10-17c)，有 $v_P < \bar{v} < \sqrt{\overline{v^2}}$。但对于气体分子分别在它们附近单位速度区间的分子数占分子总数的百分比 $\frac{\mathrm{d}N}{N\mathrm{d}v}$，有 $f(v_p) > f(\bar{v}) > f(\sqrt{\overline{v^2}})$。

（2）三种速率正比于 $\sqrt{T}$，反比于 $\sqrt{M}$。当温度升高时，速率较大的分子数增多，麦克斯韦分布曲线的最大值（峰值）也向量值增大的方向迁移。

（3）麦克斯韦分布曲线下的总面积不变，仍然满足归一化条件。因此，曲线峰值右移的同时，高度降低，变得“较为平坦”，如图 10-7 所示。

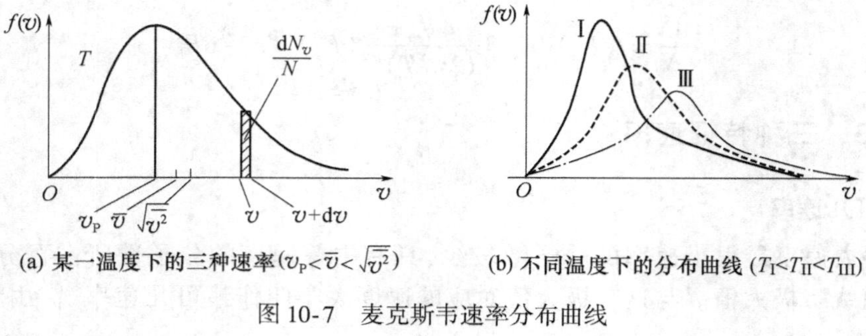

(a) 某一温度下的三种速率($v_P < \bar{v} < \sqrt{\overline{v^2}}$)　　(b) 不同温度下的分布曲线 ($T_I < T_{II} < T_{III}$)

图 10-7　麦克斯韦速率分布曲线

例 10-1　(1) 分别计算 0℃时氢气、氮气和氧气的均方根速率；

(2) 分别计算这三种气体的分子平均平动动能。

解　(1)由式(10-17c)，有

$$\left(\sqrt{\overline{v^2}}\right)_{H_2}=\sqrt{\frac{3RT}{M}}=\sqrt{\frac{3\times8.31\times273}{2\times10^{-3}}}=1.84\times10^{3}(\mathrm{m/s})$$

$$\left(\sqrt{\overline{v^2}}\right)_{N_2}=\sqrt{\frac{3RT}{M}}=\sqrt{\frac{3\times8.31\times273}{28\times10^{-3}}}=4.61\times10^{2}(\mathrm{m/s})$$

$$\left(\sqrt{\overline{v^2}}\right)_{O_2}=\sqrt{\frac{3RT}{M}}=\sqrt{\frac{3\times8.31\times273}{32\times10^{-3}}}=4.93\times10^{2}(\mathrm{m/s})$$

(2) 当温度一定时，三种气体在 273K 时的分子平均平动动能相等。

$$\overline{w}=\frac{3}{2}kT=\frac{3}{2}\times1.38\times10^{-23}\times273=5.65\times10^{-21}(\mathrm{J})$$

例 10-2　图 10-8 所示是氢和氧在相同温度下的速率分布曲线。由图中所标数据可判断：氢分子的最可几速率是 4000m/s；则氧分子的最可几速率是 1000m/s；氧分子的均方根速率是1225m/s。

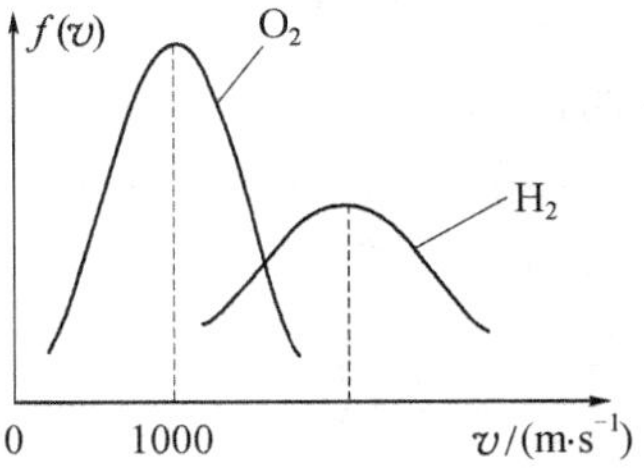

图 10-8　例 10-2 的图

例 10-3　若某气体分子的$\sqrt{\overline{v^2}}=450\mathrm{m/s}$，压强 $P=7\times10^4\mathrm{Pa}$，则该气体的密度为多少？

解　因为 $PV=\frac{m}{M_{mol}}RT$，所以 $P=\rho\frac{RT}{M_{mol}}$，则 $\rho=\frac{P}{RT/M_{mol}}$

又　$\sqrt{\overline{v^2}}=\sqrt{3RT/M_{mol}}$，可得 $RT/M_{mol}=\frac{1}{3}\overline{v^2}$

所以 $\rho=3P/\overline{v^2}=1.04\mathrm{kg/m^3}$。

10.4.4　玻耳兹曼分布律

麦克斯韦速率分布律讨论理想气体在平衡态下，没有外力场(或忽略重力作用)时分子速率的分布情况，分子在空间的分布被认为是均匀的，密度也是均匀的。玻耳兹曼将此推广到气体分子在重力场中，讨论了重力场中气体分子按高度分布的规律。此时 $E=E_k+E_p$，而气体分子在重力场中 $E_p\neq0$，即分子空间的分布是不均匀的。玻耳兹曼分布律对实物粒子在不同力场中运动的情形都成立。

1. 重力场中粒子按高度分布的规律

分布在高度为 Z 处、单位体积内的分子数密度为

$$n=n_0\mathrm{e}^{-\frac{mgZ}{kT}}\tag{10-18}$$

可见，在重力场中气体分子数密度 n 随高度 Z 的增加按指数减小；m 越大，n 减小得越快；温度 T 越高，分子运动越剧烈，n 的减小就越缓慢。

2. 气压公式

由式(10-7)和式(10-18)得

$$p=nkT=n_0kT\mathrm{e}^{-\frac{mgZ}{kT}}=p_0\mathrm{e}^{-\frac{mgZ}{kT}}=p_0\mathrm{e}^{-\frac{MgZ}{RT}}\tag{10-19}$$

该公式表示大气压强随高度按指数变化，即按指数减小。

将式(10-19)取自然对数

$$Z = -\frac{RT}{Mg}\ln\frac{p}{p_0}$$

如 $p_0 = 1.013\times10^5\text{Pa}$，$p = 0.5\times10^5\text{Pa}$，$T = 300\text{K}$，设空气分子的平均摩尔质量为 $29\times10^{-3}\text{kg/mol}$，即可算出

$$Z = -\frac{RT}{Mg}\ln\frac{p}{p_0} = -\frac{8.31\times300}{29\times10^{-3}\times9.8}\ln\frac{1}{2} = 6.08\times10^3(\text{m})$$

即6000m的高空对应大气压强为50kPa，约为地面大气压强的1/2。

10.5　分子的平均碰撞次数及平均自由程

1. 分子的平均碰撞次数

通过例10-1的计算可知，常温下气体分子一般是以几百米每秒的平均速率运动的，但实际上气体的扩散、传递过程相对来说要慢得多；因为气体分子在运动过程中频繁地与其他分子发生碰撞。也正是由于这种碰撞，分子间发生能量的传递，才使得气体的扩散、传导等过程正常进行。

分子的平均碰撞次数，是指在单位时间内一个分子与其他分子发生碰撞的次数，即分子的碰撞频率。这里要用到分子的平均速率 $\bar{v}$。

假设某分子以 $\bar{v}$ 运动，而其他分子静止不动。将气体分子仍视作弹性小球，直径为 d。如图10-9所示，凡是球心到中心线的距离小于 d 的其他分子，都将与该分子发生碰撞。

所以，在沿 $\bar{v}$ 运动方向上虚设的体积为 $\pi d^2\bar{v}$ 的圆柱体的其他分子，均将在1s内与该分子碰撞。设分子数密度为 n，则分子的平均碰撞次数为

$$\bar{Z} = n(\pi d^2\bar{v})$$

实际上所有的分子都在运动，且分子运动的速率是遵守麦克斯韦分布律的，这样分子间的平均相对速度的大小并不是平均速率 $\bar{v}$，麦克斯韦从理论上进行了修正，得到

$$\bar{Z} = \sqrt{2}n(\pi d^2\bar{v}) \tag{10-20}$$

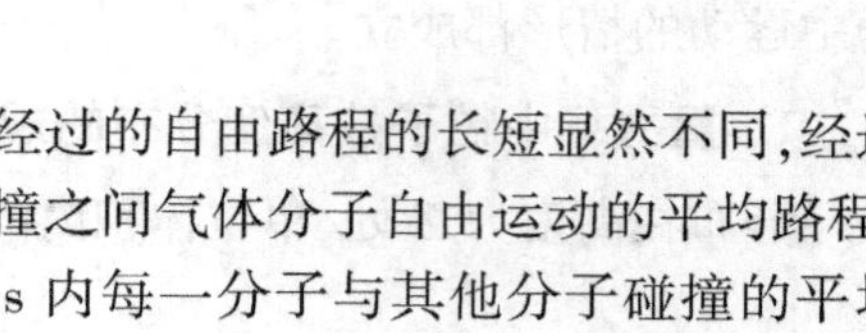

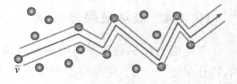

图10-9　分子的弹性碰撞

2. 平均自由程

一个气体分子在运动中任意两次连续碰撞之间，所经过的自由路程的长短显然不同，经过的时间也不同。分子的平均自由程，是指每两次连续碰撞之间气体分子自由运动的平均路程。

如前所述，1s内每一分子平均走过的路程为 $\bar{v}\times1$，1s内每一分子与其他分子碰撞的平均次数为 $\bar{Z}$，显然平均自由程为

$$\bar{\lambda} = \frac{\bar{v}}{\bar{Z}} = \frac{1}{\sqrt{2}n\pi d^2} \tag{10-21}$$

通过估算，在标准状态下，空气分子每秒碰撞次数达几十亿次，其平均自由程约为分子线度的两百多倍。

10.6 热力学第一定律

热力学是研究物质热现象和热运动规律的宏观理论。前面已提到热力学的研究方法不涉及物质内部结构，而是用能量细化的观点来研究变化过程中有关热、功的基本概念，以及它们之间相互转换关系或转换条件。

热力学主要内容是讨论热力学第一定律对理想气体各等值过程中的应用以及循环过程（卡诺循环等）。

10.6.1 热力学第一定律的表述

1. 系统和过程

在热力学中，一般将所研究的物质（常为气态）称为热力学系统，简称系统。系统处于平衡态时，其内部不存在任何的不均匀性，因而在 p-V 图上可用一个点来表示。如果系统的状态发生变化，而且系统所经历的中间状态都无限接近于平衡状态，该过程就称为平衡过程，或称为准静态过程。平衡过程只是实际过程的抽象，在 p-V 图上可用一条曲线来表示，参见图 10-1。

2. 功、热量与内能

如前所述，一定量的某种理想气体，内能是温度的单值函数，温度变化相同，其内能的改变量也相同，与系统所经历的过程无关，只决定于初、末两个状态。由式（10-12），对 νmol 理想气体有

$$\Delta E=\nu\left(\frac{i}{2}R\Delta T\right)$$

或

$$\mathrm{d}E=\nu\left(\frac{i}{2}R\mathrm{d}T\right) \tag{10-22}$$

对一系统做功，将使系统的内能增加，对系统传递热量，也将使内能增加。功和热量、内能的单位都用焦耳（J），那么三者之间的关系如何呢？

3. 热力学第一定律的公式表述

根据力学的功能原理 $A_{\mathrm{e}}+A_{\mathrm{id}}=E_{\mathrm{M}}-E_{\mathrm{M_0}}$

热量的传递会导致系统温度的改变，而内能是温度的单值函数，由式（10-22），温度的改变则会导致其内能的改变。由此可以这样理解：外界对系统做功，或者向系统转移热量，或两者兼施，则所做的功与所转移的热量之总和，是与系统内能的改变量相等的，即

$$A_{\mathrm{e}}+Q=E_2-E_1 \tag{10-23}$$

若用 A_{e} 表示外界对系统所做的功，A 表示系统对外界做功，$\Delta E=E_2-E_1$ 表示内能的增量，则有 $A_{\mathrm{e}}=-A$，式（10-23）可表示为

$$Q=\Delta E+A \tag{10-24}$$

式（10-24）就是热力学第一定律的公式表述。热力学第一定律说明：系统所吸收的热量，在数量上等于这一过程中系统内能的增量与对外界做功的总和。

4. 讨论

（1）热力学第一定律的实质就是包含热现象在内的能量转化和守恒定律。规定：系统从

外界吸热，Q 为正，系统向外界放热，Q 为负；系统内能增加，ΔE 为正，系统内能减少，ΔE 为负；系统对外界做功，A 为正，外界对系统做功，A 为负。

（2）由式(10-24)可得

$$A = Q - \Delta E = Q + (E_1 - E_2) \tag{10-25}$$

若系统既不从外界吸热，也不减少系统的内能，则系统不可能对外界做功，即所谓第一类永动机是不可能实现的。

（3）由式(10-24)可得热力学第一定律的微分形式：$dQ = dE + dA$。

10.6.2 气体系统做功公式

1. 容变过程的热力学第一定律

以汽缸中气体系统膨胀（见图 10-10）为例，气体对活塞的压力是变力，$f = pS$，活塞移动 dl，气体对外所做元功为

$$dA = pSdl = pdV$$

如图 10-11 所示，从 p-V 图中可知，系统从状态 1 膨胀到状态 2，气体系统对外所做的功为

$$A = \int_{V_1}^{V_2} pdV$$

其中 $p = p(V)$。这个结论对任何形状的体积变化的气体系统都适用。由式(10-24)，对气体系统的准静态过程有

$$Q = \Delta E + \int_{V_1}^{V_2} pdV \tag{10-26}$$

这就是容变过程的热力学第一定律。

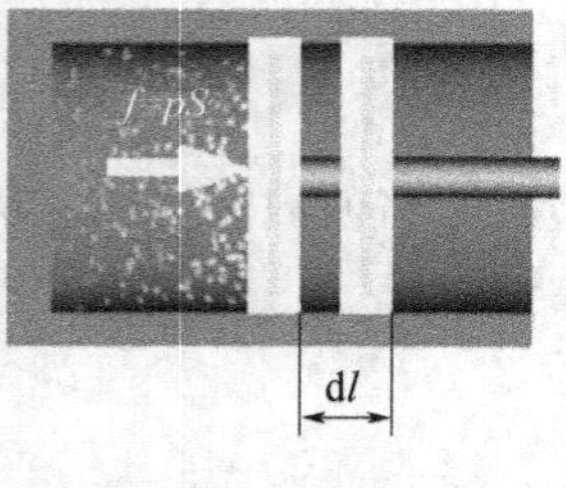

图 10-10　气体系统膨胀

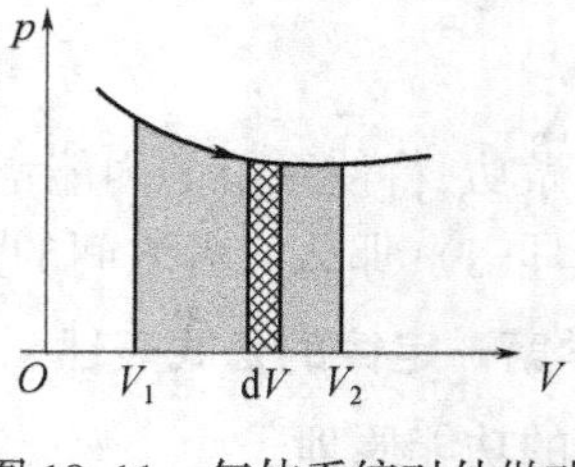

图 10-11　气体系统对外做功

2. 说明

（1）容变过程的功等于 p-V 图中曲线下所围的面积，如图 10-12 所示。

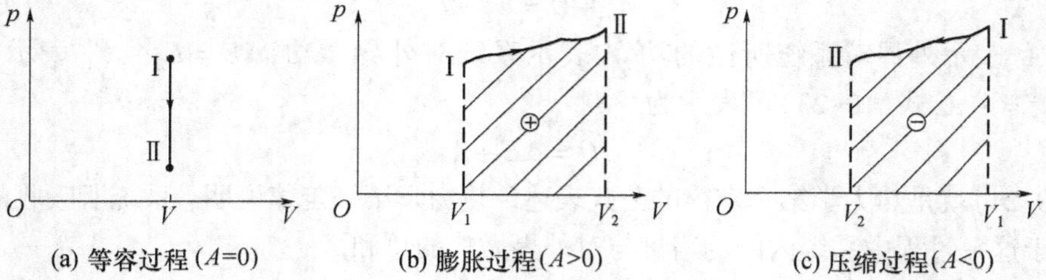

图 10-12　容变过程的功等于 p-V 图中曲线下所围的面积

(2) A 不仅与系统的初、末状态有关，而且还与系统所经历的过程有关。

(3) 准静态过程热力学第一定律的微分式为

$$\mathrm{d}Q = \mathrm{d}E + p\mathrm{d}V \qquad (10\text{-}27)$$

所以，系统吸入或放出的热量一般也随过程的不同而异。功和热量都不是系统的状态函数，图 10-13 中 1、2、3 三个过程的初态、末态相同，但系统所做的功 A 均不相等。

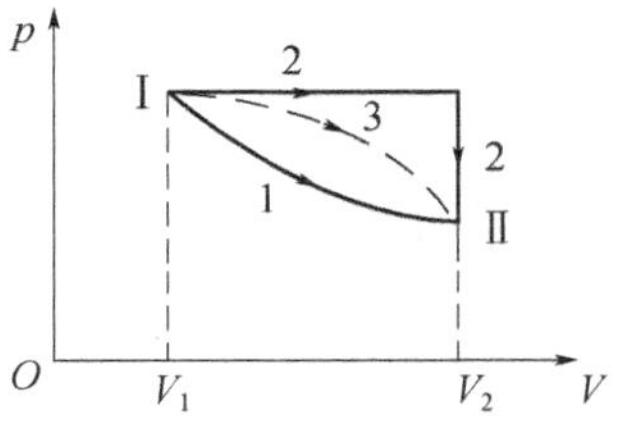

图 10-13　三个过程系统所做的功 A 均不相等

10.7　热力学第一定律应用于理想气体的等值过程

基本依据：平衡过程的热力学第一定律式(10-26)及其微分式(10-27)，以及理想气体状态方程式(10-1)及其微分式：$p\mathrm{d}V + V\mathrm{d}p = \nu R\mathrm{d}T$。

10.7.1　等容过程

1. 等容过程的功、热和内能

气体系统的体积保持不变的平衡过程是一个等容过程，也称等体过程。

$$V = C(\text{常量})\text{，即 } \mathrm{d}V = 0$$

图 10-14 所示为等容增压过程。根据热力学第一定律

$$Q_V = E_2 - E_1$$

或

$$\mathrm{d}Q_V = \mathrm{d}E \qquad (10\text{-}28)$$

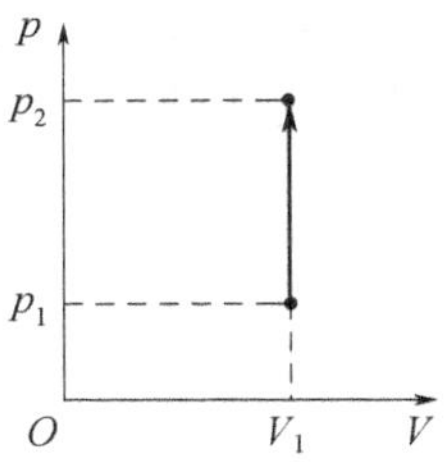

图 10-14　等容增压过程

等容过程的特点：当 $Q_V > 0$ 时，$E_2 - E_1 > 0$，系统从外界吸收的热量全部用于增加系统内能；当 $Q_V < 0$ 时，$E_2 - E_1 < 0$，系统向外放热，必将减少同样数量的内能。

2. 气体的摩尔定容热容

由热量公式　　$Q = mc(T_2 - T_1)$

mc 称为热容，对 1mol 气体，Mc 称为摩尔热容，记作 C，则

$$Q = Mc(T_2 - T_1) = C(T_2 - T_1)$$

其微分式为

$$\mathrm{d}Q = C\mathrm{d}T$$

或

$$C = \mathrm{d}Q/\mathrm{d}T$$

气体的摩尔定容热容，就是指 1mol 理想气体在体积不变的条件下，温度升高(或降低)1K 时气体所吸收(或放出)的热量。定义式

$$C_V = \frac{\mathrm{d}Q_V}{\mathrm{d}T} \qquad (10\text{-}29)$$

式(10-29)含义：1mol 理想气体变化 1 单位温度下吸收或放出的热量，单位为 J/(mol · K)。

由式(10-28)和式(10-12)，即

$$\mathrm{d}Q_V = \mathrm{d}E, \quad \mathrm{d}E = \frac{i}{2}R \cdot \mathrm{d}T$$

可得 $$C_V=\frac{dQ_V}{dT}=\frac{dE}{dT}=\frac{i}{2}R$$

或 $$dE=C_V dT$$

对 νmol 理想气体 $$dE=\nu C_V dT \tag{10-30}$$

$$Q_V=\nu C_V(T_2-T_1)$$

10.7.2 等压过程

1. 等压过程的功、热量及内能

图 10-15 所示为等压膨胀过程。气体系统的压强保持不变的平衡过程称作等压过程。这时,有

$$p=C(\text{常量}),\text{即 } dp=0$$

例如,汽缸内体积膨胀时保持系统内外压力或压强大小不变的平衡过程,则

$$A=\int_{V_1}^{V_2}p dV = p(V_2-V_1)$$

由热力学第一定律 $Q_p=E_2-E_1+p(V_2-V_1)$

或 $$dQ_p=dE+p dV \tag{10-31}$$

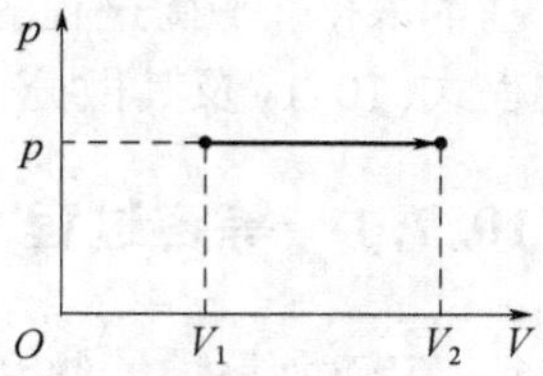

图 10-15 等压膨胀过程

2. 气体的摩尔定压热容

定义:1mol 理想气体,在压强不变时,温度变化 1K 所吸收(或放出)的热量,称为理想气体的摩尔定压热容,单位为 J/(mol · K)。

$$C_p=\frac{dQ_p}{dT} \tag{10-32}$$

由 1mol 理想气体状态方程的微分式

$$p dV+V dp=R dT$$

即 $dp=0$ 时,$p dV=R dT$,又由式(10-31)和式(10-32)得

$$dQ_p=dE+R dT$$

即 $$C_p dT=\frac{i}{2}R dT+R dT$$

由此可得摩尔定压热容与摩尔定容热容之间的关系,即迈耶公式

$$C_p=\frac{i}{2}R+R=C_V+R \tag{10-33}$$

对 νmol 理想气体 $$dQ_p=\nu\, C_p dT=\nu\,(C_V+R)dT$$

$$Q_p=\nu\, C_p(T_2-T_1)=\nu\,(C_V+R)(T_2-T_1) \tag{10-34}$$

3. 讨论

(1) 理想气体的内能是温度的单值函数,与过程无关;但是,气体系统所吸收的热量与系统所经历的过程有关。

(2) 可以用摩尔定容热容 $C_V=\frac{i}{2}R$ 计算任何两个状态之间的内能变化,式(10-30)总成立,即

$$dE = \nu C_V dT$$

或
$$E_2 - E_1 = \nu C_V (T_2 - T_1)$$

(3) 因为等容过程吸收的热量只用于增加系统的内能,而等压过程还要多吸收些热量用于气体对外界做功。同是1mol理想气体,温度同样升高1K,等压过程吸收的热量要多 R:

$$Q_V = \nu C_V (T_2 - T_1)$$

$$Q_p = \nu (C_V + R)(T_2 - T_1)$$

(4) 摩尔热容比
$$\gamma = \frac{C_p}{C_V} = \frac{\frac{i}{2}R + R}{\frac{i}{2}R} = \frac{i+2}{i}$$

10.7.3 等温过程

1. 等温过程的功、热量及内能

一定量的理想气体系统温度保持不变的平衡过程,称为等温过程。因为 T 不变,$pV = \nu RT$(常量),则在 p-V 图中平衡过程为双曲线,如图10-16所示。

T 不变,则 $\Delta E = 0$,由热力学第一定律

$$Q_T = A_T = \int_{V_1}^{V_2} p dV \quad (10\text{-}35)$$

其中,$p = p(V) = \nu RT \frac{1}{V}$,代入上式得

$$Q_T = A_T = \nu RT \int_{V_1}^{V_2} \frac{1}{V} dV = \nu RT \ln \frac{V_2}{V_1} = \nu RT \ln \frac{p_1}{p_2} \quad (10\text{-}36)$$

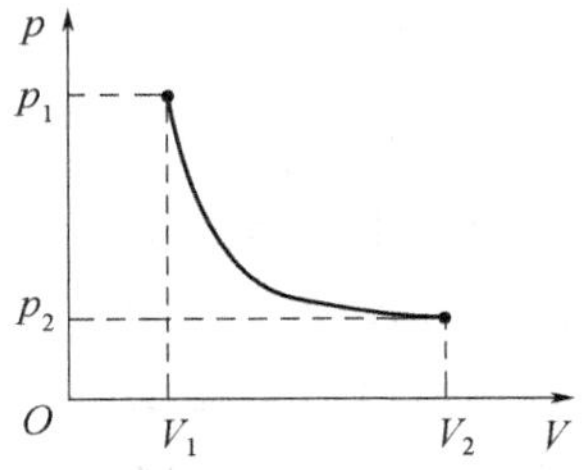

图10-16 等温过程

2. 等温过程的特征

(1) 等温膨胀过程:$V_2 > V_1$,则 $Q_T > 0, A_T > 0$,表示气体系统吸热;又因内能不变,所以系统对外界做正功。

(2) 等温压缩过程: $V_2' < V_1'$,则 $Q_T < 0, A_T < 0$,表示气体系统向外界做负功(或外界对系统做正功);内能也不变时,则系统要向外界放热。

10.7.4 绝热过程

系统与外界没有热量交换的平衡过程,称为绝热过程。例如,杜瓦瓶、真空保温杯、冰箱或用石棉等绝热材料包起来的容器内的系统所经历的状态变化过程,均可近似地视作绝热过程。若系统的热量来不及和周围环境发生交换,则该系统所经历的状态变化过程也可近似当作绝热过程。

1. 绝热方程

因为 Q 不变,$dQ = 0$,由热力学第一定律

$$dQ = dE + pdV = 0$$

所以
$$pdV = -dE = -\nu C_V dT$$

$$pdV + Vdp = \nu R dT = \nu (C_p - C_V) dT$$

两式相比并化简得
$$C_V V dp + C_p p dV = 0$$

等式两边同除以 $C_V pV$，可得

$$\frac{dp}{p}+\frac{C_p}{C_V}\frac{dV}{V}=0$$

两边同时积分

$$\ln p+\gamma\ln V=C(\text{常量})$$

$$\ln(pV^\gamma)=C$$

即

$$pV^\gamma=C_1 \tag{10-37}$$

利用理想气体的状态方程 $pV=\nu RT$，消去 p 或 V，分别可得

$$V^{\gamma-1}T=C_2 \tag{10-38}$$

$$p^{\gamma-1}T^{-\gamma}=C_3 \tag{10-39}$$

式(10-37)～式(10-39)称为绝热方程(又称泊松方程)，这一组式表达了绝热过程中任两个状态参量之间的函数关系。

2. 绝热过程的功、热量及内能

因 $dQ=0$，且用 C_V 计算两状态之间的内能变化，则

$$dA_Q=-dE=-\nu C_V dT$$

$$A_Q=-(E_2-E_1)=\nu C_V(T_2-T_1) \tag{10-40}$$

3. 讨论

(1) 如图 10-17 所示，在绝热过程中，系统对外做功 A_Q 在数量上等于内能的减少量 $-(E_2-E_1)$；若外界对系统做功，其内能将增加(E_2-E_1)。

(2) 对绝热膨胀过程，$A_Q>0$，$T_2-T_1<0$，系统温度降低；反之，对绝热压缩过程，$A_Q<0$，$T_2-T_1>0$，系统温度则升高。

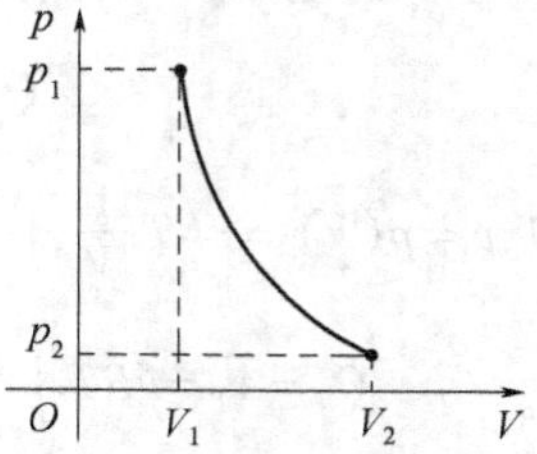

图 10-17　绝热过程

(3) 在 p-V 图中，对比绝热线和等温线，绝热线要陡些。在绝热膨胀过程中，压强的降低不仅由于体积的膨胀，而且还因为温度的降低；反之，对绝热压缩过程，压强的增大不仅由于体积的压缩，而且还因为系统温度的升高。

由等温过程：$pV=C$，求导可得

$$pdV+Vdp=0$$

如在 p-V 图中的某点 A：

$$\left(\frac{dp}{dV}\right)_T=-\frac{p_A}{V_A} \tag{10-41}$$

由绝热过程：$pV^\gamma=C_1$，求导可得

$$V^\gamma dp+\gamma V^{\gamma-1}pdV=0$$

$$\left(\frac{dp}{dV}\right)_Q=-\gamma\frac{p_A}{V_A} \tag{10-42}$$

由于 $\gamma=C_p/C_V>1$，所以，绝热线比等温线要陡些。

10.7.5　多方过程

作为上述四个特征过程的综合，令

$$pV^n=C(\text{常量}) \tag{10-43}$$

式(10-43)称为多方过程或多变过程，其中 n 称为多方指数。

(1) $n=0, p=C$(常量),对应等压过程;

(2) $n=1, pV=C$,对应等温过程;

(3) $n=\gamma, pV^{\gamma}=C$,对应绝热过程;

(4) $n\to\infty$,式(10-43)可转化为 $p^{1/n}V=C$,即 $V=C$(常量),对应等容过程。

显然,理想气体的多方过程仍然遵守状态方程和热力学第一定律。可以证明,若理想气体由平衡态(p_1, V_1)经多方过程达平衡态(p_2, V_2),则该过程中系统所做的功为

$$A=\frac{p_1V_1-p_2V_2}{n-1} \tag{10-44}$$

例如,等压过程 $n=0, A_p=p(V_2-V_1)$;等容过程 $n\to\infty, A_V=0$;绝热过程 $n=\gamma, A_Q=\dfrac{p_1V_1-p_2V_2}{\gamma-1}$;对等温过程系统所做的功,仍然用式(10-36):$A_T=\nu RT\ln\dfrac{V_2}{V_1}$。

10.8 循环过程与卡诺循环

10.8.1 循环过程

1. 循环过程及其特征

系统经历一系列的平衡过程又回到初始状态,这种周而复始的变化过程称为循环过程,简称循环。

因为单一过程的容变总有个终结,不能连续不断地进行热功转换。要连续不断地将热转化为功,只有使系统做循环过程,才有利用价值。

如图10-18所示,系统经历一个循环,回到初始状态,内能没有改变。因为内能是状态的单值函数,因此

$$\oint dE=0 \tag{10-45a}$$

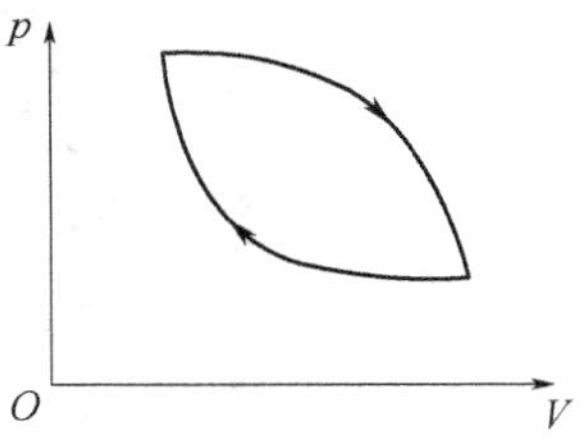

图10-18 循环过程

2. 循环过程的热功转换规律

根据热力学第一定律,对一个循环过程,由式(10-45a),有

$$\oint dQ=\oint dA \tag{10-45b}$$

系统若做一个顺时针的正循环,则 $A>0$;若做一个反时针的逆循环,则 $A<0$。如图10-18所示,系统在高温区膨胀过程中从外界吸收的热量为 Q_1($Q_1>0$),在低温区压缩过程中向外界放出的热量为 Q_2($Q_2<0$),则系统在循环过程中吸收的净热量为

$$Q_1-|Q_2|=A \tag{10-46}$$

式中,A 为系统对外所完成的净功。

3. 热机与工作物质

利用正循环过程把热量转换成机械功的装置,称为热机。热机是利用热运动的能量连续不断做功的机器,如蒸汽机、内燃机、喷气发动机等,其中蒸汽、油气的混合物就称为热机的工作物质。

10.8.2 卡诺循环

1. 热机的循环效率

类似的,每一个循环过程都有吸热(以 Q_1 表示)和放热(以 Q_2 表示)。因为工作物质经历一个循环,内能不变,所以工作物质经历一个循环所吸收的净热量等于系统对外所做的净功。由式(10-46)得

$$Q_1 - |Q_2| = A$$

功 A 的值等于 p-V 图中循环曲线所围的面积。

热机将热量转换为功的效率,称为热机的效率。它描述的是热机对所吸收的热量的利用率:

$$\eta = A/Q_1 = 1 - |Q_2|/Q_1 \tag{10-47}$$

上式表示:在循环过程中,热机从热源吸收热量 Q_1,也必定向外界环境放出热量 Q_2,只有一部分用于做功 A,即循环过程系统吸收的热量不能全部用来做功。

2. 卡诺循环的特征

如图 10-19 所示,卡诺循环是工作在两个温度恒定的热源(一个高温热源 T_1,一个低温热源 T_2)之间的循环过程,且它由两个等温过程和两个绝热过程构成。

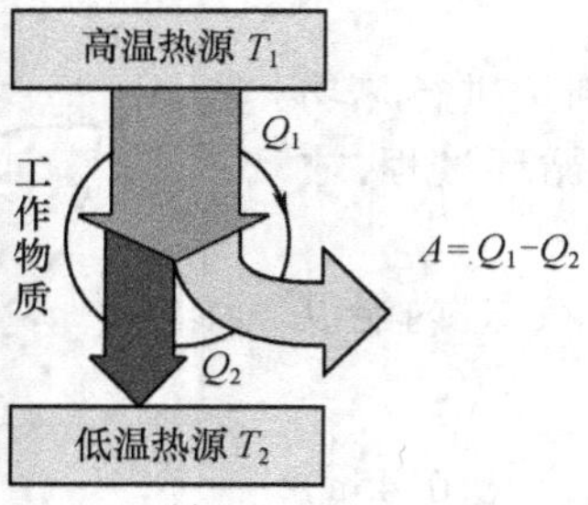

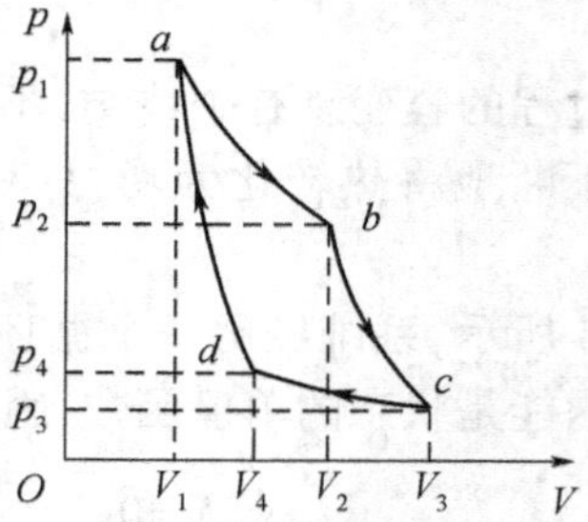

图 10-19 卡诺循环

1~2:等温膨胀过程,由式(10-36),系统吸热

$$Q_1 = \nu RT_1 \ln \frac{V_2}{V_1} > 0 \tag{10-48}$$

2~3:绝热膨胀过程,$dQ=0$,由式(10-38)

$$T_1 V_2^{\gamma-1} = T_2 V_3^{\gamma-1} \tag{10-49}$$

3~4:等温压缩过程,系统放热

$$Q_2 = \nu RT_2 \ln \frac{V_4}{V_3} < 0 \tag{10-50}$$

4~1:绝热压缩过程,$dQ=0$

$$T_1 V_1^{\gamma-1} = T_2 V_4^{\gamma-1} \tag{10-51}$$

3. 卡诺循环的效率

由式(10-47)和式(10-48)、式(10-50)可得

$$\eta = 1 - \frac{|Q_2|}{Q_1} = 1 - \frac{\left|T_2 \ln \frac{V_4}{V_3}\right|}{T_1 \ln \frac{V_2}{V_1}} \tag{10-52}$$

由过程 2 ~3 和过程 4 ~1,将式(10-49)和式(10-51)相除,得

$$\left(\frac{V_2}{V_1}\right)^{\gamma-1} = \left(\frac{V_3}{V_4}\right)^{\gamma-1} \tag{10-53}$$

将式(10-53)代入式(10-52),并去掉绝对值符号,得卡诺循环的效率为

$$\eta_c = 1 - \frac{T_2 \ln \frac{V_3}{V_4}}{T_1 \ln \frac{V_2}{V_1}} = 1 - \frac{T_2}{T_1} \tag{10-54}$$

讨论:(1) 卡诺循环是在两个恒定的热源(一个高温热源,一个低温热源)之间的循环过程,要完成一次卡诺循环必须有高温和低温两个热源。

(2) 卡诺循环的热效率只与两个热源的热力学温度有关,欲提高效率 η_c,则应加大两热源间的温差。T_2 一般为环境温度,降低的难度大,成本也高;所以,一般提高高温热源的温度 T_1。

(3) 因为 $T_2 = 0, T_1 \to \infty$ 是不可能的,所以,卡诺循环的效率必定小于 1。

那么热机最大效率为多少?从而导致热力学第二定律。

4. 致冷机原理

与热机中工作物质的循环过程恰恰相反,从低温热源吸热($Q_2 > 0$),向高温热源放热($Q_1 < 0$),这样完成一个循环,不是工作物质对外做功,而是外界必须对工作物质做功,即 $A < 0$,如图 10-20 所示。

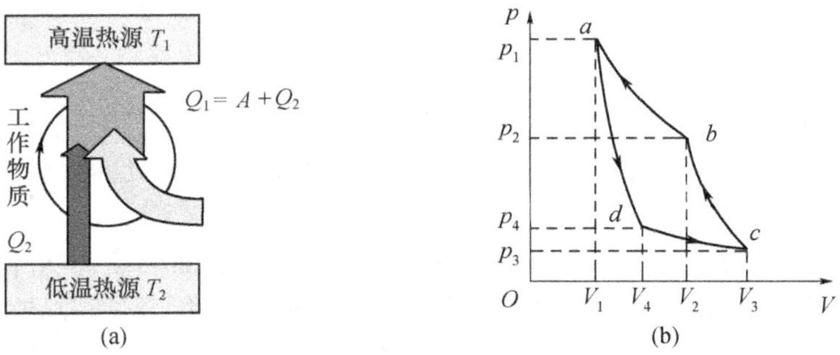

图 10-20　致冷循环

这种循环的结果,将使低温热源的温度降得更低,这类循环称为致冷循环,这就是致冷机的原理。

致冷机的效率可用从低温热源中所吸取的热量 Q_2 与外界所做的功 A 的比值来衡量,称为致冷系数:

$$\omega = \frac{Q_2}{|A|} = \frac{Q_2}{|Q_1| - Q_2} \tag{10-55}$$

同理可得,卡诺致冷机的致冷系数:

$$\omega_c = \frac{T_2}{T_1 - T_2} \tag{10-56}$$

(1) 由式(10-56)可知,T_2 越小,ω_c 也越小,说明要从更低的低温热源中吸热,就必须消耗更多的外功。

(2) 空调器是一台致冷机,工作物质循环时,外界做功,从室内吸走热量 Q_2,把热量 Q_1 送出室外。利用液体的汽化过程致冷,一般选用沸点低的物质充当致冷剂,如氨和氟利昂等。

(3) 还有一种致冷机叫热泵:冬天室外为低温热源,室内为高温热源。工作物质做循环工作时,外界做功,从室外吸收热量 Q_2,向室内运送热量 Q_1。

例 10-4 有一台卡诺机,工作在温度为 127℃和 27℃两个热源之间。

(1) 若一次循环,热机从 127℃的热源吸热 1200J,问应向 27℃的热源放热多少?

(2) 若此循环按致冷循环工作,从 27℃的热源吸热,问应向 127℃的热源放热多少?

解 (1) 由卡诺循环的效率式(10-54)

$$\eta_c = 1 - |Q_2|/Q_1 = 1 - T_2/T_1$$

$$\frac{|Q_2|}{Q_1} = \frac{T_2}{T_1}, \quad 即 \quad \frac{|Q_2|}{1200} = \frac{27+273}{127+273}$$

解得 $|Q_2| = 900\text{J}$。

(2) 由式(10-56) $\quad \omega_c = \frac{Q_2}{|Q_1| - Q_2} = \frac{T_2}{T_1 - T_2}, \quad 即 \quad \frac{1200}{|Q_1| - 1200} = \frac{300}{400-300}$

解得 $|Q_1| = 1600\text{J}$。

10.9 热力学第二定律和卡诺定理

10.9.1 热力学第二定律

1. 第二类永动机

热力学第一定律告诉我们,效率大于 100% 的做循环动作的热机,即第一类永动机是不可能制成的。

而所谓第二类永动机,就是指从一个热源吸热,并将热量全部转变为功的一种做循环动作的热机。从前面的讨论可看到,工作物质从高温热源吸热,经过循环过程总要放出一部分热量到低温热源中去,才能回复到初始状态。我们无法制成从单一热源吸热做功,而不向低温热源放热,效率达到 100% 的做循环的热机,即第二类永动机是不可能实现的。

2. 热力学第二定律的开尔文表述

热力学第二定律就是这一事实的总结,可叙述为:不可能制成一种做循环动作的热机,只从单一热源吸取热量,使之完全变为有用的功,而不产生其他影响。

注意"循环动作":如果工作物质所进行的不是循环过程,使一个热源冷却做功不放出热量是完全可能的。例如,系统在等温膨胀过程中,气体系统只从一个热源吸热,全部转变为功而不放出任何热量。但如果只是这样做功下去,工作物质就不可能回到初始状态。

3. 热力学第二定律的克劳修斯表述

克劳修斯在观察自然现象时也总结了这样一条自然规律:不可能将热从低温物体传到高温物体而不产生其他影响,即"热量不能自动地从低温物体向高温物体传递"。

这里特别注意"自动"。热量可以从低温物体传到高温物体,但此时外界必须做功,如借助于某种循环的机器——致冷机。但是,这样热量就不是"自动"地从低温物体传向高温物体了,外界对其产生了影响。

4. 热力学第二定律的实质

(1) 开尔文表述与克劳修斯表述,实际上可理解为一个定律,是等价的,只是叙述的方法不同。前一种叙述成立,后一种也成立,反之亦然。

(2) 伴随着热现象的自然过程具有方向性。功可以完全转变为热,如摩擦生热等,按热功当量。第二定律却说明从单一热源吸取的热量不能通过一个循环过程全部变为功。

热量可以从高温物体自动地传向低温物体,第二定律却说明热量不能自动地从低温物体传向高温物体。

(3) 热力学第一定律说明,在任何过程中能量必守恒,而第二定律却是反映自然界过程进行的方向和条件的一个规律。它还可以有其他表述,如"一切自发过程都是不可逆的"等,如自由扩散过程。

10.9.2 卡诺定理和热力学第二定律的统计意义

1. 可逆过程和不可逆过程

从状态 a 变为状态 b,如果能使系统进行逆向变化,从状态 b 回复到初态 a,而且周围一切也都各自回复原状,此过程称为可逆过程;如果系统不能回到初态,或当系统回到初态时周围不能回复原状,此过程就称为不可逆过程。

例如,通过摩擦,功可变为热量,但热量不可能通过循环过程(周围一切回复原状)而全部转变为功,所以此过程是不可逆过程。又如,热量直接从高温物体传向低温物体也是一个不可逆过程,因为热量不能再自动地从低温物体传向高温物体了。还有气体对真空的自由膨胀过程,如图 10-21 所示。

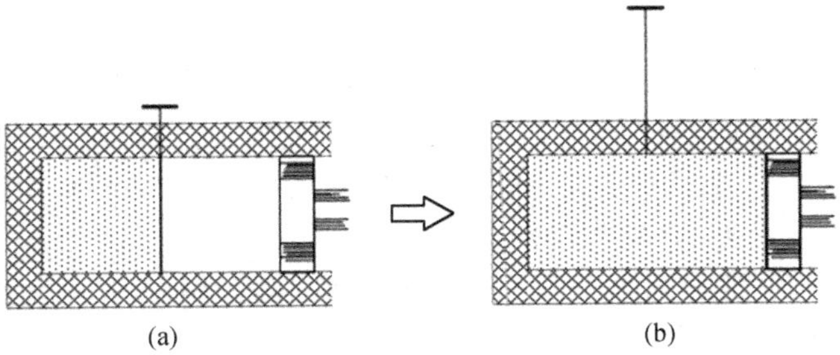

图 10-21 气体对真空的自由膨胀过程

热力学中过程的可逆与否和系统所经历的中间状态是否为平衡态有关。由一系列接近于平衡态的中间态所组成的平衡过程,都是可逆过程。

2. 卡诺定理

卡诺循环中每个过程都是平衡过程，所以卡诺循环是理想的可逆循环。

（1）在相同的高温热源 T_1 与低温热源 T_2 之间工作的一切可逆机，其工作物的循环是可逆的，效率相等。

$$\eta_{可} = \eta_c = 1 - T_2/T_1 \tag{10-57}$$

（2）工作在同一对恒温热源之间的一切不可逆机，其效率都小于可逆机的效率，即

$$\eta_{不可} < \eta_{可} \tag{10-58}$$

卡诺定理指出了提高热机效率的途径：

（1）应当使实际的不可逆机尽量接近可逆机。

（2）应该尽量提高两个热源的温度差。由于降低低温热源的温度来提高效率是不经济的，所以要提高热机效率应当从提高高温热源的温度入手。

3. 热力学第二定律的统计意义

封闭系统内部发生的过程，总是由概率小的状态向概率大的状态进行，由包含微观状态数目少的宏观状态向包含微观数目多的宏观状态进行。

习　题

一、选择题

1. 1 mol 刚性双原子分子理想气体，当温度为 T 时，其内能为（　　）。

（A）$\frac{3}{2}RT$　　（B）$\frac{3}{2}kT$　　（C）$\frac{5}{2}RT$　　（D）$\frac{5}{2}kT$

（式中，R 为普适气体常量；k 为玻耳兹曼常量）

2. 设如图 P10-1 所示的两条曲线分别表示在相同温度下氧气和氢气分子的速率分布曲线；令 $(v_p)_{O_2}$ 和 $(v_p)_{H_2}$ 分别表示氧气和氢气的最可几速率，则（　　）。

（A）图中曲线Ⅰ表示氧气分子的速率分布曲线　$(v_p)_{O_2}/(v_p)_{H_2} = 4$

（B）图中曲线Ⅰ表示氧气分子的速率分布曲线　$(v_p)_{O_2}/(v_p)_{H_2} = 1/4$

（C）图中曲线Ⅱ表示氧气分子的速率分布曲线　$(v_p)_{O_2}/(v_p)_{H_2} = 1/4$

（D）图中曲线Ⅱ表示氧气分子的速率分布曲线　$(v_p)_{O_2}/(v_p)_{H_2} = 4$

3. 汽缸内盛有一定量的氢气（可视作理想气体），当温度不变而压强增大 1 倍时，氢气分子的平均碰撞频率 $\bar{Z}$ 和平均自由程 $\bar{\lambda}$ 的变化情况是（　　）。

（A）$\bar{Z}$ 和 $\bar{\lambda}$ 都增大 1 倍　　（B）$\bar{Z}$ 和 $\bar{\lambda}$ 都减为原来的 1/2

（C）$\bar{Z}$ 增大 1 倍而 $\bar{\lambda}$ 减为原来的 1/2　　（D）$\bar{Z}$ 减为原来的 1/2 而 $\bar{\lambda}$ 增大 1 倍

4. 如图 P10-2 所示，一定量理想气体从体积 V_1，膨胀到体积 V_2 分别经历的过程是：$a\to b$ 等压过程，$a\to c$ 等温过程；$a\to d$ 绝热过程。其中吸热量最多的过程（　　）。

（A）是 $a\to b$　　（B）是 $a\to c$　　（C）是 $a\to d$

（D）既是 $a\to b$ 也是 $a\to c$，两过程吸热一样多

5. 如图 P10-3 所示，一定量的理想气体经历 acb 过程时吸热 500J，则经历 $acbda$ 过程时，吸热为（　　）。

（A）－1200J　　（B）－700J　　（C）－400J　　（D）700J

6. 一定量的某种理想气体起始温度为 T、体积为 V，该气体在下面循环过程中经过三个平衡过程：（1）绝热膨胀到体积为 $2V$；（2）等体变化使温度恢复为 T；（3）等温压缩到原来的体积 V。则在整个循环过程中（　　）。

(A) 气体向外界放热　(B) 气体对外界做正功　(C) 气体内能增加　(D) 气体内能减少

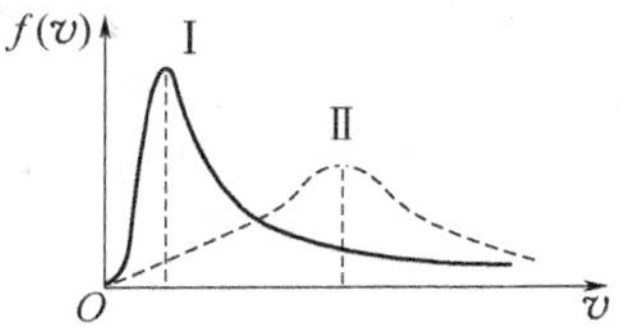

图 P10-1

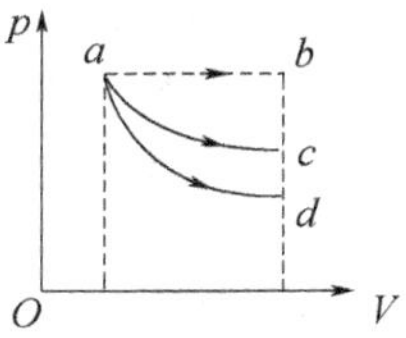

图 P10-2

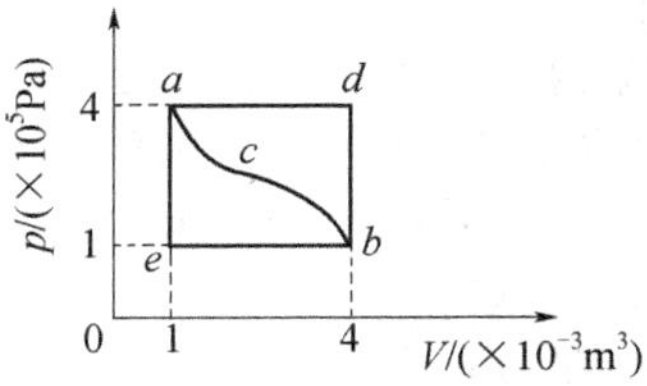

图 P10-3

二、填空题

1. 理想气体微观模型(分子模型)的主要内容是:

(1)____________________;

(2)____________________;

(3)____________________。

2. 1 mol 氧气(视为刚性双原子分子的理想气体)储于一氧气瓶中,温度为 27℃,这瓶氧气的内能为________;分子的平均平动动能为________;分子的平均总动能为________。(摩尔气体常量 $R = 8.31\ \mathrm{J\cdot mol^{-1}\cdot K^{-1}}$,玻耳兹曼常量 $k = 1.38\times10^{-23}\mathrm{J\cdot K^{-1}}$)

3. 图 P10-4 所示曲线为处于同一温度 T 时氦(相对原子质量4)、氖(相对原子质量20)和氩(相对原子质量40)三种气体分子的速率分布曲线。其中,曲线 I 是________气分子的速率分布曲线;曲线 II 是________气分子的速率分布曲线;曲线 III 是________气分子的速率分布曲线。

4. 图 P10-5 所示的两条曲线分别表示氦、氧两种气体在相同温度 T 时分子按速率的分布,其中:

(1) 曲线 I 表示________气分子的速率分布曲线;曲线 II 表示________气分子的速率分布曲线。

(2) 画有阴影的小长条面积表示________________。

(3) 分布曲线下所包围的面积表示____________________。

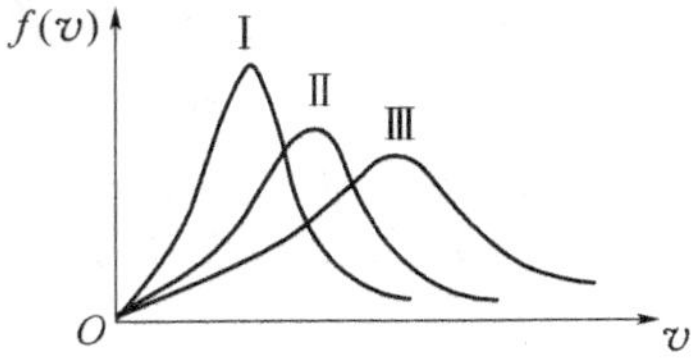

图 P10-4

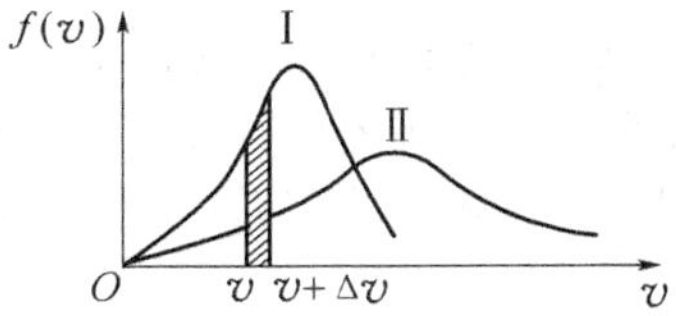

图 P10-5

5. 氮气在标准状态下的分子平均碰撞频率为5.42×10^{8}Hz,分子平均自由程为 6×10^{-6}cm,若温度不变,气压降为 0.1atm,则分子的平均碰撞频率变为________,平均自由程变为________。

6. 处于平衡态 a 的一定量的理想气体,若经准静态等体过程变到平衡态 b,将从外界吸收热量 416J,若经准静态等压过程变到与平衡态 b 有相同温度的平衡态 c,将从外界吸收热量 582J,所以,从平衡态 a 变到平衡态 c 的准静态等压过程中气体对外界所做的功为________。

7. 一卡诺热机(可逆的),低温热源的温度为 27℃,热机效率为 40%,其高温热源温度为________。今欲将该热机效率提高到 50%,若低温热源保持不变,则高温热源的温度应增加________。

8. 热力学第二定律的开尔文表述和克劳修斯表述是等价的,表明在自然界中与热现象有关的实际宏观过程都是不可逆的,开尔文表述指出了__________的过程是不可逆的,而克劳修斯表述则指出了________的过程是不可逆的。

三、计算题

1. 温度为 25℃、压强为 1atm 的 1mol 刚性双原子分子理想气体,经等温过程体积膨胀至原来的 3 倍。(普适气体常量 $R = 8.31\mathrm{J\cdot mol^{-1}\cdot K^{-1}}$,$\ln 3 = 1.0986$)

(1) 计算这个过程中气体对外所做的功。

(2) 假若气体经绝热过程体积膨胀为原来的 3 倍,那么气体对外所做的功又是多少?

2. 汽缸内有 2mol 氦气,初始温度为 27℃,体积为 20L,先将氦气等压膨胀,直至体积加倍,然后绝热膨胀,直至回复初温为止。把氦气视为理想气体。试求:(1) 在 p-V 图上大致画出气体的状态变化过程。(2) 在这过程中氦气吸热多少?(3) 氦气的内能变化多少?(4) 氦气所做的总功是多少?(普适气体常量 $R = 8.31\mathrm{J \cdot mol^{-1} \cdot K^{-1}}$)

3. 一定量的单原子分子理想气体,从 a 态出发经等压过程膨胀到 b 态,又经绝热过程膨胀到 c 态,如图 P10-6 所示。试求其全过程中气体对外所做的功、内能的增量以及吸收的热量。

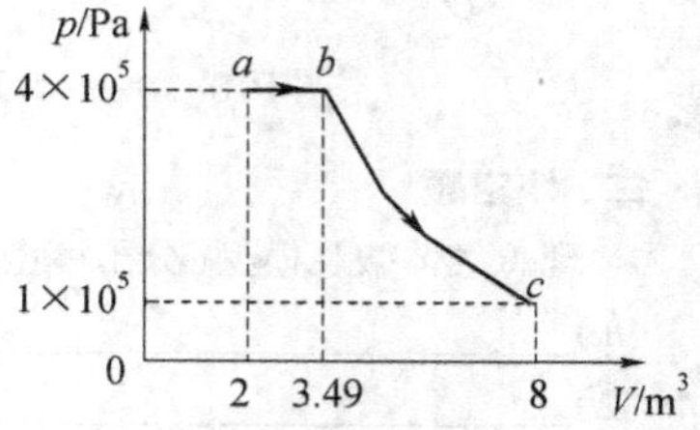

图 P10-6

4. 1mol 理想气体在 $T_1 = 400\mathrm{K}$ 的高温热源与 $T_2 = 300\mathrm{K}$ 的低温热源间做卡诺循环(可逆的),在 400K 的等温线上起始体积 $V_1 = 0.001\mathrm{m^3}$,终止体积 $V_2 = 0.005\mathrm{m^3}$。试求此气体在每一循环中:(1) 从高温热源吸收的热量 Q_1;(2) 气体所做的净功 W;(3) 气体传给低温热源的热量 Q_2。

5. 一热机工作在温度为 1000K 与 300K 的两个热源之间做卡诺循环,其循环效率为多少?如果欲使其循环效率提高 10%:(1)要将高温热源的温度提高多少度?(2)要将低温热源的温度降低多少度?(3)试问哪种方法更可取?

6. 温度为 27℃时,1mol 氢气的内能是多少?1g 氮气的内能是多少?1mol 氧气具有多少平动动能和转动动能?(将氢气、氮气和氧气均视作理想气体)

7. 气体的温度为 $T = 273\mathrm{K}$,压强为 $p = 1.00 \times 10^{-2}\mathrm{atm}$,密度为 $\rho = 1.29 \times 10^{-5}\mathrm{g/cm^3}$。(1) 求气体分子的方均根速率;(2) 求气体的分子量,并确定它是什么气体。

8. 质量为 50.0g、温度为 18.0℃的氦气装在容积为 10.01 的封闭容器内,容器以 $v = 200\mathrm{m/s}$ 的速率做匀速直线运动。若容器突然静止,定向运动的动能全部转化为分子热运动的动能,则平衡后氦气的温度和压强将各增大多少?

9. 有 $2 \times 10^{-3}\ \mathrm{m^3}$ 刚性双原子分子理想气体,其内能为 $6.75 \times 10^2\mathrm{J}$,试求:(1) 气体的压强;(2) 设分子总数为 5.4×10^{22} 个,求分子的平均平动动能,以及气体的温度。

10. 容器内某刚性双原子分子理想气体的温度为 273K,$p = 1.00 \times 10^{-3}\mathrm{atm}$,$\rho = 1.25\mathrm{g \cdot m^{-3}}$。试求:(1) 气体分子的平均平动动能和平均转动动能;(2) 单位体积内气体分子的总动能;(3) 设气体有 0.3mol,求该气体的内能。

第 11 章　量子物理基础

19 世纪末，人们发现一些新的物理现象，如迈克耳孙 - 莫雷实验、黑体辐射、光电效应和原子谱线系等问题，严格按经典理论推导的结果却与实验事实不符。当时热辐射现象被称为物理学晴朗天空中“一朵令人不安的乌云”。首先驱散这朵乌云而开创了物理学中一场深刻革命的是普朗克，他于 1900 年用能量量子化假说（量子论）成功地解释了热辐射现象。

在此基础上，1905 年爱因斯坦用光量子概念解决了经典理论与光电效应的矛盾，从而导致玻耳在 1913 年提出原子结构的定态理论，圆满解释了氢原子的谱线系问题。他们的成功奠定了量子物理发展的基础。

1918 年，瑞典皇家科学院决定授予柏林大学普朗克教授该年度诺贝尔物理学奖，以表彰他对量子理论所做的具有划时代意义的研究工作。

11.1　热辐射和普朗克量子假说

11.1.1　黑体辐射

1. 热辐射

各种物体在任何温度下，都要向周围空间辐射电磁波，称为辐射能。这种辐射在一定时间内辐射能量值的多少以及辐射能按波长的分布都与温度有关，因而又称为热辐射。

单位时间内，从物体表面单位面积上所发射的 $\lambda \sim \lambda + \mathrm{d}\lambda$ 波长范围内的辐射能为 $\mathrm{d}E_\lambda$，则 $\mathrm{d}E_\lambda$ 与波长间隔 $\mathrm{d}\lambda$ 的比值称为单色辐射本领。

$$e(\lambda, T) = \mathrm{d}E_\lambda / \mathrm{d}\lambda$$

单位时间内，从物体表面单位面积上所发射的各种波长的总辐射能，称为总的辐出度。

$$E(T) = \int_0^\infty e(\lambda, T)\,\mathrm{d}\lambda \tag{11-1}$$

2. 黑体模型

（1）黑体的吸收

若物体表面在任何温度下都能完全吸收投射到它上面的各种波长的电磁辐射而无反射，则称这种物体为绝对黑体，简称黑体。图 11-1 为黑体的空腔模型，外界入射到小孔的电磁辐射进入空腔，经腔壁多次反射，几乎完全被吸收。由于小孔面积远小于腔壁面积，所以由小孔穿出的辐射能可以略去不计。例如，在白天看到远方楼房的窗户都是黑的，而且越小越黑，就是这个原因。

（2）黑体的发射

另一方面，如果将腔体加热提高温度，腔壁将向腔内发出热辐射，其中总有一小部分将从小孔射出，从小孔发射的辐射波谱就表征了黑体辐射的特性。切莫因“黑体”这一命名而误认为它必定是黑的。例如，炼钢炉小窗孔可看成黑体孔，钢炉壁点火前呈黑色，点火后逐渐变为红色，快出钢前则变成黄白色而显得十分明亮，因而通过观测冶炼炉上的小孔，可以判定炉内温度，如图 11-2 所示。

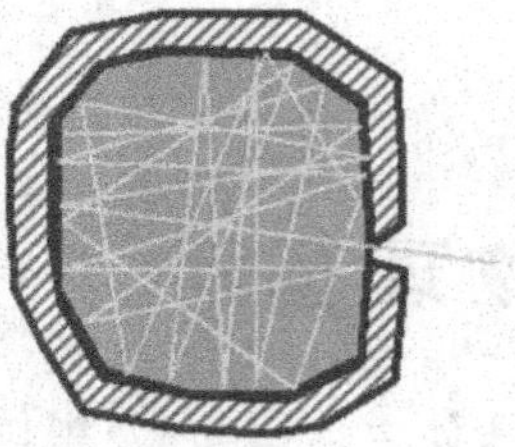

图 11-1　不透明材料的黑体空腔模型

图 11-2　炼钢炉小窗

3. 黑体辐射定律

(1) 斯忒藩 - 玻耳兹曼定律

图 11-3 为绝对黑体的辐射本领按波长的分布曲线,每一条曲线下的面积等于黑体在一定温度下的总的辐射本领,即单位面积上的发射功率

$$E_0(T) = \sigma T^4 \tag{11-2}$$

式中,σ 为斯忒藩 - 玻耳兹曼常量,$\sigma = 5.6705 \times 10^{-8}\mathrm{W/(m^2 \cdot K^4)}$。

(2) 维恩位移定律

如图 11-4 所示,每一条曲线都有一最大值,其对应的峰值波长为 λ_m。随着温度 T 的升高,曲线下面积也急速变大,T 越大,λ_m 越小。经实验确定:

$$T\lambda_m = b \tag{11-3}$$

式中,$b = 2.8978 \times 10^{-3}\mathrm{m \cdot K}$。

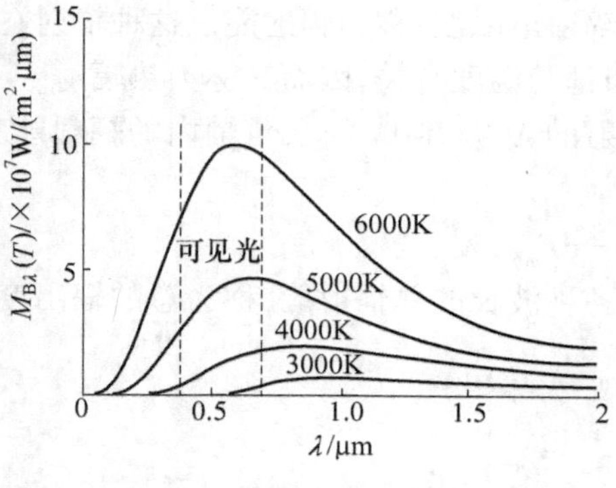

图 11-3　斯忒藩 - 玻耳兹曼定律

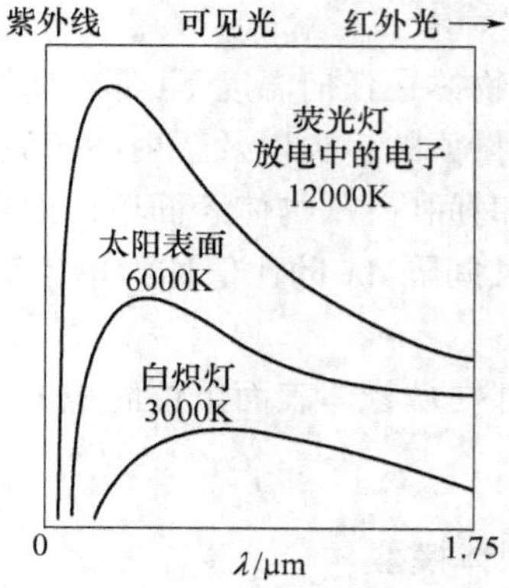

图 11-4　维恩位移定律

式(11-2)和式(11-3)两个定律反映出热辐射的量值随温度 T 的升高而迅速增大,而且 λ_m 随 T 增大而向短波方向移动。

例如,若实验测得黑体单色辐射本领最大值所对应的 λ_m,就可根据式(11-3)计算出其表面温度 T,由式(11-2)再计算黑体在该温度下的总的辐射本领 $E_0(T)$。

11.1.2　普朗克量子假说

1. 黑体的发射本领

黑体的发射本领与温度及辐射波长的函数式 $e_0 = f(\lambda, T)$,如何表达?下面典型的公式都是从热力学角度推导的。